“十四五”高等教育课程改革新形态教材

新工科大学物理实验

第二版·慕课版

主　编　陈秉岩
副主编　何　湘　苏　巍　刘明熠　向圆圆　姚红兵
编　委　陈秉岩　苏　巍　刘晓红　刘翠红　张开骁
张　林　李成翠　何　湘　刘明熠　向圆圆
王飞武　熊传华　姚红兵　张　敏　赵长青
陆雪平　陈　红　江兴方　骆冠松

特配电子资源

- 在线课程
- 视频学习
- 拓展阅读
- 互动交流

南京大学出版社

图书在版编目(CIP)数据

新工科大学物理实验/陈秉岩主编. —2 版.—南京:南京大学出版社, 2023.6
ISBN 978-7-305-26967-7

Ⅰ. ①新… Ⅱ. ①陈… Ⅲ. ①物理学—实验—高等学校—教材 Ⅳ. ①O4-33

中国国家版本馆 CIP 数据核字(2023)第 075515 号

出版发行 南京大学出版社
社　　址 南京市汉口路 22 号　　邮　编 210093

书　　名 新工科大学物理实验
XINGONGKE DAXUE WULI SHIYAN
主　　编 陈秉岩
责任编辑 高司洋　　编辑热线 025-83592146
照　　排 南京紫藤制版印务中心
印　　刷 南京玉河印刷厂
开　　本 787×1092 1/16 印张 13.75 字数 335 千
版　　次 2023 年 6 月第 2 版 2023 年 6 月第 1 次印刷
ISBN 978-7-305-26967-7
定　　价 39.00 元

网址:http://www.njupco.com
官方微博:http://weibo.com/njupco
官方微信号:njupress
销售咨询热线:(025)83594756

第二版　前　言

大学物理实验是一门具备完整理论体系的独立学科，侧重于应用实验方法解决问题，是理工科大学生必修的实验学科，其实验思想和方法是其他学科的基础。

面对新一轮科技革命与产业变革，党的“二十大”报告指出，教育、科技、人才是全面建设社会主义现代化国家的基础性、战略性支撑。我们要早日实现高水平科技自立自强，进入创新型国家前列。为此，教育部深入推进新工科、新农科、新医科和新文科建设的高等教育“质量中国”国家战略。本书针对新工科建设的“多个学科之间深度交叉融合再出新”的指导思想，结合河海大学的办学特色，以物理与多学科交叉融合为突破，努力打造具有高阶性、创新性和挑战度的一流课程剧本。

本书由实验理论知识、学科基础实验、学科综合实验、自主设计实验、科研创新实验、建模仿真实验、实践成果选编和附录构成。这些科学实验是理工科大学生培养的重要内容，不仅可以培养学生的基本科学实验技能和素质，更重要的是可以培养学生的科学思维和创新意识，提高学生的学科交叉创新能力与素质。

各部分内容简述如下：

1. 实验理论知识：阐述了物理量的测量与误差、测量结果的不确定度、有效数字及其运算法则、实验数据的处理方法等内容。

2. 学科基础实验：精选了具有普遍性和学科交叉性的实验项目10个，培养学生具备开展科学实验的基本素质、能力和方法。

3. 学科综合实验：精选了具有学科交叉性较强、难度较大的实验项目7个，培养学生具备解决复杂问题的素质、能力和高级思维。

4. 自主设计实验：精选了具有设计性和学科交叉性较强的实验项目6个，培养学生具备独立思考和动手解决科学问题的能力。

5. 科研创新实验：精编了与物理交叉和能衍生新工科、新农科和新医科的前沿性实验项目6个，为学生提供探究性和个性化的科研创新研究。

6. 建模仿真实验：精编了学科交叉性强，具有前沿性和时代性的建模仿真实验项目4个，为学生提供探究性和个性化的建模仿真研究。

7. 实践成果选编：精选了全国大学生节能减排竞赛、物理实验竞赛、iCAN大赛、等离子体科创赛的优秀成果11个，为学生开展创新实践提供参考。

8. 附录：以线上资源的形式提供了大量物理及其学科交叉前沿和热点研究的知识、原理和技术，有助于启发和引导大学生的创意、创新和创造。

为了有效提升理工科的大学物理实验课程教学水平，教育部于2005年启动了“高等学校实验教学示范中心”建设项目，2010年在江苏南京召开了“国家级实验教学示范中心联席会物理学科组工作会议”，同年的“江苏省高等院校物理实验教学联席会议”提出编写一套能满足不同类型高校需求的大学物理实验系列教材。为此，南京大学出版社牵头成立了“21世纪高等院校物理实验教学改革系列教材”编委会，由河海大学等单位牵头主编的《大学物理实验(工科)》于2011年11月出版，《大学物理实验(工科)》(第二版)于2013年12月再版。另外，河海大学围绕国家新工科建设专门编著的《新工科大学物理实验》于2018年1月出版，此书目前已实现改版。以上系列教材累计发行30 000余册，并被国内二十余所高校作为教材使用。

本书先后获得河海大学重点教材、河海大学优秀基层教学组织、河海大学新工科研究与改革实践项目、河海大学课程思政示范课程建设重点项目(2022A11)、河海大学实验慕课建设项目(2019-2)、教育部第二批新工科研究与实践项目(E-TMJZSLHY20202126)、中国高校创新创业教育改革研究基金(16CCJG01Z004)、中央高校基本科研业务费(B210203006)等项目的资助。感谢各位老师的辛勤付出和精彩奉献，感谢杨建设老师为本书第2章和第4章的编写所做的工作。本书可作为高等院校理工科专业的大学物理实验基础课程教材，也可供从事理工科相关的科学研究、物理及其学科交叉相关的工程技术人员参考。期待这本书能有效支持国家新工科建设和一流人才培养。

由于作者水平有限，书中难免存在不当之处，敬请广大读者批评指正。

陈秉岩

2023年06月

目　　录

第 1 章　实验理论知识 …… 1

1.1　物理量的测量与误差 …… 1

1.2　测量结果的不确定度 …… 2

1.3　有效数字及其运算法则 …… 4

1.4　实验数据的处理方法 …… 7

第 2 章　学科基础实验 …… 11

实验 2.1　长度的测量 …… 11

实验 2.2　固体、液体密度的测量 …… 15

实验 2.3　数字万用表使用实验 …… 20

实验 2.4　静态拉伸法测定金属杨氏弹性模量 …… 25

实验 2.5　分光计调节和衍射光栅常数测量 …… 31

实验 2.6　单缝衍射及单色光波长测量 …… 38

实验 2.7　等厚干涉及其应用——牛顿环和劈尖 …… 42

实验 2.8　等倾干涉及其应用——迈克尔逊干涉仪的使用 …… 47

实验 2.9　气体比热容比的测定 …… 53

实验 2.10　螺线管轴线磁场测量 …… 57

第 3 章　学科综合实验 …… 60

实验 3.1　电信号发生与采集 …… 60

实验 3.2　液体表面张力系数和黏滞系数的测定 …… 70

实验 3.3　霍尔效应及其应用 …… 75

实验 3.4　密立根油滴仪测定电子电荷 …… 82

实验 3.5　半导体 PN 结正向压降温度特性及其应用 …… 88

实验 3.6　交流电桥及其应用 …… 94

实验 3.7　铁磁材料动态磁滞回线的测定 …… 100

第 4 章　自主设计实验 …… 105

实验 4.1　补偿法与直流电位差计 …… 105
实验 4.2　光电效应及普朗克常数和逸出功测定 …… 111
实验 4.3　磁电式电表的改装与校准 …… 115
实验 4.4　数字万用表的原理和设计 …… 119
实验 4.5　扭摆法测定物体转动惯量 …… 127
实验 4.6　直流电桥的原理及应用 …… 132

第 5 章　科研创新实验 …… 146

实验 5.1　压电换能器及其超声参数测定 …… 146
实验 5.2　太阳电池伏安特性曲线的测定 …… 153
实验 5.3　电工新技术的电参数测试 …… 157
实验 5.4　放电等离子体的光谱诊断 …… 165
实验 5.5　放电活性成分与反应调控 …… 170
实验 5.6　拉曼光谱鉴别物质成分 …… 180

第 6 章　建模仿真实验 …… 185

实验 6.1　虚拟仪器实验系统的搭建 …… 185
实验 6.2　大学物理仿真系统 …… 190
实验 6.3　FDTD Solutions 建模仿真系统 …… 196
实验 6.4　COMSOL Multiphysics 建模仿真系统 …… 199

第 7 章　实践成果选编 …… 202

成果 7.1　LED 光伏一体智能照明系统 …… 202
成果 7.2　甲醛减排的光伏等离子体催化系统 …… 203
成果 7.3　污染减排的水雾放电实时生产氮肥及其滴灌系统 …… 204
成果 7.4　低温扩散云室研制及 α 粒子观测 …… 205
成果 7.5　基于 DVD 光盘表面等离子体效应的液体浓度检测装置 …… 206
成果 7.6　基于单片机控制的球-筒式旋转气流臭氧发生装置 …… 207
成果 7.7　温差发电驱动冷却流体的热电耦合散热器 …… 208
成果 7.8　狭缝灭菌笔 …… 209
成果 7.9　电晕放电制备平面分形 SERS 基底 …… 210

成果 7.10　气液固三相电弧射流大流量高效固氮系统 ······ 211
成果 7.11　等离子体法合成医用一氧化氮的应用研究 ······ 212

第 8 章　附录 ······ 213

附录 1　物理及其学科交叉应用(选编) ······ 213
附录 2　国际单位制单位 ······ 213
附录 3　常用基本物理常数表 ······ 213
附录 4　物理实验大事简表 ······ 213
附录 5　历年诺贝尔物理学奖(实验相关)简介 ······ 213

第1章　实验理论知识

1.1　物理量的测量与误差

1.1.1　测量及其分类

测量分为直接测量和间接测量。直接测量是把待测物理量与标准量(仪器或量具)进行比较,通过读数,直接得到测量结果。间接测量就是利用直接测量量与被测量之间的函数关系,通过数学处理得到被测物理量的值。无论是哪种测量方式,测量物理量都必须由数值与单位两部分组成。

1.1.2　测量误差

在确定的条件下,待测物理量总有客观真实值。实际测量过程中,由于各种原因使得待测量值和真实值之间存在一定的差异,这一差异叫误差。误差通常分为绝对误差和相对误差。

误差:测量值 x 与真实值 x_0 之差。表示为:

$$\Delta x = x - x_0$$

它反映了测量值偏离真值的大小和方向。其单位与测量值的单位相同,通常取一位有效数字。

绝对误差:误差的绝对值。即 $|\Delta x| = |x - x_0|$。

除此之外,也常用百分差评估测量准确度。当被测量有准确真值(或公认/理论值)x_0 时,实际测量值的约定真值为 x,则百分偏差为:

$$E_x = \frac{|x_0 - x|}{x} \times 100\%$$

百分偏差反映了测量值偏离真值的程度。

相对误差:就是绝对误差与真值之比,用下式表示:

$$\delta x = \frac{|\Delta x|}{x_0} \times 100\%$$

它反映了测量值 x 偏离真值 x_0 的相对大小。相对误差没有单位,一般取两位有效数字。

1.1.3　测量误差的分类

按照测量误差的来源和性质,一般将误差分为:系统误差、过失误差和随机误差三类。

(1) 系统误差

系统误差是指测量过程中存在某些确定的不合理因素,使得测量结果存在恒定的或按一定规律变化的误差。系统误差来源包括:仪器误差、方法误差、环境误差和人为误差等。

仪器误差:由于仪器制造的缺陷,使用不当或者仪器未校准所造成的误差。

方法误差:实验所依据的理论和公式的近似性(近似函数逼近性),实验条件或测量方法不能满足理论公式所要求的条件等引起的误差。

环境误差:测量仪器规定的使用条件未满足所造成的误差。如室温高于仪器所规定的实验温度范围而引起的误差称之为环境误差。

人为误差:由于测量者的生理特点或固有习惯所带来的误差。例如反应速度的快慢、分辨能力的高低、读数的习惯造成的误差。

(2) 过失误差

过失误差指纯粹的人为因素造成的误差,通常表现为错误数据。如由于仪器的使用方法不正确,实验方法不合理,粗心大意,过度疲劳,读错、记错数据等引起的误差。

(3) 随机误差

随机误差,是由于在测定过程中某些不稳定因素微小的随机波动而形成的具有相互抵偿性的误差,也称为偶然误差或不定误差。随机误差的大小和正负都不固定,但多次测量结果的相对误差概率服从图1所示的正态分布(即测量值靠近理论真值的概率总是最大),绝对值相同的正负随机误差出现的概率大致相等,因此它们之间通常可以互相抵消,所以可以通过增加平行测定的次数取平均值的办法减小随机误差。

当测量次数足够多时,这种偏离引起的误差服从统计规律,其特点为:

① 有界性,误差的绝对值不会超过某一最大值 Δx_{max}。

② 单峰性,绝对值小的误差出现的概率大,而绝对值大的误差出现的概率小。

③ 对称性,绝对值相同的正、负误差出现的概率相等。

④ 抵偿性,误差的算术平均值随着测量次数的无限增加而趋于零。

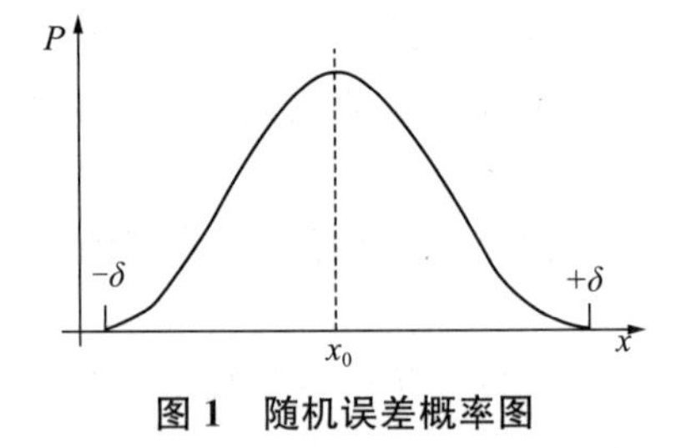

图1 随机误差概率图

虽然随机误差具有不可预知性也无法避免,但可以通过多次测量,利用其统计规律性达到互相抵偿,从而找到真值的最佳近似值(又称约定真值或最近真值)。

1.2 测量结果的不确定度

1.2.1 不确定度与均方根差

在科学实验中,测量结果应包括测量值和测量误差两部分。按照中国计量技术规范(JJG1027—91),测量结果表达为:

$$x=\overline{x}\pm U \tag{1}$$

式中:U 为总不确定度,$\overline{x}=\dfrac{1}{n}\sum_{i=1}^{n}x_i$ 为测量期待值或约定真值(单次测量为测量值,多次测量时为测量算术平均值)。

不确定度是用于描述被测量的不能肯定程度,它利用概率方法估计了被测量在某个数值范围内的最大可能性。式(1)表示被测量的真值位于区间$[\overline{x}-U,\ \overline{x}+U]$内的概率是 95%。

均方根差(又称“标准偏差”或“标准离差”),是反映一组测量数据离散程度的统计指标,能有效体现统计结果在某一时段内误差上下波动的幅度。其表达式为:

$$S=\sqrt{\frac{\sum_{i=1}^{n}(x_i-\overline{x})^2}{n-1}} \tag{2}$$

1.2.2　不确定度的分类及评定

按照数值评定方法,不确定度可归纳为两大类:

(1) A 类不确定度——用统计方法计算出的测量值的标准偏差,用 u_A 表示。

设在相同条件下,对某一物理量独立测量 n 次,得到的测量值为 $x_1,x_2,x_3,\cdots,x_n$,测量值的 A 类不确定度等于标准偏差 S 乘以$\left(\frac{t}{\sqrt{n}}\right)$,即:

$$u_A=\frac{t}{\sqrt{n}}\cdot S=\frac{t}{\sqrt{n}}\cdot\sqrt{\frac{\sum_{i=1}^{n}(x_i-\overline{x})^2}{n-1}} \tag{3}$$

式中:$\overline{x}=\frac{1}{n}\sum_{i=1}^{n}x_i$ 为测量结果的算术平均值;t 为分布因子,当测量次数 n 确定时,在概率为 95%时,$\frac{t}{\sqrt{n}}$的值由表 1 给出:

表 1　分布因子

测量次数 n	2	3	4	5	6	7	8	9	10	15	20	30
t 因子的值	12.71	4.30	3.18	2.78	2.57	2.45	2.36	2.31	2.26	2.14	2.09	2.05
$t/\sqrt{n}$ 的值	8.99	2.48	1.59	1.24	1.05	0.93	0.84	0.77	0.72	0.55	0.47	0.37
$t/\sqrt{n}$ 的近似值	9.0	2.5	1.6	1.2	≈1					≈$2/\sqrt{n}$		

(2) B 类不确定度——用非统计方法计算出的不确定度,用 u_B 表示.

当测量结果中包含来源相互独立的标准不确定度时,则 B 类标准不确定度的表达式为:

$$u_B=\sqrt{u_{B1}^2+u_{B2}^2+u_{B3}^2+\cdots+u_{Bn}^2} \tag{4}$$

在科学测量中,通常将仪器误差限 Δ_{ins} 作为 B 类不确定度,即:$u_B=\Delta_{ins}$。仪器误差限或最大允许误差,是指正确使用仪器获得的测量结果和被测量真值之间存在的最大误差。仪器误差限 Δ_{ins} 根据国际标准制定,实际工作时可以从所使用仪器的手册中查找到。本课程中,对常用仪器的误差限 Δ_{ins} 作如下约定:

长度测量仪器:其误差限,取长度测量仪器最小分度值的一半估算(除非仪器有专门说明)。

质量测量仪器:简单实验中,取天平的最小分度值作为仪器误差限。

时间测量仪器:取仪器(计时器)最小分度值作为仪器误差限。

温度测量仪器：约定仪器误差限按其最小分度值的一半估算。

电磁测量仪器：根据电磁原理设计的科学仪器，其误差限可通过准确度等级的有关公式给出。对电磁仪表，如指针式电流、电压表，则

$$\Delta_{\text{ins}}=\alpha\%\cdot A_m \tag{5}$$

公式(5)中，A_m是电表的量程，α 是以百分数表示的准确度等级，电表精度分为 5.0，2.5，1.5，1.0，0.5，0.2，0.1 七个级别。

(3) 总不确定度——由 A 和 B 两类不确定度计算的测量值的累计不确定值，表达式为：

$$U=\sqrt{u_{\mathrm{A}}^2+u_{\mathrm{B}}^2} \tag{6}$$

1.2.3 直接测量结果的表示

(1) 单次直接测量

在许多情况下，多次测量是不可能的(如稍纵即逝的现象)，有时多次测量也是不必要的，这时可以用某次测量值作为测量结果的最佳值。因为测量次数为 $n=1$，测量结果表示为 $x=x_1\pm u_{\mathrm{B}}$。其中，$u_{\mathrm{B}}=u_{\mathrm{B1}}=\sqrt{u_{\mathrm{B1}}^2}$。

(2) 多次直接测量

处理时首先计算被测量的算术平均值$\bar{x}$；据实际情况，计算各类不确定度 u_{A}、u_{B}；计算总不确定度 U；最后给出测量结果表示为 $x=\bar{x}\pm U$。

1.2.4 间接测量的不确定度传递和结果表示

设间接测量值 x 是 m 个相互独立直接测量值 $x_1,x_2,x_3,\cdots,x_m$ 的函数，即 $x=f(x_1,x_2,x_3,\cdots,x_m)$，各直接测量值的总不确定度为 $U_{x_1},U_{x_2},U_{x_3},\cdots,U_{x_m}$(A 和/或 B 类不确定度)，则

(1) 计算间接测量量的平均值：$\bar{x}=f(\bar{x}_1,\bar{x}_2,\bar{x}_3,\cdots,\bar{x}_m)$。

(2) 间接测量量的计算过程会产生不确定度的传递，产生的总不确定度表达式为：

$$U=\sqrt{\left(\frac{\partial f}{\partial x_1}\right)^2\cdot U_{x_1}^2+\left(\frac{\partial f}{\partial x_2}\right)^2\cdot U_{x_2}^2+\cdots+\left(\frac{\partial f}{\partial x_m}\right)^2\cdot U_{x_m}^2}=\sqrt{\sum_{i=1}^{n}\left(\frac{\partial f}{\partial x_i}\right)^2\cdot U_{x_i}^2} \tag{7}$$

相对不确定度，是在获得不确定度之后，先对其函数取自然对数，再求微分，则可得间接测量量 x 的相对不确定度表达式：

$$U_r=\frac{U}{\bar{x}}=\sqrt{\left(\frac{\partial \ln f}{\partial x_1}\right)^2\cdot U_{x_1}^2+\left(\frac{\partial \ln f}{\partial x_2}\right)^2\cdot U_{x_2}^2+\cdots+\left(\frac{\partial \ln f}{\partial x_m}\right)^2\cdot U_{xm}^2} \tag{8}$$

(3) 测量结果表示：

$$x=\bar{x}\pm U \tag{9}$$

1.3 有效数字及其运算法则

1.3.1 有效数字

测量结果的有效数字，由若干可靠数字和一位估读数字组成(估读位具有不确定性)。

物理量的有效数字位数多少,由被测物理量和量具决定。被测物理量有效数字位数越多,代表其精度越高,反之亦然。

1.3.2　正确书写有效数字的方法

以电流表读数为例,介绍正确记录数据的方法。

(1) 介于两个刻线之间的读数方法

在测量时,测得的值往往不是恰好等于所用仪器最小刻度值的整数倍,而是介于两个刻度线之间。为了使测量结果尽可能地准确,必须对指针在两个刻线之间作出合理的估计。如图 2 所示,电流表的读数可以读为 18.6 A、18.5 A、18.7 A 三个值(取决于观察者)。其中“6”“5”“7”是估读位,前两位为可靠位,其结果有三位有效数字。

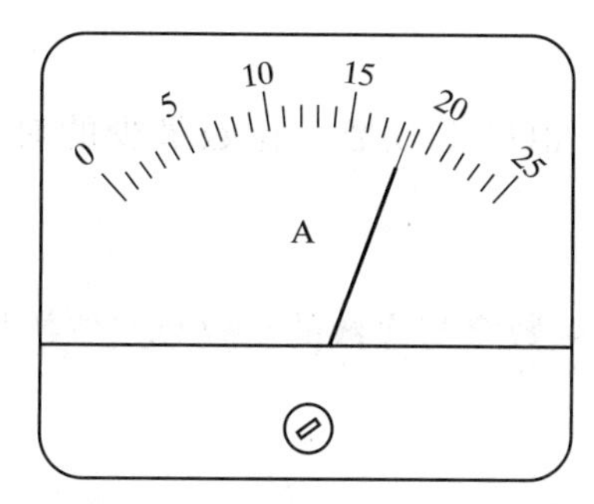

图 2　指针在两个刻度间的读数

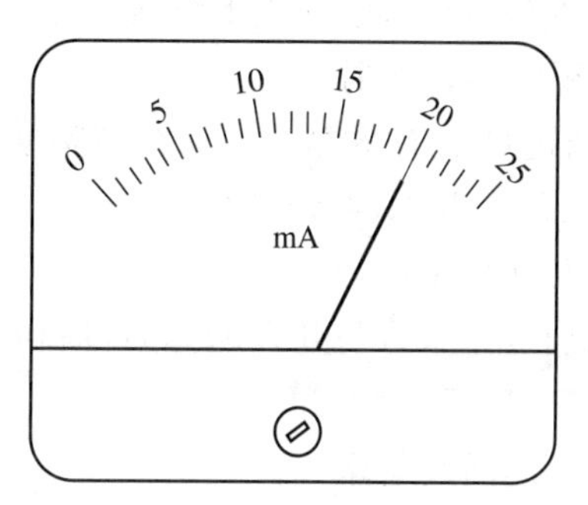

图 3　指针在整刻度上的读数

(2) 指示整刻度线的读数方法

如图 3 所示,虽然指针恰好指在 20 mA 的刻度线上,但测量结果也需要体现出估读位,即:结果应当记录到小数点后面的第一位上,正确的读数是 20.0 mA。

(3) 单位换算有效数字的位数不变

若将 21.4 A 换算成以 mA 为单位的量,为体现数据的精度,不能随意扩大有效数字位数,而将其错误地写成 21 400 mA。正确的写法应当是 21.4×10^{3} mA 或 2.14×10^{4} mA 等。乘号前的数表示测量值的有效位数,后面 10 的方次表示测量值的数量级。

类似地,若将 18.6 A 换算成以 kA 为单位的量。虽然可以将其写成 0.018 6 kA(仍为 3 位有效数字)而不引起误解,但更好的表示应当为 18.6×10^{-3} kA 或 1.86×10^{-2} kA 等。

注意:有效数字前面的“0”不属于有效数字,仅用来标记小数点位置。

(4) 有效数字中“0”的地位

第一个非“0”数字之前的“0”不是有效数字,在有效数字之间或后面的“0”都是有效数字。例如:125.0 是四位有效数字,0.001 3 是两位有效数字。特别注意非“0”数字后面的“0”不能随便去掉,也不能随便加上。如 1.0 与 1.00 的意义是不同的。1.0 表示两位有效数字,1.00 表示三位有效数字,两者的准确度不同。

注意:读数时的最后一位必须读到估读位。

(5) 不确定度、测量结果与有效数字之间的关系

测量结果中,测量值的最末一位与不确定度的末位对齐。一般不确定度数字最多保留 2 位。在大学物理实验中,不确定度的有效数字只保留 1 位。

1.3.3 有效数字的运算

影响有效数字位数的主要因素是仪器的精度和有效数字的运算。下面简单介绍几种有效数字的运算规则。

(1) 单位换算规则

对测量结果进行单位换算，有效数字位数保持不变。如：1.05 m = 105 cm = 1.05×10^3 mm。

(2) 和差运算规则

和差运算结果的最后一位，与参加运算的各测量值的尾数位(估读位)最高的对齐。如：$322.8\underline{4} + 41.\underline{1} + 5.64\underline{6} = 369.\underline{5}$；$37\underline{7} - 93.6\underline{1} = 28\underline{3}$。

估读数(不可靠数)使用下划线标注。

(3) 积商运算规则

积、商运算的有效数字，与参与运算的各测量值中有效数字位数最少的对齐。如：$6.428\times 21.7 = 139$；$34.5\div 12 = 2.9$。

(4) 乘方与开方

测量值经过乘方与开方运算后，所得结果的有效数字与底数的有效数字位数相同.如：$2.55^2 = 6.50$，$2.55^{0.5} = 1.60$。

(5) 其他函数运算

① 对数函数：测量值经过对数函数运算后，所得结果的小数点后尾数位数与真数的有效数字位数相同。如：log 1.983 = 0.297 3。

② 指数函数：测量值经过指数函数运算后，运算结果的有效数字位数与指数的小数点后的位数相同(包括紧接小数点后的零)。如：$10^{6.25} = 1.8\times 10^6$。

③ 三角函数：三角函数的取值与角度的有效数字位数相同。一般用分光计读角度时，应读到 1 分。此时，应取四位有效数字。如：$\sin 60°00' = \sqrt{3}/2$，计算结果应取成 0.866 0。

注意：

① 尾数舍入规则：测量值和不确定度尾数的取舍方法通常采用简单的四舍五入法。

② 数据参与运算时，运算过程中的数据及中间结果可根据需要适当多保留几位有效数字。而原始测量数据的读数及最后计算结果有效数字的确定应按上述规则进行处理。

③ 常数的有效数字位数可认为是无限多的，实际计算中要合理取舍。例如 2，π，e，$\sqrt{2}$ 等常数，计算中按照需要合理取值。

例 1 用一电压表测量某电压 10 次，得到下列数据如表 2：

表 2 电压数据记录表

测量次数	1	2	3	4	5	6	7	8	9	10
电压(V)	1.51	1.49	1.52	1.53	1.55	1.52	1.50	1.48	1.54	1.53

又知未通电时电压表的读数为 0.01 V(仪器的系统误差)，由电压表的精度等级产生的不确定度为 0.03 V，求不确定度及测量结果。

解：由题意可修正系统不确定度为 $u_0 = 0.01$ V，不可修正系统不确定度 $u_B = 0.03$ V。

测量平均值为：$\overline{V}=1.52\ \text{V}$，

消除可修系统正不确定度后，测量值为：$V=\overline{V}-u_0=1.52\ \text{V}-0.01\ \text{V}=1.51\ \text{V}$。

A 类不确定度为：$u_A=\sqrt{\frac{1}{10-1}\sum_{i=1}^{10}(V_i-\overline{V})^2}=0.02\ \text{V}\quad\left(\frac{t}{\sqrt{10}}\approx 1\right)$。

总不确定度为：$U=\sqrt{u_A^2+u_B^2}=0.04\ \text{V}$。

测量结果表示为：$V=V\pm U=(1.51\pm 0.04)\text{V}$。

例 2　测某电阻 R 上消耗的电功率 P，直接测的其两端电压为 $V=(1.42\pm 0.02)\text{V}$，通过 R 的电流为 $I=(1.25\pm 0.03)\times 10^{-4}\ \text{A}$，求其实验结果 P。

解：(1) 求电功率的平均值：$\overline{P}=\overline{I}\cdot\overline{V}=1.25\times 10^{-4}\times 1.42\ \text{W}=1.78\times 10^{-4}\ \text{W}$。

(2) 建立电功率平均函数 $\overline{P}=f(\overline{I},\overline{V})=\overline{I}\cdot\overline{V}$。

利用不确定度传递公式求，总不确定度满足：

$$
\begin{aligned}
U&=\sqrt{\left(\frac{\partial f}{\partial \overline{V}}\right)^2 U_V{}^2+\left(\frac{\partial f}{\partial \overline{I}}\right)^2 U_{\overline{I}}{}^2}=\sqrt{\overline{I}^2 U_V{}^2+\overline{V}^2 U_{\overline{I}}{}^2}\\
&=\sqrt{(1.25\times 10^{-4})^2\times 0.02^2+1.42^2\times(0.03\times 10^{-4})^2}\\
&=0.05\times 10^{-4}
\end{aligned}
$$

于是，电功率的实验测试结果为　$P=\overline{P}\pm U=(1.78\pm 0.05)\times 10^{-4}\ \text{W}$。

1.4　实验数据的处理方法

数据处理是通过对实验测试数据进行整理、分析和研究，从而找出数据的内在规律，并总结出相应的结论。常见数据处理方法包括：列表法、作图法、逐差法和线性拟合法（最小二乘法）等。

1.4.1　列表法

列表法是将一组有关的实验数据和计算过程中的数值依一定的形式和顺序列成表格。

列表法的优点是结构紧凑，简单明了，便于查找、比较和分析。同时，易于及时发现问题，有助于找出各物理量之间的相互关系和变化规律。

列表时要注意：

(1) 数据表格应首先写明表格名称。必要时还应注明相关环境参数和仪器误差。

(2) 数据表格的设计要利于记录、运算和检查。表中涉及的各物理量，其符号、单位均要交代清楚。如果整个表中单位都是一样的，可将单位注明在表的上方。

(3) 数据表中的直接测量值和最后结果应正确地反映测量误差，即需将有效位数填写正确。中间过程的计算值可以多保留一位，也可以与测量值有效数字一致。

(4) 原始数据的记录须真实，不得随意修改数据。如数据记录有误或存在问题，应在相应表格将原始数据和修正数据同时记录下来并标注清楚，以备核查。

实验数据表格设计举例（如表 3）：

表 3　矩形有机玻璃面积的测定

仪器:游标卡尺　　$\Delta_{ins}=0.02$ mm

测量次数	长度 L_1(mm)	宽度 L_2(mm)
1		
2		
3		
4		
5		
6		
平均值(mm)	$\overline{L}_1=$	$\overline{L}_2=$
标准偏差(mm)	$S_{L_1}=$	$S_{L_2}=$
总不确定度	$U_{L_1}=$	$U_{L_2}=$
直接测量量表达式	$L_1=\overline{L}_1\pm U_{L_1}=$	$L_2=\overline{L}_2\pm U_{L_2}=$
面积测量结果	$S=\overline{S}\pm U_S=$　　　mm^2	

1.4.2　作图法

作图法是在坐标纸上用图形描述各物理量间关系的一种方法。通过作图,可以形象、直观地表示出物理量的变化规律;可以推知未测量点的情况;可以方便地得到许多如极值、直线斜率、截距、弧形的曲率等有用的参量。

作图的规则:

(1) 选用合适的坐标纸。坐标纸的大小及坐标轴的比例,应根据所测数据有效数字和对测量结果的需要来定。

(2) 确定坐标轴。通常以横坐标表示自变量,纵坐标表示因变量。画出坐标轴的方向,标明其所代表的物理量和单位,并在坐标轴上按需要设定标度,并标明标度的数值。

(3) 选定合适的坐标分度。

① 坐标轴的最小分格与所测数据有效数字中最后一位可靠数字的尾数一致。

② 分度应使每一个点在坐标纸上都能迅速方便地找到。

③ 尽量使图线比较对称地充满整个图纸,不要使图纸偏于一边或一角。因此,坐标轴的起点不一定要从零点开始。

(4) 标出坐标点

根据测量结果,用铅笔将数据标在图纸上。描点时用"+""×""△"等符号在图上标出该点位置。同一曲线上的坐标点要用同种符号标注,不同曲线上的坐标点用不同的符号进行标注,以示区别。作完图后符号标注点需保留,不能擦掉。

(5) 连接实验曲线

应穿过所有坐标点画出光滑曲线或直线。除校准曲线外,不允许连成折线或"蛇线"。作图时应尽量使图线紧贴所有的实验点,且数据点均匀分布在图线两旁,且离曲线较近。

(6) 曲线名称及特征量标注

绘制完曲线，应在图的右上方或空白处写出曲线的名称，并对相关特征量进行必要说明，从而使曲线尽可能全面反映实验的真实情况。

1.4.3　逐差法

所谓逐差法，就是把一组等精度测量数据进行逐项相减，或分成高低两组，实行对应项测量数据相减。适用条件是自变量等距离变化，自变量的测量误差远小于因变量误差。

以拉伸法测金属丝杨氏模量为例：实验每次加一个 0.5 kg 的砝码来改变受力，可保证金属丝长度的等距变化，且砝码读数误差相对于长度的误差完全可忽略，因而完全符合逐差法所要求的条件。负荷与金属丝伸长量的关系数据如表 4 所示。

表 4　增加砝码时标尺读数的变化量

次数(k)	负荷(kg)	伸长量(cm)	次数(k)	负荷(kg)	伸长量(cm)
0	0.0	0.12	4	2.0	1.37
1	0.5	0.43	5	2.5	1.65
2	1.0	0.74	6	3.0	1.96
3	1.5	1.05	7	3.5	2.36

根据逐差法的要求把上表中的 8 组数据分成 0～3 和 4～7 两组。这样把相隔 0.5 kg 一次测量转化成了相隔 2 kg 测量一次，即有

$$S_{4\text{-}0}=(1.37-0.12)\,\text{cm}=1.25\times10^{-2}\ \text{m}=S_A,$$
$$S_{5\text{-}1}=(1.65-0.43)\,\text{cm}=1.22\times10^{-2}\ \text{m}=S_B,$$
$$S_{6\text{-}2}=(1.96-0.74)\,\text{cm}=1.22\times10^{-2}\ \text{m}=S_C,$$
$$S_{7\text{-}3}=(2.36-1.05)\,\text{cm}=1.31\times10^{-2}\ \text{m}=S_D,$$

从而有 $\overline{S}=\frac{1}{4}(S_A+S_B+S_C+S_D)=\frac{1}{4}(1.25+1.22+1.22+1.31)\times10^{-2}\ \text{m}=1.25\times10^{-2}\ \text{m}$

即每增加 20 N 力，金属丝的平均伸长量为 1.25×10^{-2} m。

1.4.4　实验数据的函数拟合与最小二乘法

作图法虽然具有便利、直观等优点，但是在作图时由于人为拟合曲线的过程有一定的主观随意性，这会导致附加的误差，因而它是一种较为粗略的数据处理方法。为了克服这一缺点，通常采用最小二乘法拟合实验数据，以期获得更为准确的实验数据曲线。

(1) 最小二乘法原理

最小二乘法的原理是：找到一条最佳的拟合曲线，在这条直线上各点相应的 y 值与测量值对应纵坐标值之偏差的平方和在所拟合曲线中应是最小的。

假设物理量 y 是 x 的线性函数，即

$$y=ax+b \tag{10}$$

在相同实验测量条件下，测得自变量的值为 $x_1,x_2,\cdots,x_i,\cdots,x_n$(假设对自变量的观察误差很小)，对应的物理量依次为 $y_1,y_2,\cdots,y_i,\cdots,y_n$。由于对于每一个自变量 x_i，测量值

y_i 与其最佳期待值间存在偏差 δy_i。如果各测量值 y_i 的误差相对独立且服从同一正态分布,那么当 δy_i 的平方和最小时,即可得到 $y=ax+b$ 的最佳经验公式。即:

$$a=\frac{\sum_{i=1}^{n}x_i\sum_{i=1}^{n}y_i-n\sum_{i=1}^{n}x_iy_i}{\left(\sum_{i=1}^{n}x_i\right)^2-n\sum_{i=1}^{n}x_i^2} \tag{11}$$

$$b=\frac{\left(\sum_{i=1}^{n}x_i\right)\left(\sum_{i=1}^{n}x_iy_i\right)-\left(\sum_{i=1}^{n}x_i^2\right)\left(\sum_{i=1}^{n}y_i\right)}{\left(\sum_{i=1}^{n}x_i\right)^2-n\left(\sum_{i=1}^{n}x_i^2\right)} \tag{12}$$

(2) 相关性讨论

如果实验是在已知线性函数关系下进行的,那么用上述最小二乘法进行线性拟合,可得到最佳直线及其截距 b 和斜率 a,从而得到回归方程。

如果实验是要通过 x、y 的测量来寻找经验公式,则还应判别由上述线性拟合所得的线性函数是否恰当。此时,可使用 x、y 的相关系数 R 来判别。相关系数 R 的表达式为:

$$R=\frac{\sum_{i=1}^{n}\Delta x_i\Delta y_i}{\sqrt{\sum_{i=1}^{n}(\Delta x_i)^2\sum_{i=1}^{n}(\Delta y_i)^2}} \tag{13}$$

公式(13)中 $\Delta x_i=x_i-\overline{x}$,$\Delta y_i=y_i-\overline{y}$。相关系数大小表示了相关程度好坏。

当 $R=\pm1$ 或接近 1 时,表明实验数据 x 和 y 完全线性相关,拟合直线通过全部测量点;

当 $R=0$ 时,表示 x 和 y 是相互独立的变量,完全线性不相关;

当 $|R|<1$ 时,表示 x 和 y 的测量值线性不好,$|R|$ 越小线性关系越差。

【思考题】

1. 利用有效数字运算公式计算下列各式:

(1) $20.2+4.176$　　(2) 4.178×10.2　　(3) $\lg 1.983$　　(4) $10^{6.25}$

2. 用钢尺测量某物体长度六次的结果分别为:4.28 cm,4.26 cm,4.27 cm,3.26 cm,4.29 cm,4.27 cm,则其算术平均值和不确定度分别是多少?请给出物体长度的计算表达式。

3. 计算 $A=\frac{4B}{C^2D}$,已知 $B=(127.321\pm0.002)$ g,$C=(7.546\pm0.005)$ cm,$D=(6.14\pm0.01)$ cm,计算 A 的算术平均值和不确定度,并给出其表达形式。

4. 为何说利用最小二乘法拟合的实验曲线是最佳曲线?怎样利用最小二乘法拟合具有线性关系的实验数据?

(陈秉岩)

第2章　学科基础实验

实验2.1　长度的测量

长度测量的方法和仪器多种多样，最基本的测量工具包括米尺、游标卡尺和螺旋测微器。这些量具测量长度的范围和精度各不相同，需视测量的对象和条件进行合理选用。当长度在10^{-3}cm以下时，需用更精密的长度测量仪器（如比长仪），或采用其他的方法（如光学方法）来测量。

【实验目的】

1. 掌握游标卡尺、螺旋测微器的结构原理和使用方法。
2. 巩固有关不确定度和有效数字的知识。
3. 熟悉数据记录、处理及测量结果表示的方法。

【实验原理】

一、游标卡尺

1. 结构

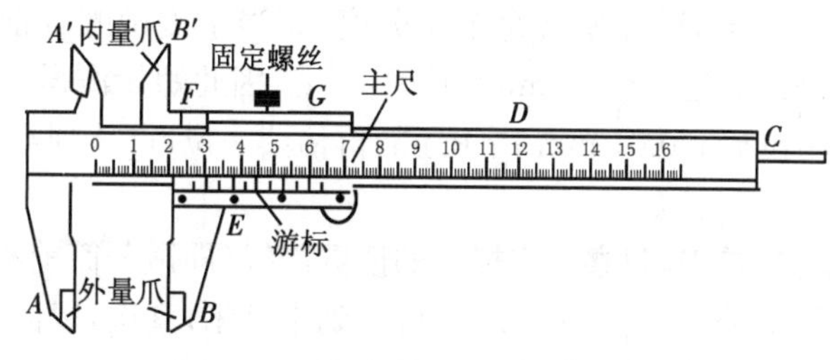

图1　游标卡尺

如图1，游标卡尺是工业上常用的测量长度的仪器。它由主尺和附在主尺上能滑动的游标两部分构成。主尺一般以毫米为单位，而游标上则有10、20或50个分格，根据分格的不同，游标卡尺可分为十分度游标卡尺、二十分度游标卡尺、五十分度游标卡尺等。主尺身和游标上都有量爪，利用内测量爪可测零件的内径或内部长度，利用外测量爪可测零件的厚度和外径。深度尺与游标尺连在一起，可以测槽和筒的深度。当外两爪紧密合拢时，游标和主尺上的“0”刻度线应对齐。

2. 原理

若游标尺上共有m分格，m分格的总长度和主刻度尺上的$(m-1)$分格的总长度相等。设主刻度尺上每个等分格的长度为y，游标刻度尺上每个等分格的长度为x，则有$mx=(m-1)y$。主刻度尺与游标刻度尺每个分格之差$(y-x=y/m)$为游标卡尺的最小读数值，即最小刻度的分度数值。例如主尺刻度最小分度为1 mm，而游标共有$m=20$个分格，则游标卡尺的最小分度为1/20 mm=0.05 mm，称为20分度游标卡尺；还有常用的50分度的游标卡尺，其最小分度数值为 1/50 mm＝0.02 mm。

3. 读数

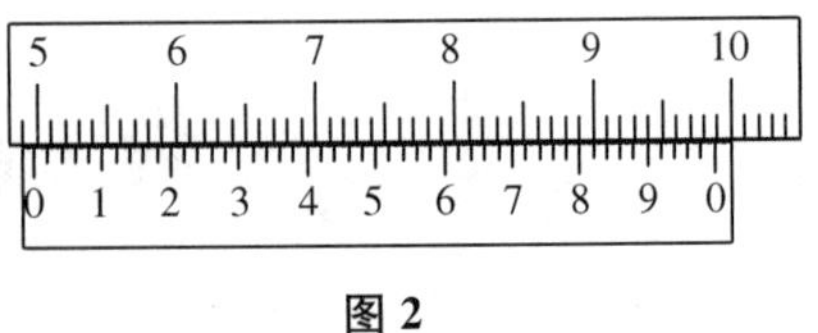

图 2

首先以游标零刻度线为准在尺身上读取毫米整数，即以毫米为单位的整数部分；然后看游标上第几条刻度线与尺身的刻度线对齐，如第 6 条刻度线与尺身刻度线对齐，则小数部分即为 6 乘以游标的分度值。如有零点误差，则一律用上述结果减去零点误差，读数结果为：

测量值＝主尺整数读数＋游标小数读数－零点误差。

以 50 分度的游标卡尺为例，如图 2 所示。整数部分直接从主刻度尺上读出为 49 mm，小数部分：若图中第 40 根游标刻度线和主刻度尺上的刻度线对得最整齐，应该读作 0.02×40(mm)＝0.8**0** mm。测量读数值即为 49＋0.80＝49.8**0**(mm)。

二、螺旋测微器

1. 原理

螺旋测微器，又叫千分尺，是比游标卡尺更为精密的长度测量工具。

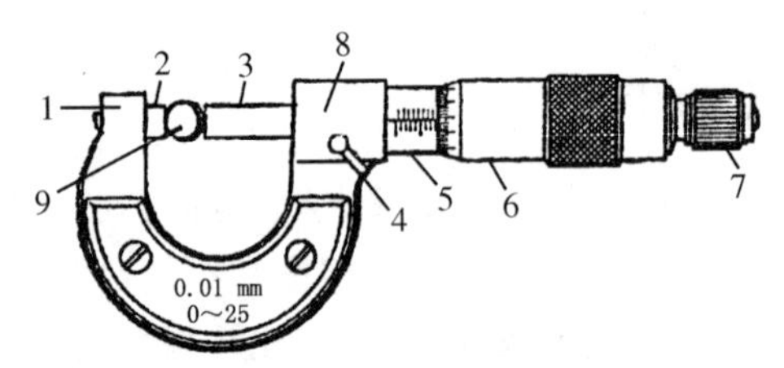

1. 尺架；2. 测砧；3. 测微螺旋；4. 锁紧装置；5. 固定套筒；6. 微分筒；7. 棘轮；8. 螺母套管；9. 被测物。

图 3　螺旋测微器

螺旋测微器是依据螺旋放大的原理制成的，即螺杆在螺母中旋转一周，螺杆便沿着旋转轴线方向前进或后退一个螺距的距离。因此，沿轴线方向移动的微小距离，可用圆周上的读数表示出来。螺旋测微器的螺距是 0.5 mm，微分筒上有 50 个等分刻度，微分筒每旋转一周，测微螺杆可前进或后退 0.5 mm，因此旋转每个小分度，相当于测微螺杆前进或后退 0.5/50 mm＝0.01 mm。因此螺旋测微器可准确到0.01 mm.由于还能再估读一位，可读到毫米的千分位，故又名千分尺。

2. 读数

首先，观察固定标尺的读数准线(即微分筒前沿)所在的位置，可以从固定标尺上读出整数部分，每格 0.5 mm，即可读到半毫米；其次，以固定标尺的刻度线为读数准线，读出0.5 mm 以下的数值，估计读数到最小分度的 1/10 ，然后两者相加，即：

测量值＝固定标尺读数＋微分筒读数－零点误差。

如图 4 所示，整数部分是 5.5 mm (因固定标尺的读数准线已超过了 1/2 刻度线，所以是 5.5 mm)，副刻度尺上的圆周刻度是 20 的刻线正好与读数准线对齐，即 0.20**0** mm。所以，其读数值为 5.5＋0.20**0** ＝5.70**0**(mm)。如图 5 所示，整数部分(主尺部分)是 5 mm，而圆周刻度是 20.**8**，即 0.20**8** mm，其读数值为 5＋0.20**8**＝5.20**8**(mm)。

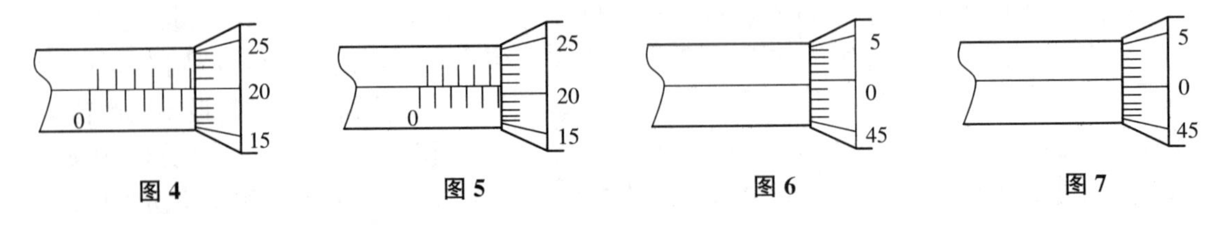

图 4　　图 5　　图 6　　图 7

零点误差：当微分筒和固定套筒界面密合在一起时，通常读数不是 0.000 mm，而是显示某一读数，此读数即为零点误差。读取零点误差时需分清是正误差还是负误差。如图 6 和图 7 所示。

图 6 中，零点误差 $\delta_0=-0.006$ mm。

图 7 中，零点误差 $\delta_0=+0.008$ mm。

如果测量得到待测物读数为 d，那么待测量物体的实际长度 d' 应写为 $d'=d-\delta_0$。

【实验仪器】

游标卡尺、螺旋测微器、米尺、有机塑料板。

【实验内容与步骤】

1. 用米尺测量有机塑料板的长度 L_1，改变测量位置，重复测量 6 次，并记录实验数据。
2. 用游标卡尺的外量爪测量塑料板的宽度 L_2，用内量爪测量圆孔直径 D，各重复测量 6 次并记录实验数据。
3. 用螺旋测微器测量有机塑料板的厚度 L_3，重复测量 6 次并记录实验数据。
4. 计算有机塑料板的体积及其不确定度。

【注意事项】

1. 游标卡尺使用前，应该先将游标卡尺的卡口合拢，检查游标尺的“0”线和主刻度尺的“0”线是否对齐。若不对齐说明卡口有零点误差，应记下零点读数，用以修正测量值。
2. 推动游标刻度尺时，不要用力过猛，卡住被测物体时松紧应适当，更不能卡住物体后再移动物体，以防卡口受损。
3. 用完游标卡尺后两卡口要留有间隙，然后将游标卡尺放入包装盒内，不能随便放在桌上，更不能放在潮湿的地方。
4. 螺旋测微器在使用前要注意校准零点，记下零点误差。
5. 使用螺旋测微器时，当微分筒快靠近被测物体时应停止使用旋钮，而改用微调旋钮，避免产生过大的压力，既可使测量结果精确，又能保护螺旋测微器。
6. 读数时，千分位有一位估读数字，不能随便扔掉，即使固定刻度的零点正好与可动刻度的某一刻度线对齐，千分位上也应读取为“0”。

【数据记录与处理】

1. 测量有机塑料板的长度 L_1

仪器：米尺；示值误差：$\Delta_{仪}=0.5$ mm.

表 1

次数 / 项目	1	2	3	4	5	6	平均值
L_1(mm)							

2. 测量塑料板的宽度 L_2、圆孔直径 D

仪器：游标卡尺；示值误差：$\Delta_{仪}=0.02$ mm.

表 2

次数 / 项目	1	2	3	4	5	6	平均值
L_2(mm)							
D(mm)							

3. 测量有机塑料板的厚度 L_3

仪器：螺旋测微器；示值误差：$\Delta_{仪}=0.004$ mm；零点读数：________mm.

表 3

次数 / 项目	1	2	3	4	5	6	平均值
L_3(mm)							

4. 计算有机塑料板的体积及其不确定度，并给出其表达形式。

【问题与讨论】

1. 分别用米尺、50 分度游标卡尺和千分尺测量直径约为 2.4 mm 的细丝直径，各可测得几位有效数字？

2. 已知一游标卡尺的游标刻度有 50 个，用它测得某物体的长度为 5.428 cm，则在主尺上的读数是多少？游标的读数是多少？游标上的哪一刻线与主尺上的某一刻线对齐？

3. 螺旋测微器(千分尺)的零点值在什么情况下为正？什么情况下为负？

（陈秉岩）

实验 2.2　固体、液体密度的测量

密度是物质的重要属性之一，是表征物体成分或组织结构特征的物理量，工业上经常通过测定物体的密度来进行原料成分的分析、液体浓度的测定和材料纯度的鉴定。不同类型的物质需要不同的密度测量方法，学习这些方法是十分重要的。

【实验目的】

1. 掌握物理天平的使用方法。
2. 学习流体静力称衡法和比重瓶法，测定固体和液体的密度。

【实验原理】

设一个物体的质量为 M，体积为 V，则其密度为

$$\rho=\frac{M}{V} \tag{1}$$

因此，只要测量物体的体积和质量就可以得到它的密度。

质量 M 可以用物理天平测得非常准确。对于外形非常规整的物体，体积可以在测量其几何尺寸后计算得出。对于形状不规则的物体，体积的计算会变得极其不方便，甚至无法进行，从而给密度的测量带来困难。解决这一困难常见的方法是静力称衡法。液体密度的测量，常采用比重瓶法。设水的密度为 ρ_0。

一、流体静力称衡法测固体的密度

设待测物体的质量为 m_1，不溶于水也不吸收水，将其悬吊在水中的称衡值为 m'_1，根据阿基米德原理，物体在水中受到的浮力 F 等于它所排开的水的重量，即

$$F=(m_1-m'_1)g=\rho_0 Vg \tag{2}$$

式中：g 为重力加速度；V 是物体排开水的体积，也是物体自身的体积。因此，物体的密度为

$$\rho_1=\frac{m_1}{m_1-m'_1}\rho_0 \tag{3}$$

二、流体静力称衡法测液体的密度

将一块不溶于水也不与待测液体发生化学反应的物体（如玻璃块）分别悬吊在水中和待测液体中，其质量为 m_2，在水中的称衡值为 m'_2，在待测液体中的称衡值为 m''_2，则待测液体的密度为

$$\rho_2=\frac{m_2-m''_2}{m_2-m'_2}\rho_0 \tag{4}$$

三、用比重瓶测待测液体的密度

比重瓶在一定的温度下具有一定的体积，分别将待测液体和水注入比重瓶中，塞好瓶塞后多余的液体从塞中的毛细管溢出。设空比重瓶的质量为 m_3，充满待测液体的质量为 m'_3，

充满水时的质量为 m''_3,则

$$\rho_3=\frac{m'_3-m_3}{m''_3-m_3}\rho_0 \tag{5}$$

【实验仪器】

物理天平、烧杯、温度计、比重瓶、金属块、玻璃块、酒精、蒸馏水、细线、玻璃棒等。

一、物理天平

天平是称衡物体质量的通用仪器,有杠杆式和电子式之分,在工农业生产、市场经济和科学技术领域发挥着重要作用。

常用的 TW 系列物理天平的结构如图 1 所示。横梁是天平的主要部件,横梁上共有三个刀口。两侧的两个刀口向上,各悬挂一个托盘,中间刀口向下,置于立柱顶端的玛瑙托上。立柱下方的手轮可以控制横梁上下升降。在不需称量时放下横梁可以有效地保护刀口。横梁两端有平衡螺母,可以调节天平空载时的平衡,游码可用于 1.00 g 以下的称衡。

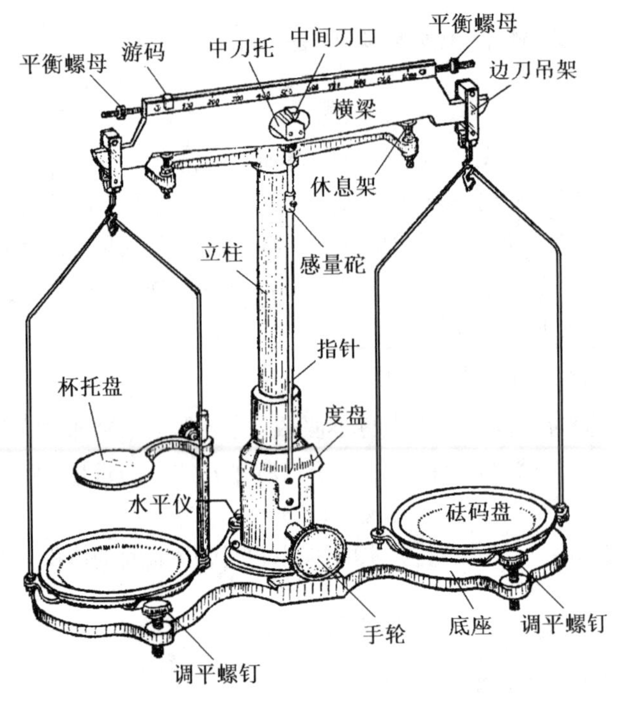

图 1　物理天平

使用天平时应注意以下几点:

1. 检查天平各部件是否安装正确,调节底座的调平螺钉,使水平仪指示水平,以保证支柱铅直。

2. 要调整天平空载时的零点。将游码移到横梁左端零刻线,支起横梁观察指针是否停在标尺的零点上。如不在零点,可降下横梁,反复调节平衡螺母,直至指针指向零点。若上述操作仍无法调准零点,则应检查砝码盘的位置是否放错。

3. 称重时,将待测物体放在左盘,砝码放在右盘,轻轻支起横梁观察两边重量差异,降下横梁用镊子夹取增减砝码或移动游码,反复调节直至天平平衡。

4. 称量完毕后必须立即降下横梁,并将砝码收入砝码盒中,以免损坏或丢失。

二、精密电子天平

电子天平是利用电磁力平衡称量物体重量的天平。其特点是称量准确可靠、显示快速清晰并且具有自动检测、自动校准以及超载保护等功能。

精密天平是一种准确、可靠的称量仪器。量程较低的型号配有防风罩,以确保最佳性能,而大量程型号配有大秤盘,可容纳大重量产品。精密天平用于实验室和制造环境中的各种应用,包括样品和标准液制备、配方、统计质量控制和计数。例如,METTLER TOLEDO 的 XPR204S/AC 的量程为 210 g 可读性 0.1 mg。

三、比重瓶

比重瓶是一种容积确定不变的容器,常用玻璃制成,如图 3 所示。

使用比重瓶时,将液体注入瓶中直到满为止,将有毛细管的玻璃塞塞住瓶口,多余的液体会从毛细管溢出。使用时应注意不要使瓶中留有气泡,同时应用吸水纸将瓶外和瓶口缝隙中的液体擦干。

●操作演示

图 2　精密电子天平

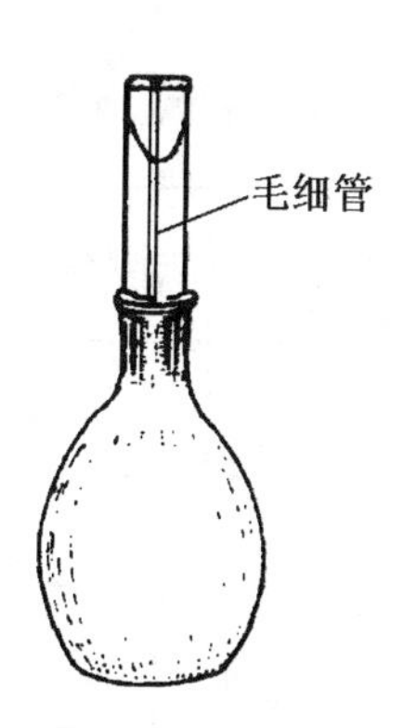

图 3　比重瓶

【实验内容与步骤】

1. 用静力称衡法测待测固体的密度

(1) 将物理天平的测量状态调好,测量待测物的质量 m_1;

(2) 用细线吊起待测物浸于蒸馏水中,用物理天平测量其称衡值 m'_1;

(3) 记录当前室温,查出相应温度下水的密度 ρ_0,计算得出待测物密度 ρ_1。

2. 用静力称衡法测待测液体的密度

(1) 用物理天平测量玻璃块的质量 m_2;

(2) 用细线吊起玻璃块浸于蒸馏水中,用物理天平测量其称衡值 m'_2;

(3) 将玻璃块浸于待测液体中,用物理天平测量其称衡值 m''_2;

(4) 计算得出待测液体密度 ρ_2。

3. 用比重瓶测量待测液体的密度

(1) 用物理天平测量空比重瓶的质量 m_3;

(2) 在比重瓶中注满待测液体,测量此时比重瓶的总质量 m'_3;

(3) 将比重瓶中的待测液体换成蒸馏水,测量此时比重瓶的总质量 m''_3;

(4) 计算得出待测液体密度 ρ_3。

【注意事项】

1. 增减天平砝码时,必须使用镊子,不能直接用手接触砝码,以免手上的油污改变砝码的质量。砝码使用完毕要及时收入砝码盒,以免遗失或损坏。

2. 用蒸馏水替换比重瓶中的待测液前,注意先要用足够的蒸馏水将比重瓶冲洗干净,以免残留的待测液改变蒸馏水的密度。

3. 手握比重瓶时,不要“一把抓”,以免手温改变液体的温度,从而改变液体的密度。

【数据记录与处理】

1. 用静力称衡法测待测固体的密度

次数 待测量	1	2	3	4	5	平均值
m_1/g						
m'_1/g						

2. 用静力称衡法测待测液体的密度

次数 待测量	1	2	3	4	5	平均值
m_2/g						
m'_2/g						
m''_2/g						

3. 用比重瓶测量待测液体的密度

次数 待测量	1	2	3	4	5	平均值
m_3/g						
m'_3/g						
m''_3/g						

4. 当前室温________℃,查表得蒸馏水的密度 ρ_0=________kg·m^{-3}。

【问题与讨论】

1. 若天平的左右两臂长度不等,将产生不等臂误差,试分析如何消除这种误差?

2. 若待测固体的密度比蒸馏水的密度小,如黄蜡,将黄蜡简单地置于水中是无法全部浸没的,应如何使用流体静力称衡法测定黄蜡的密度?

3. 实验中将固体吊起的线用的是细线，为什么不能用粗线？对于相同粗细的线，用棉线、尼龙线还是铜丝更好？为什么？

附表　不同温度下蒸馏水的密度(单位：10^3 kg · m^{-3})

t/℃	密度	t/℃	密度	t/℃	密度	t/℃	密度
0	0.999 86	9	0.999 81	18	0.998 62	27	0.996 54
1	0.999 93	10	0.999 73	19	0.998 43	28	0.996 26
2	0.999 97	11	0.999 63	20	0.998 23	29	0.995 97
3	0.999 99	12	0.999 52	21	0.998 02	30	0.995 67
4	1.000 00	13	0.999 40	22	0.997 80	31	0.995 37
5	0.999 99	14	0.999 27	23	0.997 56	32	0.995 05
6	0.999 97	15	0.999 13	24	0.997 32	33	0.994 73
7	0.999 93	16	0.998 97	25	0.997 07	34	0.994 40
8	0.999 88	17	0.998 80	26	0.996 81	35	0.994 06

（陈秉岩）

实验 2.3 数字万用表使用实验

万用表分为模拟式和数字式两种类型。模拟万用表采用磁电式电流表头作为测量元件，其输入阻抗较小，测量精度低，反应速度慢，已趋于淘汰；数字万用表采用模数转换器(Analog to Digital Converter：ADC)作为测量元件，其具有输入阻抗较大、精度高、速度快等优势。模拟万用表将最终被数字万用表替代。

【实验目的】

1. 了解数字万用表的基本工作原理和功能。
2. 掌握使用数字万用表测量交、直流电压(电流)。
3. 掌握使用数字万用表测量电阻、电容。
4. 掌握使用数字万用表测量二极管、三极管参数。

【实验原理】

数字万用表的测量核心器件是 ADC，它是一种将模拟电压或电流信号转化为数字信号的集成电路。数字万用表有多种精度等级①，常用的三位半(最大示数为 1 999)数字万用表的输入阻抗为 10 MΩ，测量精度为 0.5%；四位半(最大示数为 19 999)数字万用表的输入阻抗为 100 MΩ，测量精度为 0.05%；目前，数字万用表的最高精度为七位半，对应测量精度达到 5×10^{-8}。

数字万用表常用的功能有：直流电源测量、交流电压测量、直流电流测量、交流电流测量、电阻值测量、电容值测量、电感值测量、信号频率测量、电路通断检测、二极管正向导通电压测量、三极管型号识别和放大倍数测量等。在实际使用中，必须根据不同的测试仪对象，选用恰当的测试功能和挡位。有关数字万用表工作原理的详细资料，可参考本书“实验 4.4 数字万用表的原理和设计”。

【实验仪器】

UT89XD 标准型三又六分之五位$\left(3\frac{5}{6}:5\ 999\right)$数字万用表 1 台，万用表使用测试板 1 块(集成了待测的电阻、电容、二极管、LED、三极管，以及交流信号频率、电压和电流输出功能)。

本次实验采用的数字万用表型号为 UT89XD，该表具有最大输入阻抗 1 000 MΩ，精度

① 数字万用表的精度通常使用“×位”表示。×位，代表 0～9 的显示有×位，最高位显示为 0 或 1 则记为1/2位(半位)、0～4 则记为 3/4 位、0～5 则记为 4/5、最高位显示为 0～6 则记为 5/6。常见的精度及满量程示数有：$3\frac{1}{2}:1\ 999$，$4\frac{1}{2}:19\ 999$，…，$7\frac{1}{2}:19\ 999\ 999$；$3\frac{3}{4}:3\ 999$，$4\frac{3}{4}:39\ 999$，$5\frac{3}{4}:399\ 999$；$3\frac{4}{5}:4\ 999$，$4\frac{4}{5}:49\ 999$；$3\frac{5}{6}:5\ 999$ 等。

为 $3\frac{5}{6}$(0.167‰)，其功能面板如图 1 所示，主要功能和指标如表 1 所示。

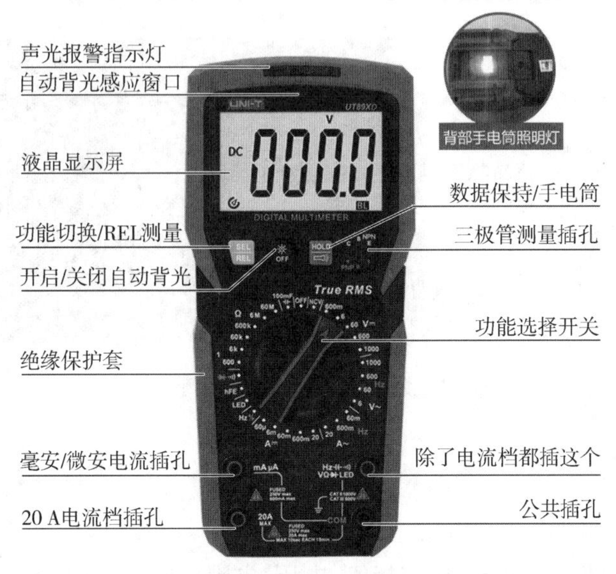

图 1　数字万用表 UT89XD 的面板及功能

表 1　UT89XD 标准型数字万用表功能和指标

基本功能	量程及功能	精度
直流电压测量	600 mV/6 V/60 V/600 V/1 000 V	±0.5%
交流电压测量	6 V/60 V/600 V/1 000 V	±0.8%
直流电流测量	60 μA/6 mA/60 mA/600 mA/20 A	±0.8%
交流电流测量	60 mA/600 mA/20 A	±1%
电阻阻值测量	600 Ω/6 kΩ/60 kΩ/600 kΩ/6 MΩ/60 MΩ	±0.8%
电容容量测量	1 pF～100 mF	±2.5%
信号频率测量	0.01～10 MHz (信号幅度有效值范围 0.30～30 V)	±0.1%
二极管/通断测试	二极管 VF(正向导通压降 forward voltage)、极性、击穿(短路)判定	/
三极管测试	类型识别、放大倍数测量、引脚功能识别	/
睡眠功能	停机工作 10 min 后自动关闭	/
工作电源欠压提示	工作电源电压不足时提示换电池	/

数字万用表使用测试板面板如图 2 所示。两只待测二极管 D1 和 D2 的测试端为 PD1 和 PD2，两只待测电阻 R1 和 R2 的测试端为 PR1 和 PR2，两只待测电容 C1 和 C2 的测试端为 JC1 和 JC2，两只待测三极管 T1 和 T2 的测试端为 JT1 和 JT2，两只待测发光二极管 LED1 和 LED2 的测试端为 LP1 和 LP2。

电气连接端子 Pf1 和 Pf2，提供了测试交流信号频率、电压和电流的功能。将数字万用表设置在频率测量、交流电压和交流电流测试挡，使用红表笔和黑表笔分别按压在 Pf1 和 Pf2 端口的孔上，选用适当的量程，使得万用表显示器读数的有效数字位数足够多并记录。

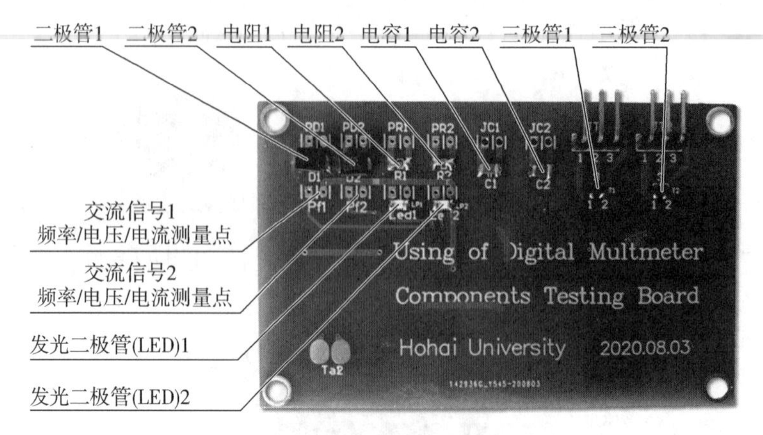

图 2　数字万用表使用实验测试板

【实验内容与步骤】

1. 用数字万用表测交、直流电压

黑表笔插“COM”孔，红表笔插“二极管、电压、电阻、频率”孔；判定待测电压是直流还是交流，选择对应的交流/直流电压测量功能。将红表和黑表笔并联在待测的两点上，显示数据即为待测电压值。

测直流电压时，数字万用用表的显示数据即为待测电压值，示数前的“＋”号表示红表笔电压比黑表笔高，反之为“－”号。测交流电压时，数字万用表的示数表示交流电压的有效值（注意：可测量的交流电压频率一般不能超过 45～1 000 Hz）。

2. 用数字万用表测交、直流电流

黑表笔插“COM”孔，红表笔根据待测电流的大小，插在“A 或 mA/μA”孔（若被测电流为毫/微安级，红表笔插在 mA/μA 孔；若被测电流为安培级，红表笔插在 A 孔）；判定待测电流是直流还是交流，选择对应的交流/直流电流测量功能。将红表和黑表笔串联在待测回路上，显示数据即为待测电流值。

测直流电流时，数字万用用表的显示数据即为电流大小，示数前的“＋”号表示电流从数字万用表的红表笔流向黑表笔，反之为“－”号。测交流电流时，数字万用表的示数表示交流电流的有效值（注意：可测量的交流电流频率一般不能超过 45～1 000 Hz）。

3. 用数字万用表测量电阻

黑表笔插“COM”孔，红表笔插“二极管、电压、电阻、频率”孔；将数字万用表的测量旋钮转到电阻测量挡，将红黑表笔并联在待测电阻的两个引脚上，显示数据即为待测电阻阻值。

注意：① 将红黑表笔短接，此时数字万用表上显示的数据为数字万用表的表针接触电阻（一般接近 0 Ω），严格测量待测电阻时，应该将待测电阻的测量读数减去表针接触电阻示数；② 测量电阻时，必须至少保证电阻的其中一个引脚是悬空的（待测电阻不与其他电路构成网络），否则测量不准确。

4. 用数字万用表测量晶体二极管、三极管的相关参数

（1）二极管参数检测

将数字万用表的测量挡位换到二极管检测挡，黑表笔插“COM”孔，红表笔插“二极管、

电压、电阻、频率"孔。用红、黑表笔分别搭在二极管的两个极上，根据以下现象判定：

① 如果显示"0"，且发出报警声，则表示所测试的二极管被击穿（两个引脚电阻为零），该功能通常用于电路设计中检查任意两点的通断特性。

② 如果显示"OL"，则表示红表笔和黑表笔之间的电阻无穷大；对于待测的二极管，如果两个引脚均未处于开路状态，则表示红表笔接在二极管的负极（N），黑表笔结在二极管的正极（P）。示数"1"表示在数字万用表所能提供的测试电压下，二极管的反向电流为零或还未达到二极管的反向击穿电压。

③ 如果显示"0.×××～5.999"，则表示红表笔接在二极管的正极（P），黑表笔接在二极管的负极（N）。示数"0.×××～5.999"所测试的二极管的正向导通压降 V_F 的大小。

注意：二极管的正向导通压降 V_F 是二极管的关键参数之一，在电路设计的理论计算中经常要使用它。通常二极管正向压降 $V_F=0.12\sim2.00$ V（例如锗材料二极管 $V_F=0.300\sim0.500$ V，硅材料二极管 $V_F=0.700$ V）。

（2）LED导通压降检测

该功能可测试单个LED或多个LED串的正向导通压降，最大可测正向压降为11.1 V。小功率LED的 $V_F=1.200\sim2.500$ V，大功率LED的 V_F 通常为2.500～3.600 V；对于正向压 V_F 超过11.1 V的LED串，一般不能通过LED测试功能直接测试 V_F。实际测试时可将LED与电阻串联，使用可调稳压电源加载在该串联电路上使LED导通（发光），并使用万用表的电压测量挡检测LED两端的电压，缓慢增减电源电压，如果LED正常发光且其两端电压不随电源电压变化，则当前的电压即为该LED的正向导通压降 V_F。

（3）三极管参数检测

将数字万用表测量挡位换到"hFE"，将未知型号三极管的三个引脚任意插入NPN或PNP中的一排四个孔测量孔中（对于引脚过大、过小或过短的大封装或贴片封装三极管，可以使用引线连接后再插入）。如果万用表显示器上显示"30～1 000"，则待测三极所插的一排孔的字符标示"NPN或PNP"待测三极管的类型（"NPN"或"PNP"）；三个引脚对应的孔上的字母（B、C或E）即为待测三极管的引脚功能字符；万用表所显示的"30～1 000"即为当前所测三极管的放大倍数 β（hFE）。

5. 用数字万用表测量电容，交流信号频率、电压和电流。

6. 用数字万用表测量温度

使用K型热电偶测量打火机、酒精灯、蜡烛等火焰温度（选做内容）。

【注意事项】

1. 必须明确要测什么量，然后将功能选择开关拨到相应的测量挡位，避免误操作，损坏仪表。

2. 测量非电流参数时，严禁将红表笔插入mA/μA和20 A两个电流插孔，测量完电流后，要立即将红表笔插入电压电阻插孔，以免误用烧毁表头。

3. 若事先无法估计被测电压（或电流）的大小，应旋至高量程试测一下，再根据情况选择合适量程。

4. 测无源器件时，例如测量电阻、电容、二极管、三极管等器件的独立参数时，必须断电，不能带电测量；另外，电容测量前要先放电。

5. 表笔脱离待测元件后，方可转动功能选择开关。

【数据记录与处理】

1. 测试电阻值和电容容量

电阻	电阻值(带单位)
R1	
R2	

电容	电容量(带单位)
C1	
C2	

2. 测试二极管和 LED 正向导通压降

二极管	正向导通压降 V_F(V)
D1	
D2	

LED	正向导通压降 V_F(V)
Led1	
Led2	

分析被测的两只二极管(D1 和 D2)以及发光二极管(LED1 和 LED2)的正向压降 V_F 为何不一样?

3. 测试三极管类型和放大倍数

三极管	类型(填写 NPN 或 PNP)	放大倍数 β(hFE)	引脚 1	引脚 2	引脚 3
T1					
T2					

4. 测试交流信号频率、电压和电流

测试端	频率 f(kHz)	交流电压(V)	交流电流(mA)
Pf1			
Pf2			

【问题与讨论】

1. 分析数字万用表测量电容的原理，万用表所使用的核心测量器件 ADC 是否能通过设计实现电感量的测量功能？请给出你的电容和电感测量设计方案。(提示：可以根据 LC、RC 谐振电路特性，结合万用表频率测量功能进行分析。)

2. 查阅资料，分析万用表的核心测量器件 ADC 是如何实现频率测量功能的？(提示：可以查阅有关频率-电压转 FVC 的相关知识。)

(陈秉岩)

实验 2.4　静态拉伸法测定金属杨氏弹性模量

杨氏模量是描述固体材料抵抗形变能力的重要物理量，是在机械设计及材料性能研究中必须考虑的重要力学参量。杨氏模量的概念最早是由英国物理学家托马斯·杨在 1807 年提出的，属于弹性力学中的一个概念。弹性力学是固体力学的重要分支，它研究弹性物体在外力和其他外界因素作用下，物体内部产生的位移、变形和内力分布等，也称为弹性理论。它是材料力学、结构力学、塑性力学和某些交叉学科的基础，广泛应用于建筑、机械、化工、航天等工程领域。例如，2008 年北京奥运会的主体育场鸟巢；当今世界上最大的水利枢纽建筑之一的三峡大坝；我国第五代制空战斗机歼 20；我国第一艘服役的航空母舰——辽宁号等。本实验利用静态拉伸法测量金属材料的杨氏弹性模量，研究拉伸应力与线应变的关系。金属材料的拉伸特性如图 1 所示，图中 σ_y 为屈服极限，对应数值为屈服强度；σ_b 为断裂极限，对应数值为抗拉强度。从图中可以看出，金属抗拉强度高于屈服强度。

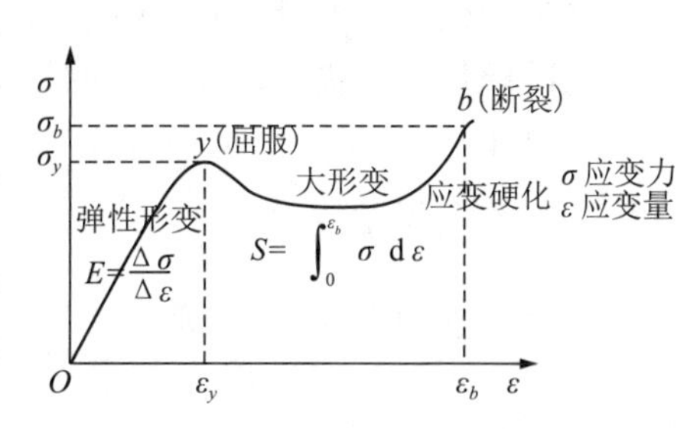

图 1　金属应力-应变曲线

【实验目的】

1. 学习用拉伸法测量金属丝的杨氏弹性模量。
2. 掌握用光杠杆法测量长度微小变化的原理及方法。
3. 学会用逐差法处理数据。

【实验原理】

一、杨氏模量定义与物理意义

如图 2 所示，一粗细均匀的金属丝，长度为 L，横截面积为 S，将其上端固定，下端悬挂砝码。金属丝在外力 F 作用下发生形变，伸长了 ΔL。

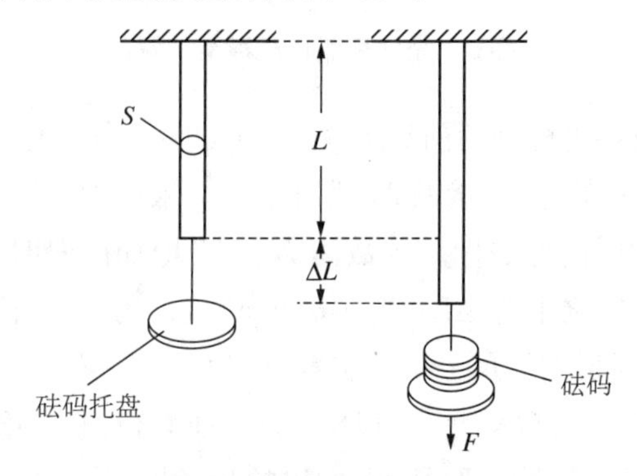

图 2　金属丝形变示意图

根据胡克定律，在物体的弹性限度内，应力F/S与应变$\Delta L/L$成正比，即

$$\frac{F}{S}=E\cdot\frac{\Delta L}{L} \tag{1}$$

其比例系数：

$$E=\frac{FL}{S\Delta L} \tag{2}$$

称为杨氏弹性模量，简称杨氏模量。

杨氏模量仅取决于物体材料的性质，与物体的几何尺寸及外力作用的大小无关。对一定的材料而言，E 是一个物理常数。它反映的是物体发生的弹性形变的难易程度。

二、杨氏模量测量

设金属丝的直径为 d，则 $S=\frac{\pi d^2}{4}$，将此式代入式(2)，得：

$$E=\frac{4FL}{\pi d^2\Delta L} \tag{3}$$

式(3)的右端各量中 F、L、d 均可用一般方法测得，但伸长量 ΔL 是一个微小变量，很难用一般方法测得。实验中采用光杠杆镜尺法测量此量。

三、光杠杆镜尺法测量微小长度变化的原理

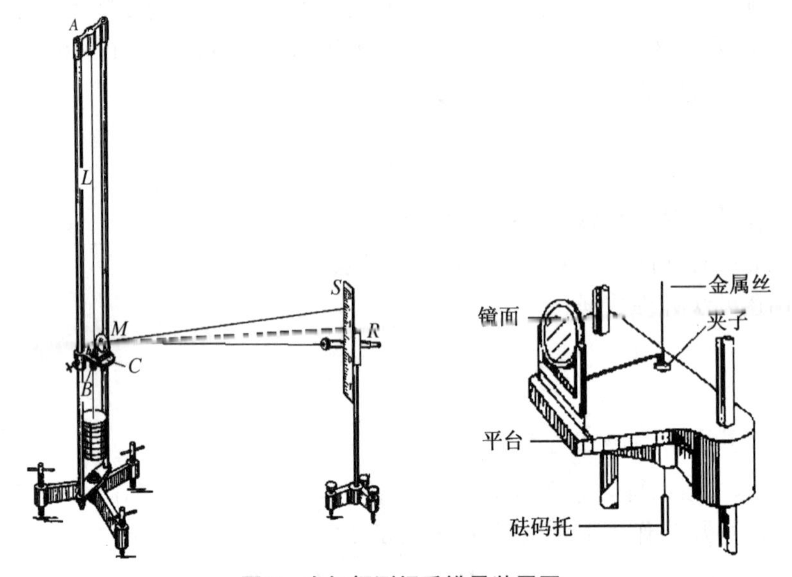

图 3　光杠杆测杨氏模量装置图

如图 3 所示，测量时将光杠杆两前足尖 f_2、f_3(如图 4 所示)放在平台上的横槽内，后足尖 f_1放在小圆柱体下夹头的上面，镜面 M 垂直平台。未增加砝码时，平面镜 M 的法线与望远镜轴线一致，从望远镜中读得的标尺读数为 N_0。当增加砝码时(如图 5 所示)，金属丝伸长 ΔL，光杠杆后足尖 f_1随之下降 ΔL，平面镜 M 转过 α 角至 M'位置，平面镜法线也转过 α 角，从 N_0发出的光线被反射到标尺上某一位置(设为 N_2)。根据光的反射定律，反射角等于入射角，即$\angle N_0ON_1=\angle N_1ON_2=\alpha$($ON_1$ 为平面镜转过 α 角后的法线位置)，所以$\angle N_0ON_2=2\alpha$。由光的可逆性原理，从 N_2发出的光经平面镜 M'反射后进入望远镜而被观

察到。从图中的几何关系可得：

$$\tan\alpha\approx\frac{\Delta L}{b}\quad \tan 2\alpha=\frac{\Delta N}{D}$$

式中：D 为标尺到平面镜的距离（$D=ON_0$）；ΔN 为标尺两次读数的变化量，此处$\Delta N=|N_2-N_0|$。

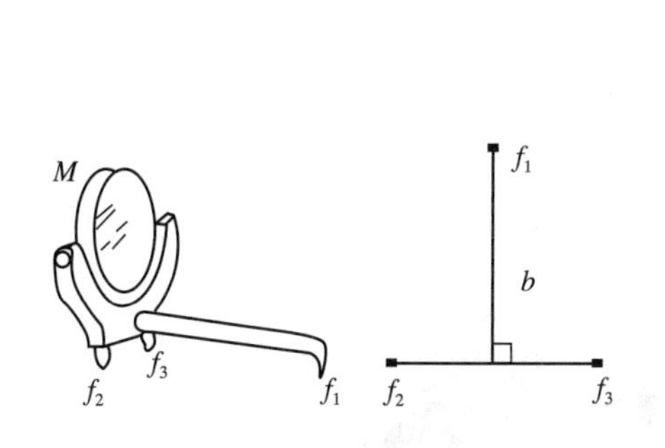

图 4　光杠杆结构图

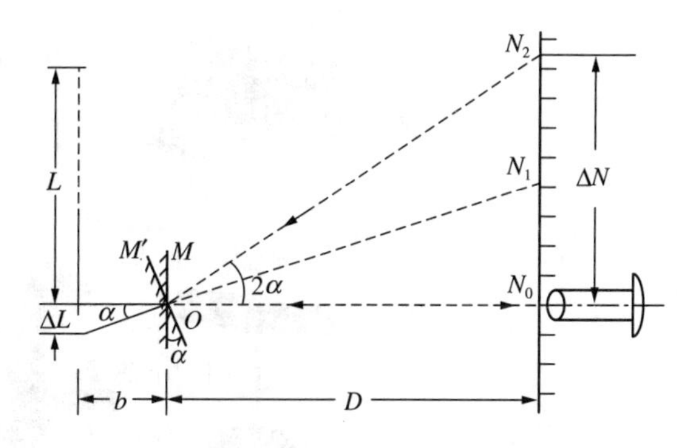

图 5　光杠杆放大原理图

因 ΔL 很小，且 $\Delta L\ll b$，故 α 很小，所以

$$\tan\alpha\approx\alpha\approx\frac{\Delta L}{b}\tag{4}$$

$$\tan 2\alpha\approx 2\alpha\approx\frac{\Delta N}{D}\tag{5}$$

由式(4)和(5)消去 α 得：

$$\frac{\Delta L}{b}=\frac{\Delta N}{2D}$$

即：

$$\Delta L=\frac{b}{2D}\cdot\Delta N\tag{6}$$

此式即为光杠杆测量微小伸长量的原理公式。这种光学放大方法不但可以提高测量的准确度，而且可以实现非接触测量。

四、测量公式

将式(6)代入式(3)得杨氏模量 E 的测量公式：

$$E=\frac{8FLD}{\pi d^2 b\Delta N}=\frac{8mgLD}{\pi d^2 b\Delta N}\tag{8}$$

式中：L 为待测金属丝的长度；D 为标尺到平面镜的距离；d 为金属丝的直径；b 为光杠杆后足尖到两前足尖连线的垂直距离；m 为所加砝码的总质量；N 为标尺读数的变化量。

【实验仪器】

杨氏模量仪、光杠杆、镜尺组（包括望远镜和标尺）、钢卷尺、游标尺、螺旋测微计。

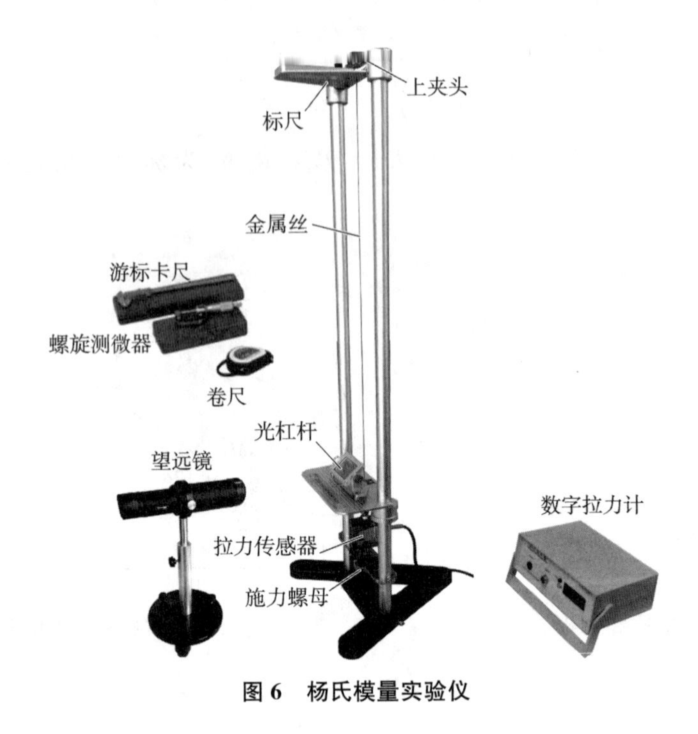

图 6　杨氏模量实验仪

【实验内容与步骤】

1. 打开数字拉力计电源开关，预热 10 分钟。背光源应被点亮，标尺刻度清晰可见。数字拉力计面板上显示此时加到金属丝上的力。

2. 旋松光杠杆动足上的锁紧螺钉，调节光杠杆动足至适当长度(以动足尖能尽量贴近但不贴靠到金属丝，同时两前足能置于台板上的同一凹槽中为宜)，用三足尖在平板纸上压三个浅浅的痕迹，通过画细线的方式画出两前足连线的高(即光杠杆常数)，然后用游标卡尺测量光杠杆常数的长度 b，并将实验数据记入表 1。将光杠杆置于台板上，并使动足尖贴近金属丝，且动足尖应在金属丝正前方。

3. 旋转施力螺母，先使数字拉力计显示小于 2.5 kg，然后施力由小到大(避免回转)，给金属丝施加一定的预拉力 m_0(3.00±0.02 kg)，将金属丝原本存在弯折的地方拉直。

4. 用钢卷尺测量金属丝的原长 L，钢卷尺的始端放在金属丝上夹头的下表面，另一端对齐下夹头的上表面，将实验数据记入表 1。

5. 用钢卷尺测量反射镜中心到标尺的垂直距离 D，钢卷尺的始端放在标尺板上表面，另一端对齐反射镜中心，将实验数据记入表 1。

6. 用螺旋测微器测量不同位置、不同方向的金属丝直径 d_1(至少 6 处)，注意测量前记下螺旋测微器的零差 d_0。将实验数据记入表 2 中，并计算金属丝的平均直径。

7. 将望远镜移近并正对实验架台板。调节望远镜使其正对反射镜中心，然后仔细调节反射镜的角度，直到从望远镜中能看到标尺背光源发出的明亮的光。

8. 调节目镜视度调节手轮，使得十字分划线清晰可见。调节调焦手轮，使得视野中标尺的像清晰可见。转动望远镜镜身，使分划线横线与标尺刻度线平行后再次调节调焦手轮，使得视野中标尺的像清晰可见。

9. 再次仔细调节反射镜的角度，使十字分划线横线对齐≤2.0 cm 的刻度线（避免实验做到最后超出标尺量程）。水平移动支架，使十字分划线纵线对齐标尺中心。

注意：下面步骤中不能再调整望远镜，并尽量保证实验桌不要有震动，以保证望远镜稳定。加力和减力过程中施力螺母不能回旋。

10. 点击数字拉力计上的“清零”按钮，记录此时对齐十字分划线横线的刻度值 x_1。

11. 缓慢旋转施力螺母，逐渐增加金属丝的拉力，每隔 1.00(±0.02)kg 记录一次标尺的刻度 N_i^+，加力至设置的最大值，数据记录后再加 0.5 kg 左右（不超过 1.0 kg，且不记录数据）。然后反向旋转施力螺母至设置的最大值并记录数据；同样地，逐渐减小金属丝的拉力，每隔 1.00(±0.02)kg 记录一次标尺的刻度 N_i^-，直到拉力为 0.00(±0.02)kg。将以上数据记录于表 3 中对应位置。

12. 实验完成后，旋松施力螺母，使金属丝自由伸长，并关闭数字拉力计。

【注意事项】

1. 系统调节好后，在测量过程中，不能移动任何仪器。
2. 用逐差法处理数据时注意两个变量 F 和$\overline{\Delta N}$的对应关系。
3. 调节前，应确定钢丝是否夹紧，测量平台是否水平、铅直。

【数据记录与处理】

1. 用米尺测量 L、D，用游标尺测量 b。

L=______cm=______ mm，D=______cm=______mm，b=______cm=______mm。

2. 用螺旋测微计测金属丝直径 d，上、中、下各测 2 次，共 6 次，然后取平均值。

螺旋测微计初始读数 d_0=__________mm。

次数	1	2	3	4	5	6	平均
钢丝直径 d_1(mm)							
真实直径 $d=d_1-d_0$(mm)							

3. 记录加减力时十字交叉线的水平线所对标尺的刻度值 N。

序号 i	1	2	3	4	5	6	7	8	9	10
拉力视值 m_i(kg)	0.00									
加力时标尺刻度 N_i^+(mm)										
减力时标尺刻度 N_i^-(mm)										
平均标尺刻度(mm) $N_i=(N_i^+ + N_i^-)/2$										
标尺刻度改变量(mm) $\Delta N_i=N_{i+5}-N_i$										

4. 将测得的各物理量代入以下公式，计量出钢丝的杨氏弹性模量(注意有效数字运算法则)：

$$E=\frac{8mg\overline{L}\ \overline{D}}{\pi\overline{d}^2\overline{b}\ \overline{\Delta N}}\underline{\qquad\qquad}(\mathrm{N}\cdot\mathrm{m}^{-2})。$$

【问题与讨论】

1. 用光杠杆测量微小形变量时，改变哪些物理量可以增加光杠杆的放大倍数？
2. 哪些因素会给实验测量结果带来误差，如何较小这些误差？
3. 哪个量的测量是影响实验结果的主要因素，操作中应该注意什么问题？

(陈秉岩　刘明熠)

实验 2.5　分光计调节和衍射光栅常数测量

分光计是一种测量光线偏转角的仪器。在分光计的载物台上放置色散棱镜或衍射光栅,它就成为一台简单的光谱仪器;在分光计上装上光电探测器,还可以对光的偏振现象进行定量的研究,因此分光计是光学实验中的一种基本仪器。为了保证测量的精确,分光计在使用前必须调整。学习分光计的调整方法是使用光学仪器的一种基本训练。

【实验目的】

1. 了解分光计的结构,学会正确的调节和使用方法。
2. 学会用分光计测量光学平面间夹角的方法。
3. 利用已知波长的单色光,测定光栅常数或反之。

【实验原理】

衍射光栅是利用多缝衍射原理使光波发生色散的光学元件,它由大量的相互平行的、等间距的狭缝(或刻痕)组成。由于光栅具有较大的色散率和较高的分辨本领,故它被广泛地应用于各种光谱仪器中。实验用的光栅一般是复制光栅。当光照射在光栅平面上时,刻痕处不易透光,只有在两刻痕之间的光滑部分,光才能通过,相当于一条狭缝,因此,光栅实际上是一排排密集、均匀而平行的狭缝。如图 1 所示,透光(反光)部分的宽度为 a,不透光(不反光)部分的宽度为 b,光栅常数(两缝之间的距离)为 $d=a+b$。光栅的狭缝数一般为 500～10 000条/厘米。

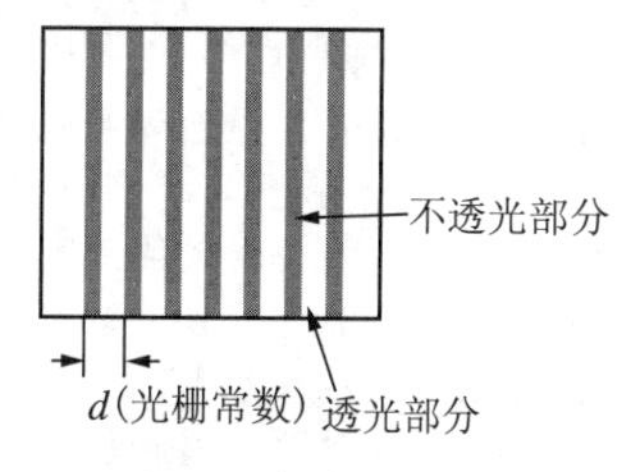

图 1　衍射光栅

用单色平行光照明此光栅,通过每个狭缝的光都发生衍射,且各狭缝之间又存在干涉,通过透镜会聚后,在透镜的焦平面上形成一组亮线,称为光栅的衍射光谱线。

如图 2,按衍射理论计算,E 平面上光谱线分布规律为

$$(a+b)\sin\theta_K=K\lambda \qquad (K=0,\pm1,\pm2,\cdots) \tag{1}$$

(1)式称为光栅方程,其中$(a+b)$为光栅常数,λ 为入射光波长,K 为明条纹级数,θ_K 为对应明条纹的衍射角。

本实验是以单色光波长 λ(或光栅常数 $a+b$)为已知量,在分光计上测出对应某一级 K 的明条纹的衍射角 θ_K,利用光栅方程得出未知量 $a+b$(或 λ)。

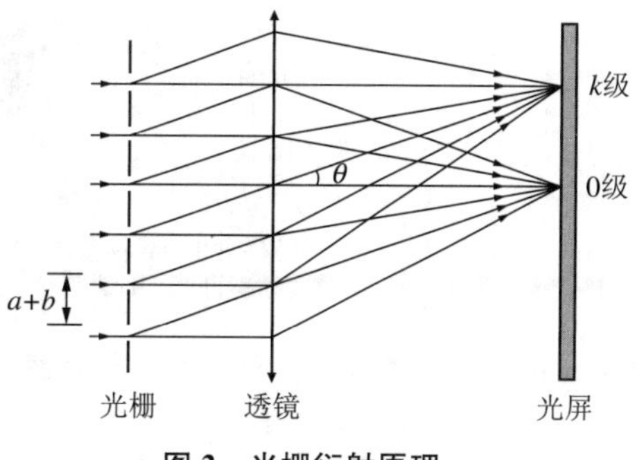

图 2　光栅衍射原理

【实验仪器】

JJY－1′型分光计、钠灯、光栅片、平面反射

镜等。

JJY－1′型分光计结构如图 3 所示。该分光计由“阿贝”式自准直望远镜、装有可调狭缝的平行光管、可升降的载物平台及光学度盘游标读数系统四大部分组成。

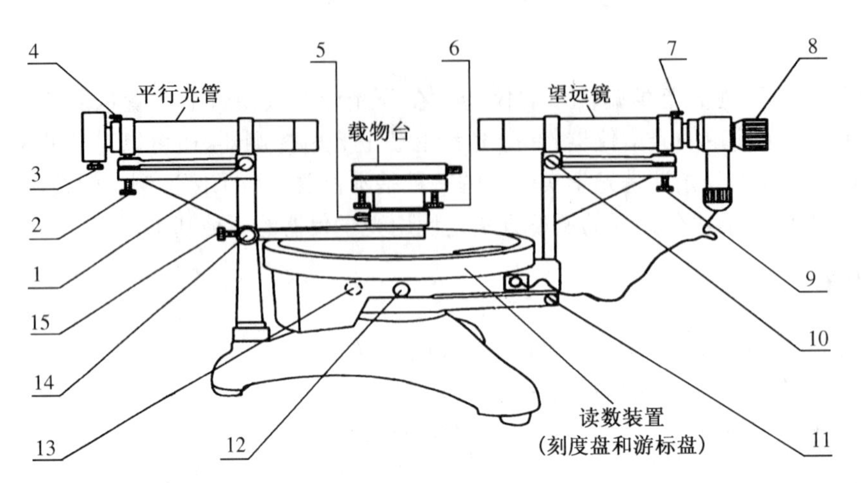

1. 平行光管光轴水平调节螺钉：调节平行光管光轴的水平面方位；2. 平行光管光轴高低调节螺钉：调节平行光管光轴的垂直面方位；3. 狭缝宽度调节手轮：调节狭缝宽度（0.02～2.00 mm）；4. 狭缝位置固定螺钉：松开时狭缝可前后移动，调好后锁紧；5. 载物台固定螺钉：松开时载物台可单独转动、升降，锁紧后载物台与游标盘固联；6. 载物台调平螺钉（3 只）：台面水平调节（实验中，用于调平面镜和三棱镜折射面平行于中心轴）；7. 叉丝套筒固定螺钉：松开时叉丝套筒可自由伸缩、转动（物镜调焦），调好后锁紧；8. 目镜调焦轮：调整目镜焦距，使视场叉丝清晰；9. 望远镜光轴高低调节螺钉：调节望远镜光轴的倾斜度（垂直方位调节）；10. 望远镜光轴水平调节螺钉（在图后侧）：调节望远镜光轴的水平方位（水平方位调节）；11. 望远镜微调螺钉（在图后侧）：锁紧 13 后，调 11 可使望远镜绕中心轴微动；12. 刻度盘与望远镜固联螺钉：松开时两者可相对转动，锁紧时两者固联动；13. 望远镜止动螺钉（在图后侧）：松开时可大幅度转动望远镜，锁紧后微调螺钉 11 才起作用；14. 游标盘微调螺钉：锁紧 15 调 14 可使游标盘小幅度转动；15. 游标盘止动螺钉：松开时游标盘能单独做大幅度转动，锁紧后微调螺钉 14 才起作用。

图 3　JJY－1′型分光计结构

装置可通过如图 4 所示的关键螺钉调仪器进入工作状态。

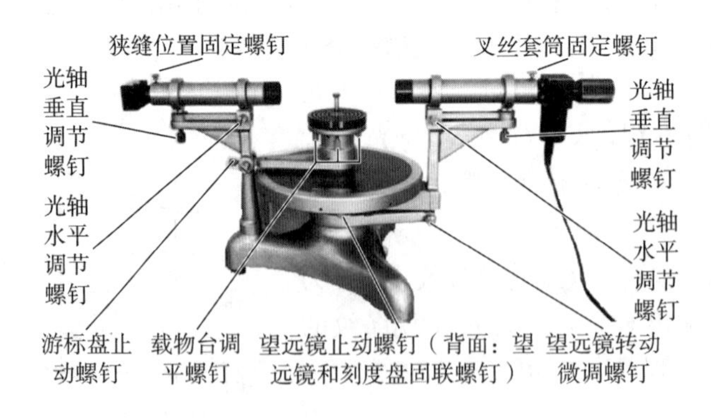

图 4　分光计关键螺钉

【实验内容与步骤】

一、分光计的调整

1. 分光计的三个平面

用分光计进行观测时，其观测系统由如图 5 所示的读值平面、观察平面和待测光路平面构成，实验测试前应将三个平面调节成相互平行。调节载物台下方的三个螺丝，可以将待测光路平面调节到所需的方位。

(1) 读值平面：这是读取数据的平面，由主刻度盘和游标内盘绕中心转轴旋转时所形成的。

(2) 观察平面：由望远镜光轴绕仪器中心转轴旋转时所形成的。只有当望远镜光轴与中心转轴垂直时，观察面才是一个平面，否则，将形成一个以望远镜光轴为母线的圆锥面。

(3) 待测光路平面：由平行光管的光轴和经过待测光学元件(棱镜、光栅等)作用后所反射、折射和衍射的光线所共同确定的。

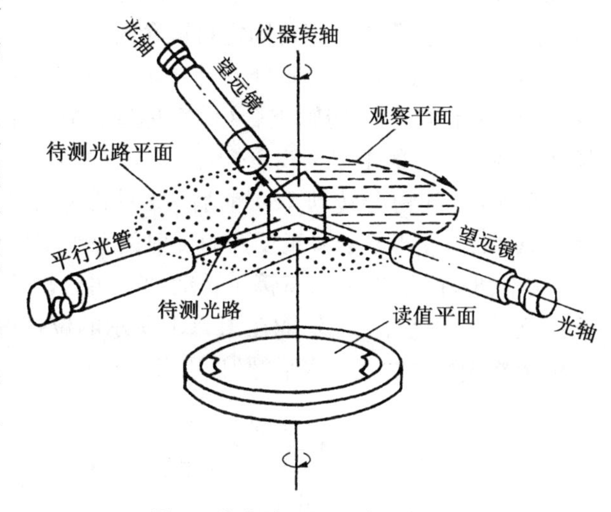

图 5　分光计观测系统示意图

2. 分光计的调整方法

(1) 目测粗调

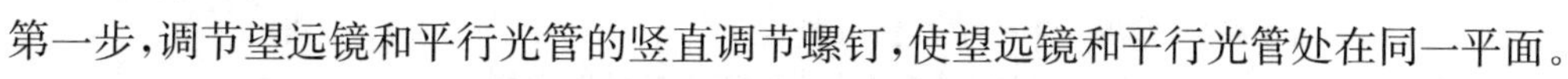

第一步，调节望远镜和平行光管的竖直调节螺钉，使望远镜和平行光管处在同一平面。

第二步，调节望远镜和平行光管的水平调节螺钉，使望远镜和平行光管基本共轴。

第三步，调节载物台的三个调平螺钉，使载物台基本水平。

如果粗调较好，读值平面、观察平面和待测光路平面相互平行。此时，放上反光镜可在分划板上看到十字像。如果看不到，再反复粗调。

(2) 望远镜调节

自准直望远镜的结构如图 6 所示，由阿贝目镜和物镜组成，其聚焦处于无穷远。阿贝目镜可以在物镜筒内前后移动，目镜内有一透明分划板(其上方有两条水平刻丝和一条竖直刻丝，下方有挡光板，挡光板上开有十字形缝隙)。当分划板调节到物镜的焦平面时，用目镜筒锁紧螺钉固定目镜筒，这样平行光入射物镜后将聚焦(或成像)于分划板上。目镜筒下方有一绿色光源，其光线经过三棱镜反射到分划板的十字缝上，并经过物镜出射平行光。若果在物镜外侧放一个平

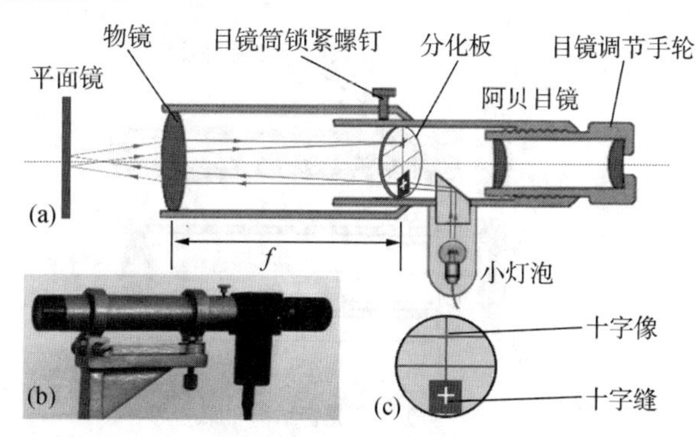

(a) 望远镜结构；(b) 望远镜实物；(c) 聚焦于无穷远的图像

图 6　望远镜结构及其图像

面反光镜，则反射光仍为平行光，并且通过物镜聚焦在分划板上，成一个十字像。

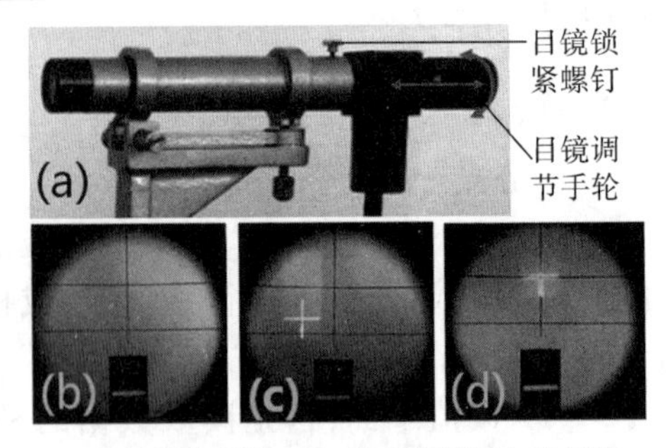

(a) 关键调节部件；(b) 调节分划板上的刻线；(c) 十字像清晰无视差；(d) 绿十字像和分划板上方的十字刻线重合

图 7　望远镜调节及其现象

望远镜调节的关键螺钉、活动部件和光学图像如图 7 所示，其调节步骤如下：

第一步，转动目镜调节手轮，通过目镜观察，使分划板上的刻线最清晰如图 7(a)。

第二步，按照图 8(a)在载物台放一个平面镜，调节载物台调平螺钉，在望远镜内找到绿色十字像，前后移动目镜套筒，使十字像清晰无视差，望远镜聚焦无穷远。用锁紧螺钉固定目镜套筒。

第三步，望远镜光轴和分光计中心轴垂直，载物台和分光计的中心转轴重合(评判标准：绿十字像和分划板上方的十字刻线重合)。

第四步，载物台转动 180°前后，微调载物台的螺钉 A 和 B，使得平面镜正反两面反射的绿十字像均能在图 7(d)所示的位置重合。

第五步，按照图 8(b)将镜子转动 90°，再转动载物，微调载物台的螺钉 C，使得平面镜正反面反射的绿色十字线均能在图 7(d)所示的位置重合。此时，望远镜调节完成，后续实验不得再调整载物台的三个水平螺钉，以及望远镜的目镜焦距。

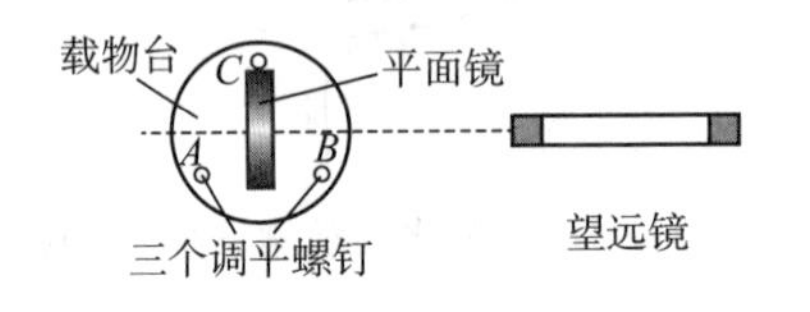

(a) 平面镜处于 AB 调平螺钉连线的中垂线

B
C
A
载物台
望远镜

(b) 平面镜旋转 90°对准望远镜

图 8　载物台上的平面镜放置方式

(3) 平行光管的调节

该过程是获得平行光管出射平行光，且光轴和分光计的中心轴垂直。平行光管和狭缝的结构如图 9 所示。其调节步骤如下：

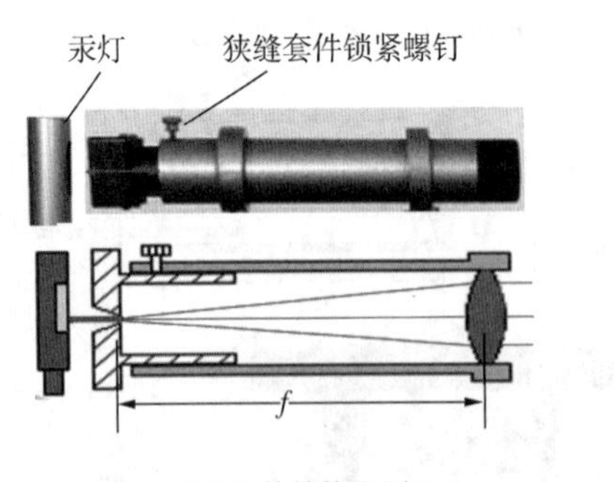

(a) 平行光管结构和原理

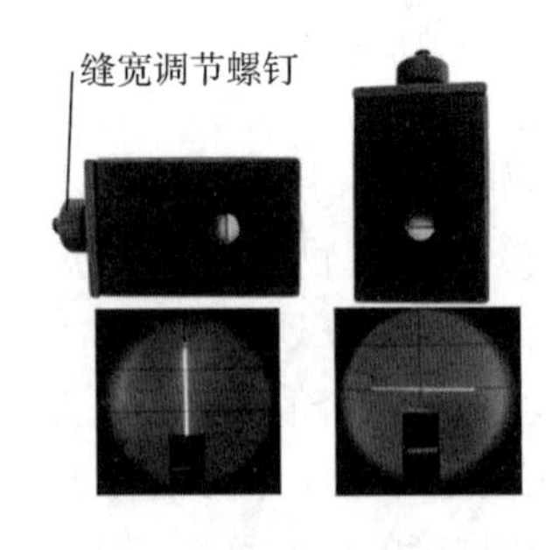

(b) 狭缝结构及其望远镜中的图像

图 9　平行光管和狭缝结构

第一步，打开汞灯，松开狭缝套件锁紧螺钉。前后移动狭缝套件，直到望远镜能观察到清晰的狭缝像为止，锁紧狭缝套件螺钉。平行光管出射平行光。

第二步，调节缝宽，使视场中的狭缝宽度约为 1.0 mm。

第三步，旋转狭缝90°，使狭缝像和水平刻线平行。调节平行光管俯仰角度，使狭缝像和分划板下面的横刻线（中心线）重合，再将狭缝转回竖直并固定。此时，平行光管和分光计中心轴垂直。

（4）读数装置调节和数据的读取

分光计的读数装置如图10所示，其调节和读数步骤如下：

第一步，将左右游标转至左右两侧，并用游标盘止动螺钉固定。

第二步，松开右侧望远镜和刻度盘的固联螺钉，将0刻度转至望远镜光轴位置，用固联螺钉将望远镜和刻度盘锁定在一起。

第三步，利用圆游标和刻度盘上刻度，可以读出平行射入望远镜的光线的角度。其读数过程：先读出游标零点位置主刻度值，再找出游标上与主刻度对齐的刻度，最后将游标值与主刻度值相加。例如，图10所示的读数为203°45′。

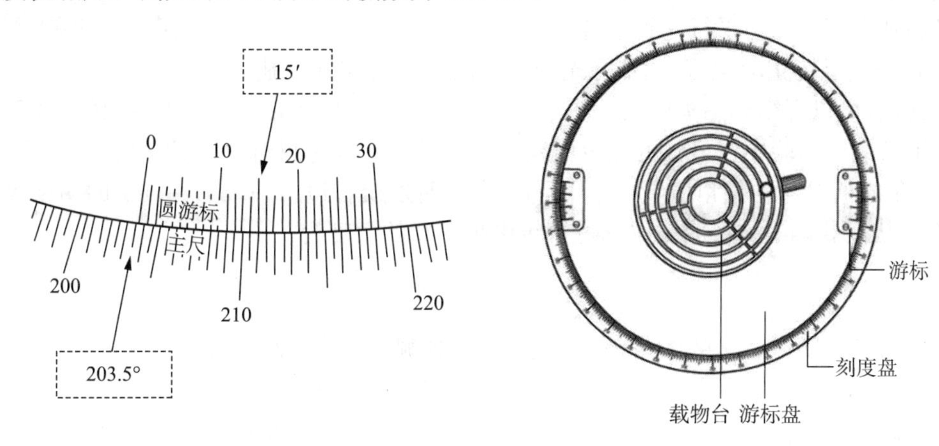

图10　分光计读数装置示意图

二、三棱镜顶角测量

在调试完成的分光计上，用一束平行光入射到三棱镜的棱角，如图11所示，光线①经 AB 面反射，光线②经 AC 面反射，二反射光线的夹角 φ 与棱角 α 的关系很容易从几何光学中求得：$\alpha=\varphi/2$。按照图12所示进行条纹观测，其测试过程如下：

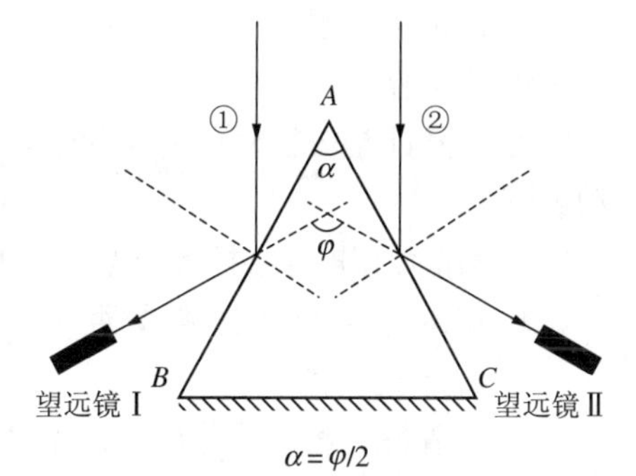

图11　三棱镜顶角测量

1. 取下平面镜，放上被测棱镜。

2. 调好游标读数盘的位置，使游标在测量过程中不被平行光管或望远镜挡住，锁紧载物台和游标盘的止动螺钉。

3. 旋转望远镜对准 AB 面适当位置，使竖直狭缝像与十字线重合，锁紧望远镜，记下左侧反射光对应的左读数窗口角游标示数 φ_1 和右读数窗口角游标示数 φ_1'。

4. 旋转望远镜对准 AC 面适当位置，使狭缝的像与十字线重合，锁紧望远镜，记下右侧反射光对应的读数盘上左读数窗口角游标示数 φ_2 和右读数窗口角游标示数 φ_2'。

5. 微调整三棱镜位置，重复测量三次。

6. 计算顶角：$\alpha=\dfrac{\varphi}{2}=\dfrac{1}{4}(|\varphi_2-\varphi_1|+|\varphi_2'-\varphi_1'|)$。

三、测定光栅常数

1. 调节光栅平面与平行光管垂直。方法如下：

取下平面镜，转动望远镜使十字像和望远镜内分划板的竖直刻线重合，固定望远镜；然后遮住平行光管，将光栅放在载物台上，转动载物台，使光栅平面反射的绿十字像也和分划板竖直刻线重合，锁住载物台。此时平行光管光轴和光栅垂直。

2. 调节光栅平面 MM 与平行光管垂直。方法如下：先调节平行光管的光轴和望远镜光轴同轴，再用黑纸暂时遮住平行光管，固定望远镜的止动螺钉，在载物台上放置平面光栅。因光栅表面反光，当望远镜内小灯泡 B 点被点亮后，调节光栅的放置方向，可使从光栅表面反射的十字亮线和望远镜目镜分划板上“十”型刻线上部十字线重合。这样，可认为已调到光栅平面与平行光管垂直了。

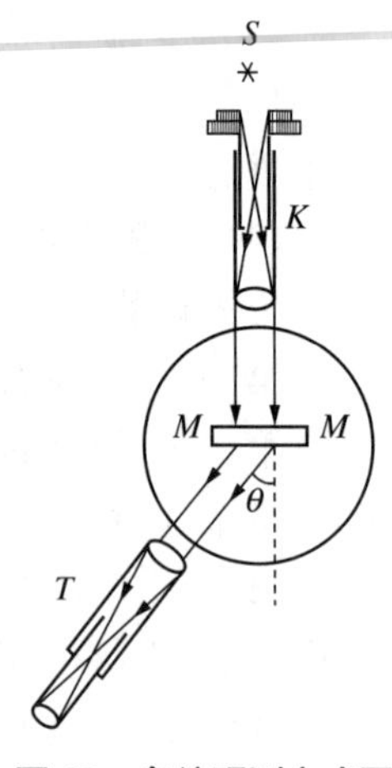

图 12　条纹观测方式图

3. 松开望远镜止动螺钉，用平行光管发出的光垂直照射光栅，左右转动望远镜，可以观察到中央明纹±1，±2，…级衍射(如果用汞灯作光源，可观察到不同颜色的几组条纹。实验中以最强的绿色谱线作为测量对象)，先测出中央明纹左边第一级 $K=-1$ 的明条纹所对应的偏角位置 θ_{-1}，再测出中央明条纹右边第一级 $K=+1$ 的明条纹偏角位置 θ_{+1}，从而获得第一级明条纹偏过零级中央明纹的角度为

$$\theta_1=\frac{1}{2}|\theta_{+1}-\theta_{-1}|$$

4. 同理测量 $K=\pm2$ 的偏角 θ_2。θ_1、θ_2 要求各测量两次，取平均值后，代入公式(1)计算光栅常数。

【注意事项】

1. 禁止触碰望远镜、平行光管上的镜头，以及三棱镜、平面镜的镜面。如有灰尘，应该用镜头纸轻轻揩擦。

2. 分光计是较精密的光学仪器，不应在制动螺丝锁紧时强行转动望远镜，也不要随意拧动狭缝。

3. 测量数据前务必检查分光计的几个制动螺丝是否锁紧，若未锁紧，取得的数据会不可靠。

4. 在游标读数时注意是否过了零刻度。如越过零刻度，则望远镜转角按公式 $\varphi=360°-|\varphi_1-\varphi_2|$ 计算。

5. 认清每个螺钉的作用再调整分光计，已调好部分的螺钉不要随便拧动，否则会造成前功尽弃。

【数据记录与处理】

表 1　测量左右两反射光线的角位置，计算三棱镜顶角

测量次数	左侧反射光位置		右侧反射光位置		$\alpha=\frac{\varphi}{2}=\frac{1}{4}(\|\varphi_2-\varphi_1\|+\|\varphi'_2-\varphi'_1\|)$
	左读数窗示数 φ_1	右读数窗示数 φ'_1	左读数窗示数 φ_2	右读数窗示数 φ'_2	
1					

续　表

测量次数	左侧反射光位置		右侧反射光位置		$\alpha=\frac{\varphi}{2}=\frac{1}{4}(\lvert\varphi_2-\varphi_1\rvert+\lvert\varphi_2'-\varphi_1'\rvert)$
	左读数窗示数 φ_1	右读数窗示数 φ_1'	左读数窗示数 φ_2	右读数窗示数 φ_2'	
2					
3					
					$\bar{\alpha}=$

表 2　测定光栅常数

（绿光波长 $\lambda=5.46\times10^{-5}$ cm）

光栅级次 \ 光栅位置 \ 次数		1		2	
		左游标	右游标	左游标	右游标
$K=\pm1$	θ_{+1}				
	θ_{-1}				
	$\theta_1=\frac{1}{2}\lvert\theta_{+1}-\theta_{-1}\rvert$				
	平均 $\overline{\theta_1}$				
$K=\pm2$	θ_{+2}				
	θ_{-2}				
	$\theta_1=\frac{1}{2}\lvert\theta_{+2}-\theta_{-2}\rvert$				
	平均 $\overline{\theta_2}$				

$(a+b)_1=\lambda/\sin\overline{\theta_1}=$

$(a+b)_2=2\lambda/\sin\overline{\theta_2}=$

平均：$\overline{(a+b)}=\frac{1}{2}[(a+b)_1+(a+b)_2]=$

单位长度光栅缝数 $=\frac{1}{a+b}=$　　条/厘米

【问题与讨论】

1. 如果望远镜中看到的叉丝像在叉丝的上面，而当平台转过 180°后看到的叉丝像在叉丝的下面，试问这时应该调节望远镜的倾斜度，还是应调节平台的倾斜度？反之，如果平台转过 180°后，看到的叉丝像仍然在叉丝上面，这时应调节望远镜，还是调节平台？

2. 利用小反射镜调节望远镜和载物台时，为什么反射镜的放置要选择 AC 的垂直平分线和平行于 AC 这两个位置？随便放行不行？为什么？

（陈秉岩　刘晓红）

实验 2.6　单缝衍射及单色光波长测量

光的衍射现象是光的波动性的一种表现，研究光的衍射不仅有助于加强对光的波动性的理解，也有助于进一步学习近代光学实验技术，如光谱分析、晶体结构分析、全息照相、光学信息处理等。

本实验研究平行光通过单缝时所产生的衍射，研究单色光通过单缝时衍射角化衍射条纹清晰度与狭缝宽度之间的关系。这是研究衍射的基本实验。

【实验目的】

1. 观察单缝衍射的图像。
2. 测定单色光波的波长。

【实验原理】

光线绕过障碍物并在其后产生明暗条纹的现象叫作光的衍射，其中以入射光和衍射光都是平行光的衍射最为简单，称为夫琅和费衍射。其光路如图 1。

根据惠更斯原理，单缝上的每一点都可以看作一个新的振源，从这些振源发出次级子波，和入射光线成 φ 角的诸次级子波（衍射光）经过透镜将聚焦于 P 点。由于各衍射光线到达 P 点经过的光程不同，所以这些光线在该点有一定的位相差，从而产生亮条纹或暗条纹。从理论上可以得出 P 点出现亮条纹的条件是

$$a\sin\varphi=0 \text{ 或 } a\sin\varphi=\pm(2k+1)\frac{\lambda}{2} \tag{1}$$

在 P 点出现暗条纹的条件是：

$$a\sin\varphi=\pm k\lambda \tag{2}$$

式中：a 是单缝的宽度；φ 是衍射角；λ 是入射光波的波长，$k=1,2,3,\cdots$

从上两式可见，单色平行光投射到单缝上时，在正对单缝的地方（P_0 点）可以观察到干涉加强的条纹（满足于 $a\sin\varphi=0$ 的条件），叫作中央亮条纹。在中央亮条纹的两侧，可以观察到若干明暗相间的条纹，它们分别满足于式(1)或式(2)中的 $k=1,2,3,\cdots$的条件。我们分别称之为第一极亮条纹、第一级暗条纹、第二级亮条纹、第二级暗条纹……，其中“±”号分别表示这些亮条纹或暗条纹在中央亮条纹的右侧和左侧。

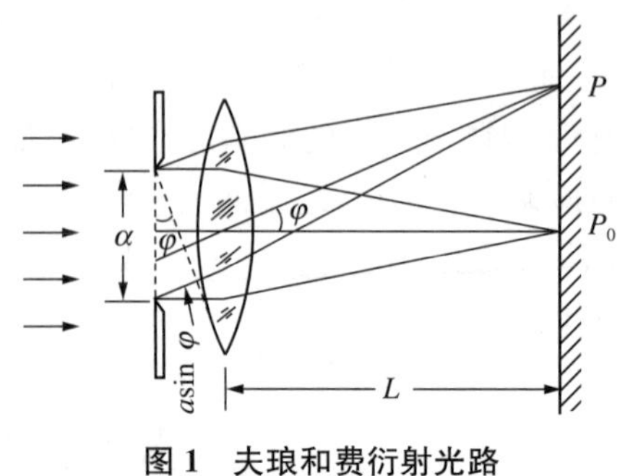

图 1　夫琅和费衍射光路

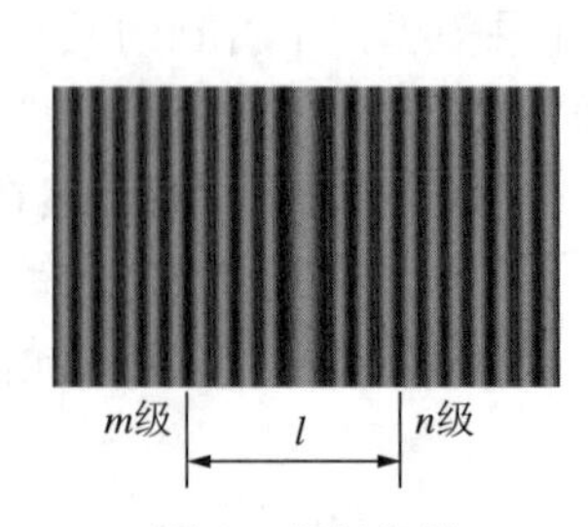

图 2　衍射条纹

从上面两式也可见，对给定波长 λ 的单色光来说，a 愈小，与各级条纹相对应的 φ 角就愈大，亦即衍射作用愈显著；反之，a 愈大，与各级条纹相对应的 φ 角将愈小，这些条纹都向中央亮条纹 P_0 靠近，逐渐分辨不清，衍射作用也就愈不显著。

在实验中通常采用暗条纹进行测量。因 φ 角很小，$\sin\varphi\approx\varphi$，根据式(2)，得

$$a\varphi=\pm k\lambda。\tag{3}$$

如果单缝竖放，并规定式中负值表示在中央亮条纹左边的条纹，正值表示在右边的条纹。那么，对于左边第 m 条暗条纹($k=m$)和右边第 n 条暗条纹($k=n$)，就有

$$a\varphi_m=-m\lambda$$

$$a\varphi_n=n\lambda$$

以两式相减得

$$a(\varphi_n-\varphi_m)=(n+m)\lambda$$

从图2可见

$$\varphi_n-\varphi_m=\frac{l}{L}$$

所以

$$\lambda=\frac{al}{(m+n)L}\tag{4}$$

实验时测定了单缝的宽度 a，并选择一定的暗条纹级数 m 和 n，测出 m 级和 n 级暗条纹之间的距离 l 以及透镜与光屏之间的距离 L 值后，即可计算出单色光的波长 λ。

【实验仪器】

单缝衍射仪，测距显微镜。

一、单缝衍射仪

单缝衍射仪在实验室中一般有两种类型。我们所用的是 WDY-1 型，如图3所示。

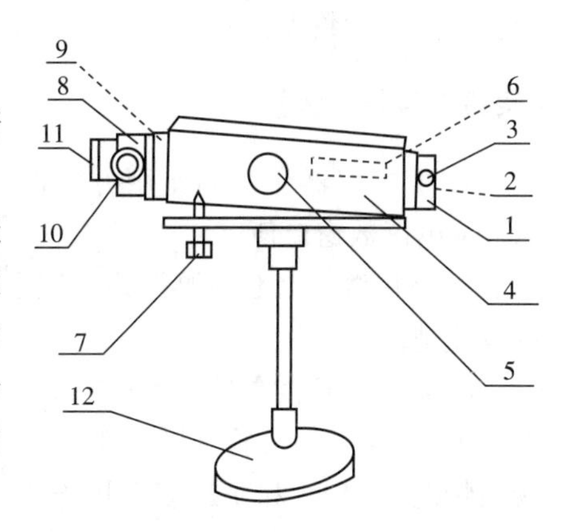

1. 单缝帽套；2. 帽套固定螺丝；3. 单缝缝宽调节手轮；4. 测微望远镜筒；5. 望远镜调焦手轮；6. L值读数窗口；7. 倾斜角微调螺丝；8. 测微目镜头；9. 测微目镜固定螺丝；10. 测微目镜读数鼓轮；11. 测微目镜调焦镜；12. 底座。

图3　WDY-1型单缝衍射仪

单缝衍射仪包括单缝帽套、测微望远镜和单色光源三部分。单缝帽套套在测微望远镜的物镜前，望远镜安装在底座上。单色光源是钠光源，其波长为 5.89×10^{-5} cm，其灯罩是一个八面体柱，每面开有一条“I”字形狭缝，每一条狭缝即为一个光源，周围可以安排8组到16组单缝衍射仪同时进行实验。

单缝衍射仪的使用方法如下(以 WDY-1 型为例)：

1. 单缝衍射仪放置在离光源约 1.5 m 到 2 m 处，这样光源可以看作平行光源，能满足夫琅和费衍射条件。

2. 把单缝衍射仪上的单缝帽套(1)取下，移动仪器底座，使测微望远镜对准光源狭缝，并能在测微望远镜中看到狭缝的像。调节望远镜的俯仰角调节螺丝(7)，使像落在测微望远镜的中间。再调节目镜(11)，使十字叉丝清晰。然后调节望远镜调焦手轮(5)，使狭缝像

清晰。从读数窗口(6)读出 L 值。

$$L = 望远镜物镜焦距\ f + 窗口读数值 + 修正值 = 125 + 窗口读数值 + 3(\text{mm})$$

注:修正值$=\frac{n-1}{n}X=2.5\ \text{mm}\approx 3\ \text{mm}$,式中 n 为望远镜的折射率,X 为物镜中心厚度。

3. 将单缝帽套(1)套在测微望远镜物镜上,使单缝成竖直状,旋紧帽套固定手轮(2),调节单缝缝宽调节手轮(3),使狭缝有适当的宽度(约为 0.6～1 mm).这时,在测微目镜中即能看到清晰的衍射图像。

二、测微目镜

测微目镜又称测微头,一般用作光学仪器的附件。靠近目镜焦平面安装带有框架且刻有十字准线的薄玻璃板,它与由读数鼓轮带动的丝杆通过弹簧(图中未画出)相接,当读数鼓轮顺时针旋转时,丝杆会推动刻有十字准线的薄玻璃板沿导轨垂直于光轴向左移动,同时将弹簧拉长。读数鼓轮逆时针旋转时,刻有十字准线的薄玻璃板在弹簧恢复力作用下向右移动。读数鼓轮每转动 1 圈,十字准线移动 1 mm,在测微目镜的主尺也恰好移动 1 mm。读数鼓轮上刻有 100 小格,所以每转过 1 小格,十字准线相应地移动 0.01 mm。测量时,旋动读数鼓轮将十字准线对准待测物体上某一标志(如长度的起始线、终止线等)时,该标志的位置读数应等于主尺上所指示的整数毫米值加上鼓轮上的小数位读数值。如图 4 读数为:4.076 mm。

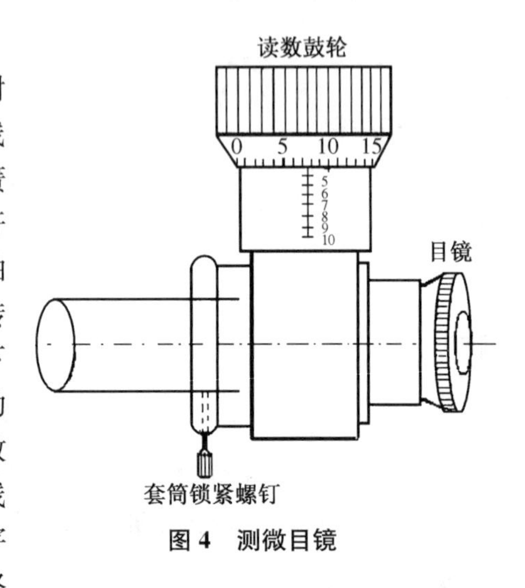

图 4 测微目镜

【实验内容与步骤】

1. 根据仪器介绍的使用方法调整好单缝衍射仪,在测微望远镜中能看到清晰狭缝像"I",读出读数窗口值。

2. 将单缝帽套套在测微望远镜上,并固定好,调节单缝宽度,观察改变缝宽时衍射条纹的变化情况。

3. 选择合适的单缝宽度(约 0.6～1 mm),用测微望远镜测出 m 级和 n 级暗条纹之间的距离 l_{mn}。为了使实验结果比较满意,可选择不同的 m 值和 n 值,反复进行测量。由于各人视力情况不同,m 和 n 最多读几条,可因人而异。

4. 轻轻取下帽套(注意切勿使缝宽 a 发生变化)用测微显微镜测出缝宽 a。

5. 根据公式(4)计算出波长 λ 。

【注意事项】

由于螺母套管和测微丝杆之间有间隙,因此在进行测量时,读数鼓轮只能向一个方向旋转,也就是测微望远镜只能向一个方向移动,否则将由于空转(即转动测微丝杆)而测微望远镜并不移动,产生很大测量误差。

【数据记录和处理】

表 1　用单缝衍射仪测量纹间距

窗口读数=________mm, L=________mm　　(单位:mm)

次数	1	2	3	4	5
$a_{左}$					
$a_{右}$					
$a=a_{右}-a_{左}$					
$\overline{a}$					

表 2　用读数显微镜测狭缝宽度　　(单位:mm)

mn 间距		1	2	3	4	5	$l_{mn}=l_m-l_n$	$\lambda\times10^{-5}$
l_{22}	l_2 左							
	l_2 右							
l_{44}	l_4 左							
	l_4 右							
l_{66}	l_6 左							
	l_6 右							

计算钠光波长的平均值 $\overline{\lambda}$ 及其与公认值(取 $\lambda_0=5.89\times10^{-5}$ cm)的相对误差。

$E=\dfrac{|\overline{\lambda}-\lambda_0|}{\lambda_0}\times100\%=$________,分析产生误差的原因。

【问题与讨论】

1. 用单缝衍射仪测量衍射条纹之间的距离 L 时,为什么目镜的读数鼓轮只能向一个方向移动?

2. 是否可用亮条纹代入公式(4)计算出波长?

(刘晓红　陈秉岩)

实验 2.7 等厚干涉及其应用——牛顿环和劈尖

在对光的本性认识过程中，光的干涉现象为光的波动性提供了有力的实验证明。同时，光的等厚干涉在现代精密测量技术中，有很多重要的应用，一直是高精度光学表面加工中检验光洁度和平直度的主要手段，还可以精密测量薄膜的厚度和微小角度、测量曲面的曲率半径、研究零件的内应力分布、测量样品的膨胀系数等。

【实验目的】

1. 从实验中加深理解等厚干涉原理及定域干涉的概念。
2. 掌握读数显微镜的调整与使用。
3. 测量牛顿环装置中的平凸透镜的曲率半径和利用劈尖测量薄膜厚度。

【实验原理】

等厚干涉属于分振幅法产生的干涉现象，干涉条纹定域于薄膜表面。如图 1，当波长为 λ 的单色光垂直入射到厚度为 e 的空气薄膜表面时，在薄膜上下两个表面反射的光线 1 和光线 2 的光程差为

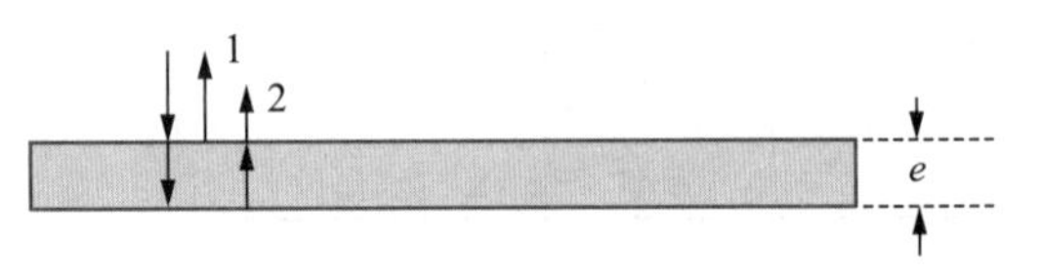

图 1 薄膜干涉光路图

$$\delta=2e+\frac{\lambda}{2} \tag{1}$$

其中$\frac{\lambda}{2}$是考虑到入射光在下表面反射有半波损失而在上表面反射没有半波损失。根据干涉条件：

$$\delta=2e+\frac{\lambda}{2}=\begin{cases}k\lambda & (k=1,2,3,\cdots\text{为明纹}) \\ (2k+1)\frac{\lambda}{2} & (k=0,1,3,\cdots\text{为暗纹})\end{cases} \tag{2}$$

由上式可知，光程差取决于产生反射光的薄膜的厚度，同一干涉条纹对应着相同的空气膜的厚度，故称为等厚干涉。

一、劈尖

如图 2，用单色平行光垂直照射空气劈尖，单色光经劈尖上下两个表面反射后形成两束光，满足干涉条件。因为 θ 很小，由薄膜干涉公式得：

$$\delta=2e+\frac{\lambda}{2}=\begin{cases}k\lambda & (k=1,2,3,\cdots\text{为明纹}) \\ (2k+1)\frac{\lambda}{2} & (k=0,1,3,\cdots\text{为暗纹})\end{cases} \tag{3}$$

相邻暗纹劈尖空气厚度差为

$$\Delta e=e_{k+1}-e_{e}=\frac{\lambda}{2}$$

实验中由于劈尖两端被夹座掩盖(如图 3),无法数出 L 全长内的条纹数 n,所以可在 L 内测取某一段距离 L'内的条纹数 n'(例如,取 $n'=10$),而 $e'=n'\frac{\lambda}{2}$,则由式 $e=\frac{L}{L'}e'$可计算出薄膜厚度 e 。

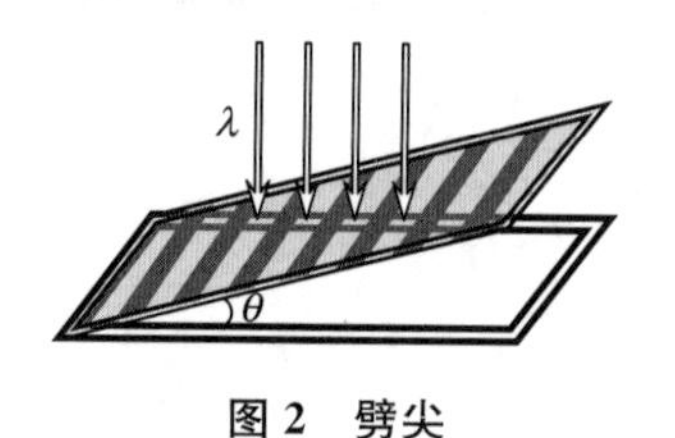

图 2　劈尖

图 3　薄膜厚度测试示意图

二、牛顿环

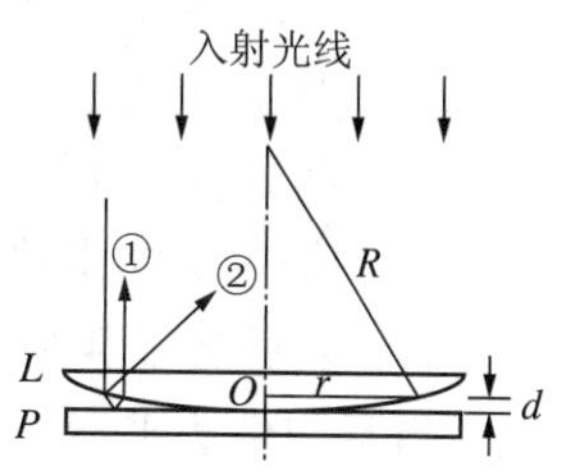

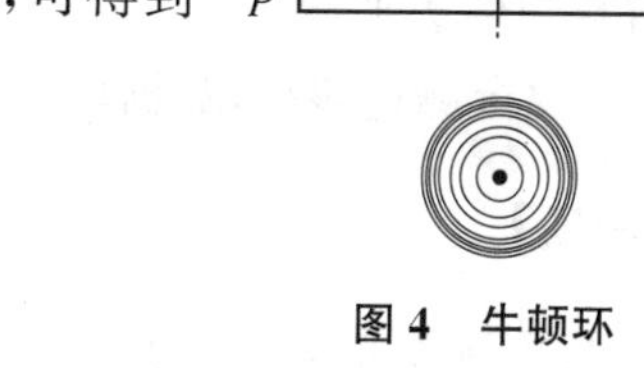

图 4　牛顿环

把一块曲率半径很大的平凸透镜的凸面放在一块平面玻璃板上,保持点接触,单色光垂直入射时将在空气层上下两表面产生干涉,形成明暗相间的光环,称为牛顿环,如图 4 所示。

由干涉光路图中的几何关系和明暗条纹满足的条件,可得到明暗条纹的半径公式为

明条纹：　$r_k^2=(2k-1)R\frac{\lambda}{2}$

暗条纹：　$r_k^2=kR\lambda$　　(5)

可见,如果已知单色光波长 λ,测出第 k 级暗环(或亮环)的半径 r_k,就可算出透镜曲率半径 R。

应用(5)式时由于干涉条纹的级数 k 难以确定,甚至有时接触处附着尘埃,会引起附加光程差使中心变为亮斑,造成测 R 或 λ 常常容易产生很大的误差,实际测量时采用下式来测量

$$R=\frac{d_m^2-d_n^2}{4(m-n)\lambda} \tag{6}$$

该方法把测量各个级次暗环半径变为测一定级差$(m-n)$下的干涉暗环直径平方差$(d_m^2-d_n^2)$,从而可有效避免测量误差。

【实验仪器】

读数显微镜,钠光灯,劈尖,牛顿环。

本实验中用到的读数显微镜如图 5 所示。下面简单介绍它的使用方法。

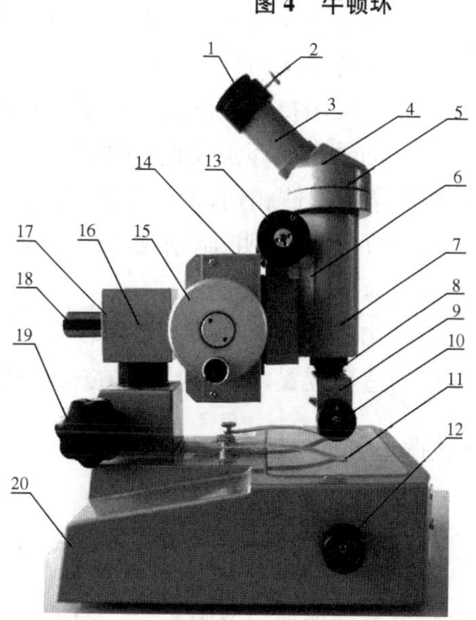

1. 目镜;2. 锁紧螺钉;3. 目镜镜筒;4. 棱镜室;5. 锁紧螺钉;6. 刻尺;7. 镜筒;8. 物镜组;9. 45°反射镜组;10. 反射镜旋轮;11. 压片;12. 反光镜旋轮;13. 调焦手轮;14. 标尺;15. 测微鼓轮;16. 锁紧手轮Ⅰ;17. 接头轴;18. 方轴;19. 锁紧手轮Ⅱ;20. 底座。

图 5　读数显微镜实物图

将被测件放在工作台面上,用压片固定。旋转棱镜室(4)至最舒适位置,用锁紧螺钉(5)止紧,调节目镜(1)进行视度调整,使分划板清晰,转动调焦手轮(13),直到从目镜中观察到被测件成像清晰为

止，调整被测件，使其被测部分的横面和显微镜移动方向平行。转动测微鼓轮(15)，使十字分划板的纵丝对准被测件的起点，记下此值(在标尺上读取整数，在测微鼓轮上读取小数，此二数之和即是此点的读数)A，沿同方向转动测微鼓轮，使十字分划板的纵丝恰好停止于被测件的终点，记下此值A'，则所测长度通过计算可得$L=A'-A$。为提高测量精度，可采用多次测量，取其平均值。

【实验内容与步骤】

1. 平凸透镜曲率半径R的测量

(1) 调整显微镜的十字叉丝与牛顿环中心大致重合。

(2) 转动测微鼓轮，使叉丝的交点移近某暗环，当竖直叉丝与条纹相切时(观察时要注意视差)，从测微鼓轮及主尺上读下其位置x。

(3) 测量各干涉环的直径。

2. 利用劈尖测量薄膜的厚度

(1) 置劈尖于载物台上，照明与具体调节同牛顿环操作一样。调整劈尖，使干涉条纹相互平行且与棱边平行。

(2) 要求测量多次，数据填入表格内。

【注意事项】

1. 禁止触摸光学器件表面(有灰尘用擦镜纸擦拭)，测量时应防止被测物件滑动。

2. 注意消除回程误差(测量过程中，测微鼓轮只能单向旋转，中途不反转)。

3. 应采用提升镜筒调整显微镜物镜聚焦，防止镜筒接触待测物和损坏配件。

4. 测量牛顿环条纹直径时，应使显微镜纵丝在圆环左(右)侧与条纹外侧相切，在右(左)侧应与条纹内侧相切，此时条纹直径等于左右两侧的切线距离；测量劈尖干涉条纹间距l时，纵丝每次应与明、暗条纹的交界线重合；测量劈尖长度L时，劈尖棱边和薄膜片外均以内侧位置为准。

5. 由于读数显微镜的量程较短(5 cm左右)，每次测量前均应将显微镜镜筒放置在主刻度尺的适当位置，以避免镜筒在未测量完成时已移到主刻度尺的顶端。

【数据记录与处理】

1. 计算平凸透镜的曲率半径

钠光波长$\lambda=589.3$ nm，干涉环差值$m-n=15$。测微鼓轮的最小刻度为0.01 mm的读数显微镜的仪器误差限为$\Delta_{ins}=\left(5+\frac{L}{15}\right)\mu m$，其中$L$为被测物长度，其单位为mm。

将测量结果记录在表1中。

表1 牛顿环实验数据

暗纹相对级次k	读数(mm)		直径$d_k=\lvert L_{k左}-L_{k右}\rvert$(mm)
	左方$L_{k左}$	右方$L_{k右}$	
15			$d_{15}=$

续　表

暗纹相对级次 k	读　数(mm)		直径 $d_k=\|L_{k左}-L_{k右}\|$(mm)
	左 方 $L_{k左}$	右 方 $L_{k右}$	
14			$d_{14}=$
13			$d_{13}=$
12			$d_{12}=$
11			$d_{11}=$
10			$d_{10}=$
9			$d_9=$
8			$d_8=$
7			$d_7=$
6			$d_6=$

用逐差法处理数据，计算平凸透镜的曲率半径并进行误差分析。

$R_1=\dfrac{(d_{11}+d_6)(d_{11}-d_6)}{20\lambda}=$ ________ (mm)　　$\Delta R_1=R_1-\overline{R}=$ ________ (mm)

$R_2=\dfrac{(d_{12}+d_7)(d_{12}-d_7)}{20\lambda}=$ ________ (mm)　　$\Delta R_2=R_2-\overline{R}=$ ________ (mm)

$R_3=\dfrac{(d_{13}+d_8)(d_{13}-d_8)}{20\lambda}=$ ________ (mm)　　$\Delta R_3=R_3-\overline{R}=$ ________ (mm)

$R_4=\dfrac{(d_{14}+d_9)(d_{14}-d_9)}{20\lambda}=$ ________ (mm)　　$\Delta R_4=R_4-\overline{R}=$ ________ (mm)

$R_5=\dfrac{(d_{15}+d_{10})(d_{15}-d_{10})}{20\lambda}=$ ________ (mm)　　$\Delta R_5=R_5-\overline{R}=$ ________ (mm)

$\overline{R}=\dfrac{R_1+R_2+R_3+R_4+R_5}{5}=$ ________ (mm)　　$\sigma_R=\sqrt{\dfrac{1}{k-1}\left[\sum_{i=1}^{k}(R_i-\overline{R})^2\right]}=$ ________

凸透镜曲率半径 $R=\overline{R}\pm\sigma_R=$ ____________ (mm)。

2. 计算薄膜的厚度

根据条纹的可见度，选择合适的条纹数，记录其位置，并将测量结果记录在表 2 中。〔劈尖全长 $L=45$ mm，$n'=5$(参考值)〕

表 2　劈尖实验数据

暗纹相对级数 k	暗纹位置 x (mm)	$L'=\dfrac{x_{k+20}-x_k}{4}(k=0,5,10,15)$
0		
5		
10		
15		

续 表

暗纹相对级数 k	暗纹位置 x（mm）	$L'=\frac{x_{k+20}-x_k}{4}(k=0,5,10,15)$
20		$\overline{L'}=$
25		
30		
35		

根据测量结果计算薄膜厚度 e 并进行误差分析。

$e=\frac{L}{L'}e'=$________。

【问题与讨论】

1. 计算 R 时，用 $d_{15}-d_{14}$，$d_{14}-d_{13}$，…组合行吗？如此组合对结果有何影响？用逐差法处理数据有何条件？有何优点？

2. 如果平面玻璃板上有微小的凸起，则凸起处空气厚度减小干涉发生畸变。此时牛顿环的局部将外凸还是内凹？为什么？

（刘晓红　陈秉岩）

实验2.8　等倾干涉及其应用——迈克尔逊干涉仪的使用

迈克尔逊干涉仪是1880年美国物理学家迈克尔逊为研究“以太”漂移速度实验设计制造出来的。1887年他和美国物理学家莫雷合作进一步用实验结果否定了“以太”的存在，动摇了19世纪占统治地位的以太假设，从而为爱因斯坦建立狭义相对论开辟了道路。此后迈克尔逊又用该仪器做了两个重要实验，首次系统地研究了光谱的精细结构，以及直接用光谱线的波长标定标准米尺，为近代物理和近代计量技术作出了重要的贡献。迈克尔逊干涉仪是许多近代干涉仪的原形，迈克尔逊由于发明了以他的名字命名的精密光学仪器和借助这些仪器所做的基本度量学上的研究等，于1907年获得诺贝尔物理学奖。直到现在，迈克尔逊干涉仪的设计思想仍发挥着重要的作用。例如，美国LIGO实验室利用臂长为4 km的迈克尔逊干涉仪，将测量灵敏度提高到了10^{-21} m。该实验室最终于2016年6月16日宣布成功探测到了爱因斯坦预言的引力波，他们也因此获得了2017年的诺贝尔物理学奖。

【实验目的】

1. 了解迈克尔逊干涉仪的结构，掌握其调节和使用方法。
2. 了解等倾干涉原理，观察等倾干涉形成条件及变化规律。
3. 掌握使用迈克尔逊干涉仪测量入射光波长的方法。

【实验原理】

一、迈克尔逊干涉仪

迈克尔逊干涉仪的光路如图1所示，从准单色光源S发出的光，被分光板G_1的半反射面A分成互相垂直的两束光〔光束(1)和光束(2)〕。这两束光分别由平面镜M_1、M_2反射再经由A形成互相平行的两束光，最后通过凸透镜L在其焦面上的点P叠加。G_2是一块补偿板，其材料和厚度与G_1完全相同，且两者严格平行放置。只有放入补偿板后，当M_1与M_2严格对称于半反射面A放置时，光束(1)和(2)的光程才对任何波长彼此相等。设M'_2是M_2在半反射面A中的虚像，显然光线经M_2的反射到达点P的光程与它经虚反射面M'_2反射到达点P的光程严格相等，故在焦面上观察到的干涉条纹可看成是由M_1及M'_2之间的“空气层”两表面的反射光叠加所产生的。反射镜M_2是固定的。而M_1可在导轨上前后移动，这样可以改变光束(1)和(2)之间的光程差。

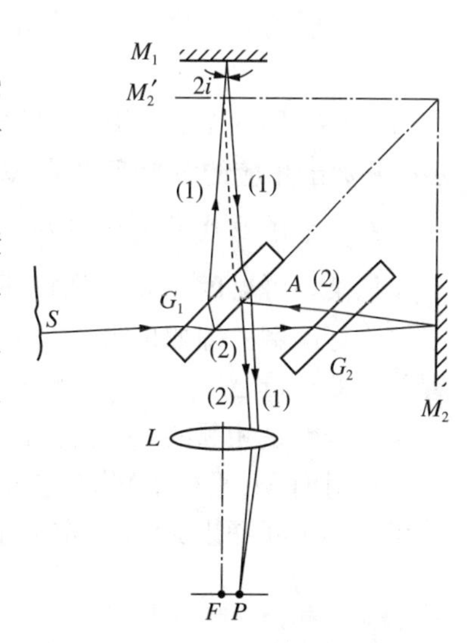

图1　迈克尔逊干涉仪光路图

二、单色光产生等倾干涉的原理

等倾干涉，是薄膜干涉的一种。波长为 λ 的单色光线以倾角 i 入射到均匀的薄膜，上下两条反射光线经过透镜作用汇聚一起，形成的干涉现象，如图 2 所示。由于入射角相同的光经薄膜两表面反射形成的反射光在相遇点有相同的光程差，也就是说，凡入射角相同的就形成同一条纹，故这些倾斜度不同的光束经薄膜反射所形成的干涉花样是一些明暗相间的同心圆环，这种干涉称为等倾干涉。倾角 i 相同时，干涉情况一样(因此叫作“等倾干涉”)。

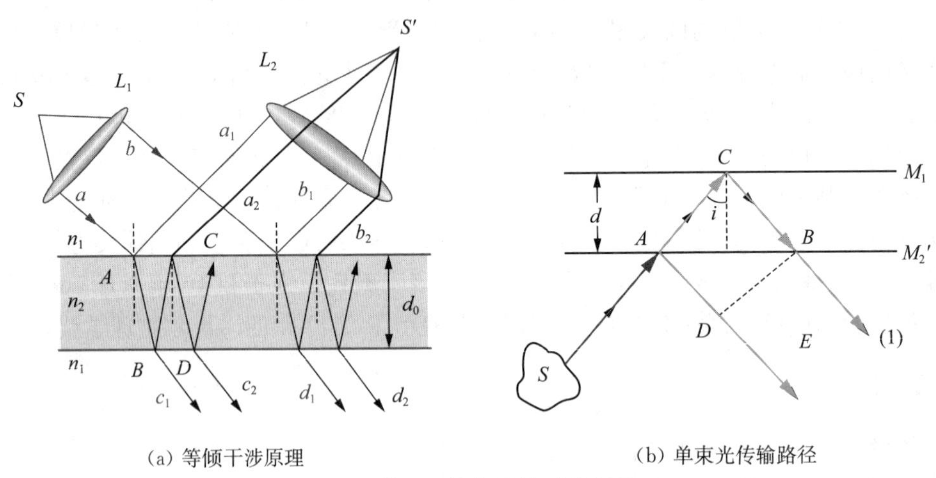

(a) 等倾干涉原理　　(b) 单束光传输路径

图 2　等倾干涉条纹的形成原理

当 M_1 和 M'_2 平行时，由 M_1 和 M'_2 反射出的两束光的光程差为：$\Delta=AC+CB-AD=2d\cos i$。当 d 为常数时，相同入射角 i 的入射光具有相同的光程差 Δ，因此等倾干涉条纹是同心圆。

当入射角 $i=0$ 时，反射面 M_1 移动的距离 Δd 和干涉条纹移动的数目 Δk 间满足：

$$2\Delta d=\lambda\cdot\Delta k \tag{1}$$

即每当动镜移动 $\lambda/2$ 距离时将涨出(或缩进)一个条纹。实验中根据动镜 M_1 移动的距离 Δd，并数出相应的级数变化量 Δk，从而由(1)式求出光源波长 $\lambda=2\Delta d/\Delta k$。

三、光谱双线的波长差观测

从某一可见度 V 最小到相邻的下一个可见度 V 最小，一个波长的亮纹和另一个波长的暗纹恰好颠倒。即如果第一次可见度 V 最小时 λ_1 为亮纹，那么第二次它即为暗纹，也就是光程差的变化量 ΔL 为 λ_1 的半波长的整数倍。同时，对于谱线 λ_2 也是半个波长的奇数倍。因为两个奇数是相邻的，故可得：

反射面 M_1 平行于 M'_2，用扩散光源照射则可得明暗相间的同心圆干涉条纹。移动 M_1，视场中心不断涌出或陷入，定义条纹可见度(条纹清晰程度)V 为：

$$V=\frac{I_{\max}-I_{\min}}{I_{\max}+I_{\min}} \tag{2}$$

式中：$I_{\max}$ 和 $I_{\min}$ 分别为区域内亮条纹的光强和暗条纹的光强。如果入射光是扩散光源，并由两个波长靠得很近的光谱双线 λ_1 和 λ_2 组成，且光波(1)和光波(2)的光程差恰为 λ_1 的整数倍，同时又为 λ_2 半整数倍，即：

$$\Delta L=k_1\lambda_1=(k_2+1/2)\lambda_2$$

此时，λ_1生成的亮条纹与λ_2生成的暗条纹重合，从而条纹视见度V最小。

从某一可见度V最小到相邻的下一个可见度V最小，一个波长的亮纹和另一个波长的暗纹恰好颠倒。即如果第一次可见度V最小时λ_1为亮纹，那么第二次它即为暗纹，也即光程差的变化量ΔL是λ_1的半波长的整数倍。同时，对于谱线λ_2也是半个波长的奇数倍。因为两个奇数是相邻的，故可得：

$$\Delta L = k\frac{\lambda_1}{2} = (k+2)\frac{\lambda_2}{2}$$

式中：k为奇数，由此得：$\dfrac{\lambda_1-\lambda_2}{\lambda_2}=\dfrac{2}{k}=\dfrac{\lambda_1}{\Delta L}$。于是，可求得：

$$\Delta\lambda = \lambda_1 - \lambda_2 = \frac{\lambda_1\lambda_2}{\Delta L} \approx \frac{\overline{\lambda}^2}{\Delta L}$$

连续移动M_1产生距离Δd，两次视见度V最小，由此产生的光程差$\Delta L = 2\Delta d$。于是可得：

$$\Delta\lambda = \lambda_1 - \lambda_2 = \frac{\lambda_1\lambda_2}{2\Delta d} \approx \frac{\overline{\lambda}^2}{2\Delta d} \tag{3}$$

连续移动M_1镜可使条纹的可见度随光程差做周期性变化，出现了光拍的现象，只要知道两波长的平均值λ和相继两次视见度为零时M_1镜移动的距离Δd，便可求出光源的双线波长差$\Delta\lambda$。根据这一原理，可以从实验测量钠光源双线的波长差。

【实验仪器】

迈克尔逊干涉仪，He - Ne激光器(波长约为632.8 nm)。其中，迈克尔逊干涉仪的结构和配件说明如图3所示。其反光镜M_1的位置读数方式：主尺(无估读)＋窗口(无估读)＋手轮(估读)。

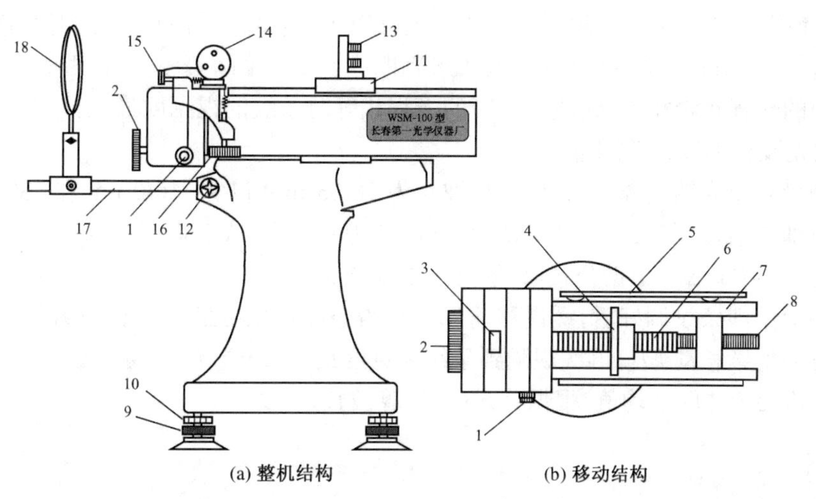

(a) 整机结构　　(b) 移动结构

1. 微调手轮；2. 粗调手轮；3. 读数窗口；4. 可调螺母；5. 毫米刻度尺；6. 精密丝杆；7. 导轨(滑槽)；8. 螺钉；9. 调平螺丝；10. 锁紧圈；11. 移动镜底座；12. 紧固螺丝；13. 滚花螺丝；14. 全反镜；15. 水平微调螺丝；16. 垂直微调螺丝；17. 观察屏固定杆；18. 观察屏。

图3 迈克尔逊干涉仪结构和配件

【实验内容与步骤】

1. 氦氖激光波长的测量

(1) 迈克尔逊干涉仪的调节步骤

① 打开激光器电源，调整激光光束方向，使其基本垂直于反射镜 M_2，并可被反射镜 M_2 原路反射。

② 从反射镜 M_1 的正前方观察到 M_1 和 M_2 反射的两行光点（中间光点亮度最大，两边光点亮度依次减小）。调节 M_1 和 M_2 背面的螺钉，两行光点中最亮的光点完全重合，此时 M_1 与 M_2 垂直。

③ 竖起观察屏并用螺钉固定，在屏上出现圆形干涉条纹。再调节干涉仪的水平和垂直微调螺丝，使条纹处于观察屏中央。

如果没有出现干涉条纹，则应该从第①步重新开始，直到条纹出现并大体上处于观察屏的中央。

(2) 测定 He - Ne 激光的波长（理论值 632.8 nm）

读取并记录反射镜 M_1 的初始位置，然后缓慢转动微调手轮，则可看到条纹依次从中央涌出或吞入。每涌出或吞入 30 个条纹时，读取并记录一次 M_1 的位置，连续读取和记录 8 个 M_1 的位置。

2. 钠光谱双线的波长差

(1) 仪器调节

在钠灯前放一块毛玻璃，并用该面光源以 45°角照射迈克尔逊干涉仪的 G_1。在 G_1 前放一个大头针，并使 M_1 与 M_2' 间的距离近似等于零（即 M_1 和 M_2 臂长相等）。眼睛直接通过半反射面向 M_1 观察。轻微调节 M_1 和 M_2 背后的螺丝，使大头针的两个较亮的像上下左右重合（表示 M_1 与 M_2' 基本平行），这样就可看到极细密、较模糊的干涉条纹（像指纹）。再轻轻微调 M_2 镜下方的两个互相垂直的微调螺丝可使 M_2' 与 M_1 严格平行，此时会出现同心干涉圆环，再缓慢移动 M_1 镜，可以用视差法来判断大头针的两个像前后是否重合，则表示光线(1)和(2)的光程是否相等，光线(1)(2)的光程相等时条纹的视见度最大。

(2) 钠光波长和波长差测量

实验测量对象为钠光源，其光谱平均波长为 589.3 nm（包含 589.0 nm 和 589.6 nm 的两个波长的精细光谱）。移动 M_1 改变 d 值，数出从中心冒出（或缩进）的环数 N，记下 d 的初值和终值，其差值即 Δd，根据公式(1)便可求出波长 λ。

同心圆形干涉条纹调好后，缓慢移动 M_1，使得条纹视见度最小，记录 M_1 的位置 d_i。在沿原来的方向继续移动 M_1，再次观测到条纹视见度最小，记录 d_{i+1}，可得 $\Delta d = |d_{i+1} - d_i|$。依次测量 5 次 Δd 并取平均值，根据公式(3)计算波长差 $\Delta\lambda$。

【注意事项】

1. 严禁触碰光学配件，包括反射镜、分光镜、补偿板及其他任何光学器件表面。

2. 调节反射镜后面的两个螺丝钉时，注意轻调慢拧，不要调得过松或过紧。

3. 手轮不可快速转动，防止出现螺距差。测量时必须朝一个方向转动，不得中途反转，以免产生回程误差。注意粗调和细调结合，且保持朝同一方向转动。

4. 注意避免激光直接入射眼睛。

【数据记录与处理】

1. 氦氖激光波长的测量

测定 He－Ne 激光的波长，将计算结果与理论波长 $\lambda_{标}=632.8\ \text{nm}$ 比较，并分析误差。

单位换算：$1\ \text{nm}=10^{-9}\ \text{m}$。

条纹移动数	0	30	60	90
M_1 位置 d_1(mm)				
条纹移动数	120	150	180	210
M_1 位置 d_2(mm)				
$\Delta d=\lvert d_2-d_1\rvert$(mm)				
$\lambda_i=\dfrac{2\Delta d}{N}$(nm)				

$\bar{\lambda}=$ ＿＿＿＿＿＿；

$\overline{\Delta\lambda}=\sqrt{\dfrac{1}{4}\sum_{i=1}^{4}(\lambda_i-\bar{\lambda})^2}=$ ＿＿＿＿＿＿；

$\lambda=\bar{\lambda}\pm\overline{\Delta\lambda}=$ ＿＿＿＿＿＿；

$E=\dfrac{\overline{\Delta\lambda}}{\lambda_{标}}\times 100\%=$ ＿＿＿＿＿＿。

2. 钠光波长测量与计算

(1) 钠光谱平均波长的测定

实验中要求从中心冒出(或缩进)的总环数 N 取为 400，环数每变化 50 级记录下 M_1 镜所在的位置 d_i 值。将计算结果与钠光理论波长 $\lambda=589.3\ \text{nm}$ 比较，分析误差。

测量次数 i	条纹相对级数 k	M_1 读数 d_i(mm)	$\Delta d=\lvert d_{i+5}-d_i\rvert$(mm)	平均波长 $\bar{\lambda}=\dfrac{2\overline{\Delta d}}{\Delta k}$(nm)
1	第 0 级			
2	第 50 级			
3	第 100 级			
4	第 150 级			
5	第 200 级			
6	第 250 级		$\overline{\Delta d}=$	
7	第 300 级			
8	第 350 级		$\Delta k=$	
9	第 400 级			

（2）钠光波长差的测量与计算

将计算结果与钠光理论波长差（$\Delta\lambda = 0.6$ nm）比较，分析误差。

<table>
<tr><th>测量次数 i</th><th>M_1 位置 d_i（mm）</th><th>$\Delta d = |d_{i+1} - d_i|$（mm）</th><th>波长差 $\Delta\lambda$（nm）</th></tr>
<tr><td>1</td><td></td><td></td><td rowspan="6">$\Delta\lambda = \dfrac{\overline{\lambda}^2}{2 \cdot \left(\dfrac{\overline{\Delta d}}{3}\right)}$
=</td></tr>
<tr><td>2</td><td></td><td></td></tr>
<tr><td>3</td><td></td><td></td></tr>
<tr><td>4</td><td></td><td rowspan="3">$\overline{\Delta d} =$</td></tr>
<tr><td>5</td><td></td></tr>
<tr><td>6</td><td></td></tr>
</table>

【问题与讨论】

1. 调节迈克尔逊干涉仪时看到的亮点为什么是两排而不是两个？两排亮点是怎样形成的？

2. 迈克尔逊干涉仪中，补偿板 G_2 和分光板 G_1 的作用分别是什么？

（陈秉岩　陆雪平）

实验 2.9　气体比热容比的测定

气体的定压热容 C_P 与定容热容 C_V 之比称作气体比热容比 γ，$\gamma = C_P/C_V$。在热力学过程特别是绝热过程中，γ 是一个很重要的参量。测定 γ 的方法有多种，常用的测量气体比热容比 γ 的方法如振动法、超声法和绝热膨胀法等，其中振动法是最常用的方法之一。本实验用振动法测量气体的比热容比，通过测定物体在特定容器中振动周期来计算 γ，是一种比较新颖的方法，该方法原理简单，操作方便。通过本实验，有助于大家加深对热力学过程中状态变化的理解。

【实验目的】

1. 测定空气的定压热容 C_P 与定容热容 C_V 之比 γ 值。
2. 进一步理解绝热过程，间接验证气体绝热方程。
3. 了解气压表，掌握对其测量结果进行修正的方法。
4. 复习物理天平、游标卡尺、螺旋测微计的使用方法。

【实验原理】

如图 1，空气由气泵注入缓冲瓶，通过缓冲瓶缓冲，使进入烧瓶中的气流稳定。精密玻璃管中的钢珠直径比玻璃管内径小 0.01 mm 左右，能在精密玻璃管中上下自由运动，不振动时由弹簧托住。精密玻璃管上有一小孔，当钢珠处于小孔下方，注入的气体使钢珠向上受力，当钢珠处于小孔上方，气体从小孔流出，钢珠向下受力，从而做简谐振动。气流调节旋钮可调节振幅，必要时配合调节针型阀门。把待测气体注入烧瓶是为了补偿气体阻尼引起的振幅衰减，小孔可以使钢珠在小孔附近上下振动。振动周期由周期测定仪测定。

如需测量其他气体，需将待测气体通过橡皮管注入缓冲瓶。对于钢瓶装的气体，先取出钢珠，钢瓶上的减压阀保持气流量 1 L/min，大约保持 10 分钟，以驱除原有气体。测量时，大约保持压力 1 kg/cm²，气流量为 0.1 L/min，即可。

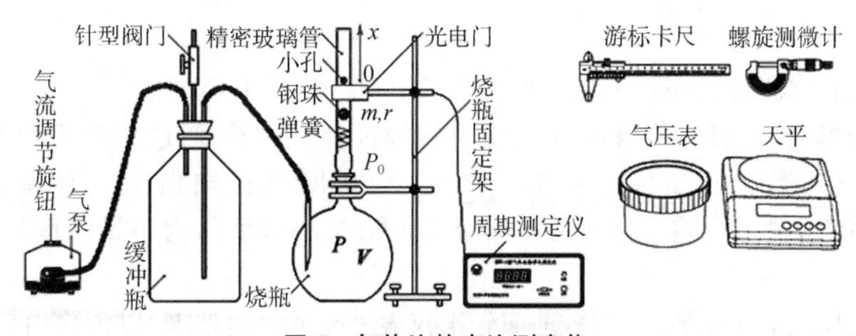

图 1　气体比热容比测定仪

设钢珠质量为 m，半径为 r，大气压为 P_0，当烧瓶内气压 P 满足下面条件：

$$P = P_0 + \frac{mg}{\pi r^2} \tag{1}$$

钢珠在精密玻璃管内处于平衡状态。如果钢珠偏离平衡位置的距离 x 比较小，烧瓶内气压变化为 $\mathrm{d}P$，根据牛顿第二定律，钢珠的运动方程为：

$$m\frac{\mathrm{d}^2x}{\mathrm{d}t^2}=\pi r^2\mathrm{d}P \tag{2}$$

钢珠振动得很快，可近似看作绝热过程，对绝热过程方程 $PV^{\gamma}=c$（c 为常数）求导数可得：

$$\mathrm{d}P=-\frac{P\gamma}{V}\mathrm{d}V=-\frac{P\gamma}{V}\pi r^2x \tag{3}$$

将公式(3)式代入公式(2)，得：

$$\frac{\mathrm{d}^2x}{\mathrm{d}t^2}+\frac{\pi^2r^4P\gamma}{mV}x=0 \tag{4}$$

公式(4)是标准的简谐振动方程$\frac{\mathrm{d}^2x}{\mathrm{d}t^2}+\omega^2x=0$，角频率 $\omega=\sqrt{\frac{\pi^2r^4P\gamma}{mV}}$，振动周期 $T=\frac{2\pi}{\omega}=\sqrt{\frac{4mV}{r^4P\gamma}}$，所以：

$$\gamma=\frac{4mV}{r^4PT^2}=\frac{64mV}{d^4PT^2} \tag{5}$$

公式(5)中各量均可以方便地测出，因而可以求出 γ 值。

根据气体分子运动论，气体比热容比 γ 仅仅与气体分子的自由度 i 有关，与气体的其他因素无关，它们的关系为：

$$\gamma=\frac{i+2}{i} \tag{6}$$

单原子气体(He、Ne、Ar ……)，只有 3 个平动自由度，$\gamma=\frac{5}{3}$；

双原子气体(H_2、N_2、O_2……)，有 3 个平动自由度和 2 个转动自由度，$\gamma=\frac{7}{5}$；

多原子气体(CO_2、NH_3、CH_4……)，有 3 个平动自由度和 3 个转动自由度，$\gamma=\frac{8}{6}$。

【实验仪器】

气体比热容比测定仪(图 1)，螺旋测微器，游标卡尺，天平，YM3 型空盒气压表。

气压表内部有空盒组，能够将大气压力转换成弹性位移.通过传动机构使指针转动，从而指示大气压数值。测量范围为 800～1 060 hPa(百帕斯卡)；环境温度范围为 −10℃～+40℃；测量误差经修正后不大于 2 hPa；最小分度值为 1 hPa；附属温度计最小分度值：1℃。

使用的气压表应水平放置，读数前应轻击仪表外壳或表面玻璃，以消除内部传动机构的摩擦；读数时，指针与镜子中的影像应当重合，读数应精确到最小刻度的后一位。真实大气压 P_0必须经过表 1 所列的三项进行修正。

表1　读数修正(ΔP_s)

读数(hPa)	1 090	1 080	1 070	1 060	1 050	1 040	1 030	1 020	1 010	1 000
修正值(hPa)				−0.5	−0.4	−0.3	−0.2	−0.1	0.0	0.0
读数(hPa)	990	980	970	960	950	940	930	920	910	900
修正值(hPa)	0.0	0.0	0.0	0.0	0.0	+0.1	+0.2	+0.3	+0.4	+0.4
读数(hPa)	890	880	870	860	850	840	830	820	810	800
修正值(hPa)	+0.3	+0.2	+0.1	+0.1	+0.1	+0.1	+0.1	+0.2	+0.2	

温度修正(ΔP_t)=温度系数(−0.06 hPa/℃)×温度计读数；

补充修正(ΔP_d)，以实验室的通告为准。

真实大气压(P_0)=读数+读数修正(ΔP_s)+温度修正(ΔP_t)+补充修正(ΔP_d)。

【实验内容与步骤】

1. 调节烧瓶固定架底座上的三个螺丝，用目测的方法使玻璃管处于铅直状态。
2. 接通气泵电源，稍等片刻后，钢珠在玻璃管小孔附近做简谐振动，调节气流调节旋钮和针型阀门，使钢珠振动的振幅大小适当。
3. 将光电门放在钢珠简谐振动平衡位置附近，用周期测定仪测量钢珠振动100个周期的时间，共测量6次，然后求出振动周期T的平均值。
4. 用螺旋测微器或游标卡尺测量钢珠的直径d，在不同位置测量6次，求平均值。
5. 用天平测出钢珠的质量m，测量6次，求平均值。
6. 从气压表读出气压读数和气温，根据修正项计算真实大气压P_0和烧瓶内气压P。
7. 本实验仪器的体积由实验室给出。

【注意事项】

1. 实验过程中，玻璃仪器应小心使用，防止损坏。
2. 石英玻璃管是精密易碎仪器，不可擅自拆装，调整垂直时，应从两个方向观察。
3. 用烧瓶固定夹将烧瓶固定即可，切不可使劲拧紧，以防夹碎烧瓶瓶颈。
4. 针型阀门一般应关闭，调节气流调节旋钮即可。
5. 各接口处橡皮管已接好，不要拔下。
6. 正常情况下，气流量较小时钢珠就能做简谐振动；如有异常，应重点检查是否漏气。
7. 螺旋测微器、游标卡尺的使用，详见“实验2.1 长度的测量”。

【数据记录与处理】

V=________cm^3，初读数：________cm(注：1 hPa=100 N/m^2)。

$100T$(s)							$\overline{T}$=
d(cm)							$\overline{d}$=
m(g)							$\overline{m}$=

气压读数：	读数修正 $\Delta P_s=$
温度：	温度修正 $\Delta P_t=$
	补充修正 $\Delta P_d=$

$P_0=$读数+读数修正 ΔP_s+温度修正 ΔP_t+补充修正 $\Delta P_d=$______。

$$P=P_0+\frac{mg}{\pi r^2}=P_0+\frac{4mg}{\pi d^2}=\_\_\_\_\_\_;$$

$$\sigma_{\overline{T}}=\sqrt{\frac{1}{6\times(6-1)}\sum_{i=1}^{6}(T_i-\overline{T})^2}=\_\_\_\_\_\_;$$

$$\sigma_{\overline{d}}=\sqrt{\frac{1}{6\times(6-1)}\sum_{i=1}^{6}(d_i-\overline{d})^2}=\_\_\_\_\_\_;$$

$$\sigma_{\overline{m}}=\sqrt{\frac{1}{6\times(6-1)}\sum_{i=1}^{6}(m_i-\overline{m})^2}=\_\_\_\_\_\_;$$

$$E_\gamma=\sqrt{\left(2\times\frac{\sigma_{\overline{T}}}{\overline{T}}\right)^2+\left(4\times\frac{\sigma_{\overline{d}}}{\overline{d}}\right)^2+\left(\frac{\sigma_{\overline{m}}}{\overline{m}}\right)^2}\times100\%=\_\_\_\_\_\_;$$

$$\gamma=\frac{64\overline{m}V}{\overline{d}^4P\,\overline{T}^2}=\_\_\_\_\_\_;$$

$$\sigma_\gamma=\gamma\cdot E_\gamma=\_\_\_\_\_\_;$$

$$\gamma\pm\sigma_\gamma=\_\_\_\_\_\_。$$

【问题与讨论】

1. 注入气体的数量对实验有什么影响？
2. 实验过程不可能是理想的绝热过程，热量交换总是存在，对实验有什么影响？

（刘明熠）

实验 2.10 螺线管轴线磁场测量

磁现象是基本的物理现象之一，可以分为天然磁和人工磁两类。天然磁可以分为地球磁场和磁铁矿两类；人工磁可以分为人造永久磁铁和电流产生的磁场两类。磁场的测量技术有着极其悠久的历史，现如今被广泛地运用到考古、生物学、军事工程、医学、空间技术以及地球物理等多个领域中。例如我国“天问一号”探测器环绕器上装备的火星磁强计，其主要科学探测任务包括全面准确地测量火星空间边界层，探测火星南部局地岩层的有效剩磁及火星感应磁层，研究近火空间处的行星际磁场等。磁场的测量可以采用霍尔传感器、电磁感应传感器和磁阻传感器等方法。本实验用电磁感应定律测量电流产生的磁场。

【实验目的】

1. 用测试线圈测量螺线管轴线上的磁感应强度分布。
2. 研究电流与磁场的相互关系。
3. 研究自感和互感。

【实验原理】

根据比奥-萨伐尔定律，当螺线管通过电流时，轴线上磁感应强度 $B(x)$ 为：

$$B(x)=\frac{1}{2}\mu_0 nI\left(\frac{x-x_L}{\sqrt{R^2+\left(x-x_L\right)^2}}-\frac{x-x_R}{\sqrt{R^2+\left(x-x_R\right)^2}}\right) \tag{1}$$

式中：$\mu_0=4\pi\times10^{-7}$ Wb/A·m，是真空磁导率；n 是螺线管单位长度的匝数；I 是螺线管上的电流；R 是螺线管半径；x_L、x_R 是螺线管左、右端口的坐标；螺线管的长度 $L=x_R-x_L$。

如果电流 I 是交流电，磁感应强度 $B(x)$ 随电流同步变化，交流量一般用有效值描述。

图 1 的实验装置符合比例，但螺线管横截面示意图不成比例，$B(x)$ 曲线由电脑根据(1)式定量描绘，取 $L=50R$，均与螺线管轴线上的 x 轴对应。

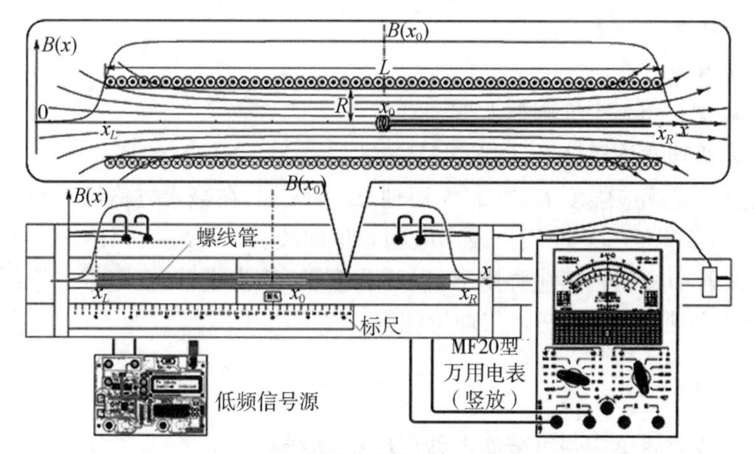

图 1 实验装置和 $B(x)$ 曲线

可见,如果螺线管比较长,内部 $B(x)$ 基本不变;接近端口,$B(x)$ 开始减小;在端口,$B(x)$ 减到约一半,且减小的速率最大;在螺线管外,$B(x)$ 很小,但不为零。

螺线管轴线上有一个可以移动的、小的测试线圈(探头),近似认为是一个点,移到轴线上某点 x,根据法拉第电磁感应定律,交变磁场 $B(x)$ 在探头上产生感生电动势 $E(x)$,因为探头形状和磁场频率不变,$E(x)$ 正比于 $B(x)$。将探头放到螺线管中心 x_0,磁感应强度为 $B(x_0)$,测得感生电动势 $E(x_0)$,根据 $B(x):B(x_0)=E(x):E(x_0)$ 解得:

$$B(x)=\frac{E(x)}{E(x_0)}B(x_0) \tag{2}$$

记螺线管直径为 D,$B(x_0)$ 根据(1)式解得:

$$B(x_0)=\mu_0 nI\frac{L}{\sqrt{D^2+L^2}} \tag{3}$$

【实验仪器】

螺线管装置、低频信号源、MF20 型万用电表。

【实验内容与步骤】

一、测量载流螺线管轴线上的磁场分布

1. 低频信号源左侧的电位器逆时针调到最小,探头放到螺线管轴线中心(标尺 29.0 cm),MF20 型万用电表调到左旋钮“60 mV”,右旋钮“mV・V”,最后插好低频信号源的稳压电源。

2. 确认低频信号源输出电流频率 $F=10$ kHz,否则调节低频信号源右侧的电位器。再调节左侧的电位器,使输出电流为 50 mA,记录万用电表的读数,即感生电动势 $E(x_0)$。

3. 从螺线管轴线中心(标尺 29.0 cm)开始,向左测量 $E(x)$。本实验只测量左半边。螺线管内部(标尺 10 cm 以上),测点间隔 2~3 cm,螺线管端口附近(标尺坐标 10 cm 以下),测点间隔 1 cm 或 $E(x)$ 间隔 2~3 mV。为了保证实验质量,建议适当减小测点间隔。

二、载流螺线管 B 与 I 的关系曲线

探头放到螺线管轴线中心(标尺 29.0 cm)不动,低频信号源左电位器顺时针调到最大,这时输出电流稍大于 50 mA,每次减少 5 mA 左右,记录万用电表的读数 E。

三、收尾和计算

1. 拔出稳压电源。

2. 螺线管装置上的探头推到最左侧,收好。

3. 万用电表调到左旋钮“$\underline{\text{V}}$”,右旋钮“$\underline{\text{V}}$600”。

4. 计算测点的磁感应强度 B,以 x 为横轴,B 为纵轴,在毫米方格纸上画“螺线管轴线上磁感应强度分布曲线”($B-x$ 曲线),或用电脑画该曲线。

5. 计算螺线管中心的磁感应强度 B,以 I 为横轴,B 为纵轴,在毫米方格纸上画出 $B-I$ 曲线,或用电脑画该曲线,看看是否与理论相符。

【数据记录与处理】

1. 螺线管轴线上磁感应强度分布曲线($B-x$ 曲线)。

$F=10\ \text{kHz}$；$I=50\ \text{mA}$，$B(x_0)=$________T；$E(x_0)=$________mV；
$D=$________m；$L=$________m；$n=$________匝/m。

标尺 x(cm)						
E(mV)						
B(T)						

（请同学自己向下补充表格）

2. 载流螺线管中 B 与 I 的关系。

I(mA)								
E(mV)								
B(T)								

【问题与讨论】

1. 为什么在实验步骤一、二中，低频信号源的频率不能变动？在其他条件不变的情况下提高或降低频率会发生什么现象？为什么？

2. 不利用(2)式计算 $B(x_0)$来对整个实验曲线进行标定，而只从测出的 $E(x)$，利用电磁感应定律能否求出相应的 $B(x)$值？如果能够，还需要知道哪些物理量？

3. 根据法拉第电磁感应定律，感生电动势与磁通量的变化率成正比，而公式(2)是感生电动势与磁感应强度成正比，这与法拉第电磁感应定律有矛盾吗？为什么？

（刘明熠）

第3章　学科综合实验

实验3.1　电信号发生与采集

信号是反映消息的物理量，例如自然界的压力、温度、声音等。信息需要借助某些物理量（如声、光、电）的变化来表示和传递，例如广播和电视利用电磁波来传送声音和图像。

电信号是指随时间变化的电压或电流，可将它表示为电压或电流幅度随时间变化的函数（包括线性和非线性函数）。由于电信号容易传送和控制，并且几乎所有非电物理量均可通过特定的传感器转换成电信号（详见本书附录1），为此电信号已经成为应用最广的信号。电信号的形式多样，根据信号的随机性可以分为确定信号和随机信号；根据信号的周期性可分为周期信号和非周期信号；根据信号随时间的连续性可分为连续信号和离散信号；在电子线路中分为模拟信号和数字信号。

电信号发生和采集，是电信号的应用过程中的两个关键技术，在所有电学量的表达和传递过程中都需要涉及。电信号发生，指一切能产生随时间变化的电压或电流的方法和技术；电信号采集，指一切能获取随时间变化的电压和电流幅度变化量的方法和技术。

【实验目的】

1. 了解信号发生的模拟和直接数字合成技术。
2. 了解示波器的模拟和数字技术原理和特点。
3. 掌握数字信号发生器和数字存储示波器的使用方法。
4. 理解和观测简谐振动合成正交振动的曲线。

【实验原理】

一、电信号发生技术

电学信号发生技术，指能产生符合科研、教学和工业生产等应用的电压或电流信号的技术，这些信号主要包括：正弦波、矩形波（含方波）、脉冲波、三角波、锯齿波、随机信号等，这些信号的幅度通常可以表达为随时间变化的函数波形。信号发生器，是产生电压或电流幅度随时间变化的电学设备，又称为“信号源”“函数发生器”或“振荡器”等。

按照电学信号生成的基本工作原理，信号源要包括模拟信号发生器（analog signal generator：ASG）和直接数字合成器（direct digital synthesizer：DDS）技术。模拟信号源通常采用RC和LC等振荡电路产生所需要的信号，其优点是：电路结构简单、技术简单、成本低；其缺点是：信号类型少、调节麻烦、稳定性低和精度低（一般为2%～5%）。目前，模拟信号源由于缺点显著,已经趋于淘汰;DDS信号源从相位概念出发,直接将一个(或多个)基准频率合成另一个(或多个)符合要求的电学信号。与模拟信号发生技术相比,DDS技术具有极高的频率分辨率、极快的变频速率、可快速连续改变相位、相位噪声低、易于功能扩展和全数字化调制等优点,满足了现代电子系统的许多要求,因此得到了迅速的发展。DDS技术简要介绍如下:

DDS是一种用于从单个固定频率参考时钟创建任意波形的频率合成器[1]。DDS的应用主要包括:信号产生、通信系统的本地振荡器、函数发生器、混频器、调制器、声音合成器以及作为数字锁相环的一部分。基本的DDS由参考振荡器(reference oscillator:RO)、频率控制寄存器(frequency control register:FCR)、数控振荡器(numerically controlled oscillator:NCO)、数模转换器(digital-to-analog converter:DAC)、低通滤波器(low pass filter:LPF)组成,如图1所示。其中,RO通常是一个晶体或表面声波振荡器,为整个系统提供稳定的工作时钟并且决定了DDS的频率精度;NCO包括相位累加器(phase accumulator:PA)和相位幅度转换器(phase-to-amplitude converter:PAC)[2~3],在NCO的输出端产生一个随时间变化离散的预期波形(如正弦波)的数字M,其周期由FCR中的数字N控制;DAC的作用是将NCO送来的波形数字M转换为模拟波形输出。LPF的作用是滤除DAC输出端模拟信号中含有的高频谐波分量,并在模拟信号输出干净的信号波形。

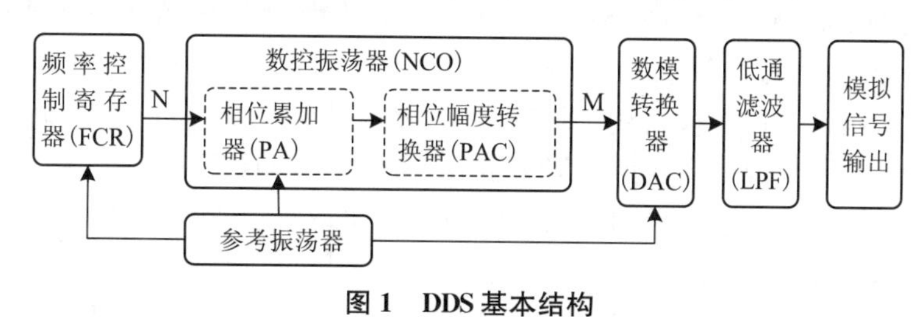

图1 DDS基本结构

DDS相对于模拟信号源具有许多优点:频率灵活性更高,相位和频率输出精准可调,多种波形和任意编程设定;其缺点是输出信号含有一定的高阶噪声,主要来自NCO中的截断效应和DAC频率偏移变换的本地噪声。

二、电信号采集技术

电学信号采集技术,是对待测的电压或电流信号进行捕获、存储和显示的技术。通常情况下,电学信号的幅度是随时间变化的函数,测试仪器设备的信号幅度分辨率和响应时间是很重要的技术指标。对于随时间缓慢变化的电压/电流信号,可以使用电压/电流表进行测试;对于随时间快速变化的电学信号,通常采用示波器或者频谱分析仪进行测试。

示波器是一种用于测试电压动态过程的电子测量仪器,配上适当的传感器(详见本书附录1)后能测量和显示几乎所有物理量及其动态过程。较高级的示波器,已经具备信号频谱分析功能。根据工作原理,常见的示波器可分为:模拟实时(analog real time:ART)示波器、数字存储示波器(digital storage oscilloscope:DSO)、数字荧光示波器(digital phosphor oscilloscope:DPO)、数字采样示波器(digital sampling oscilloscopes)、混合域示波器(mixed domain oscilloscope:MDO)和混合信号示波器(mixed signal oscilloscope:MSO)[4~5]。图2是ART、DSO和DPO三种技术的原理对比,相应技术简述如下:

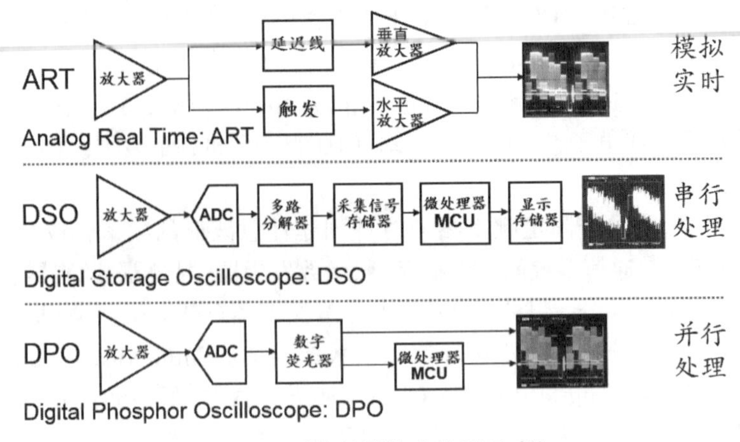

图 2　三种示波器技术的原理对比

1. 模拟实时(ART)示波器技术

ART 示波器又称为“阴极射线示波器(cathode-ray oscilloscope: CRO)”,以阴极射线管(cathode ray tube: CRT)为核心,将被测电压信号放大后作为 CRT 电子束的垂直偏转控制量,并使用同步触发信号控制 CRT 电子束在水平方向扫描,最终在荧光屏上产生动态图像。1879 年,克鲁克斯(Sir William Crookes, 1832—1919, 物理学家、化学家)研制成功 CRT。1897 年,卡尔·费迪南德布劳恩(Karl Ferdinand Braun,1850—1918,德国物理学家,1909 年诺贝尔物理学奖获得者,阴极射线管的发明者)改进了克鲁克斯的 CRT,通过控制电子束电流实现亮度的可控,制成了实用的 CRT(如示波管、电视显像管等)。1931 年,第一台电子管模拟示波器问世,随着集成电路、超小元件、新器件和新型示波管的出现,现代示波器的性能和结构已有显著的改进。

可以实时显示被测信号的变化过程,是 ART 示波器的最大优势。虽然极少数模拟示波器采用激励电路存储和擦除 CRT 屏幕上的迹线,实现了跟踪存储额外功能,允许信号在几分之一秒内衰减的迹线图案保留在 CTR 屏幕上几分钟或更长时间[5]。但是,常规的模拟示波器均不具备信号存储和重现功能,在需要对被测信号进行数据存储和二次处理的应用场合受到极大限制,已经很难满足当代的科研和生产测试需求。

2. 数字存储示波器(DSO)技术

DSO 是一种以数字编码的方式存储和分析待测模拟信号的示波器。DSO 技术于 1970 年初研制成功,由于其具有波形触发、存储、显示、测量、数据分析处理等独特优点,因此它已经成为世界上目前最常见、最实用的示波器类型[6]。

它由具有高速数据处理能力的模数转换器(analog-to-digital converter: ADC)、多路分解器、采集信号存储器、微控制单元(microcontroller unit: MCU)、显示存储器和显示器等单元构成。输入的模拟信号通过 ADC 采样,并在每个采样时间点将输入的电压信号幅度转换成数字记录。采样频率与被测信号频率应满足奈奎斯特定律(Nyquist's law)①;最后再将这

① 哈利·奈奎斯特(Harry Nyquist, 1889—1976),美国物理学家,为近代信息理论做出了突出贡献。他总结的奈奎斯特采样定律是信息论、特别是通讯与信号处理学科的重要结论。奈奎斯特定律(Nyquist's law),在模拟/数字信号转换过程中,当采样频率 $f_{s.max}$ 大于等于被采样信号最高频率 f_{max} 两倍时($f_{s.max} \geqslant 2f_{s.max}$),采样后的数字信号完整地保留了原始信号信息,实际应用中通常取采样频率为信号最高频率的 5~10 倍。

些数值转换成模拟信号在 CRT 或液晶显示器(liquid crystal display：LCD)上显示，或者在图表记录器、绘图仪或网络接口(如 USB 接口)上输出。

通常情况下，DSO 的测试结果采用串行方式输出数据。这种数据传输方式虽然节省了硬件接口资源，但是降低了数据传输速率。因此，很难重现被测信号随时间的快速变化过程，这是 DSO 与 ATR 相比的不足之处。

3. 数字荧光示波器(DPO)技术

DPO 是一种通用形式的数字示波器，采用并行处理架构显示信号，使其能够在使用标准 DSO 无法再现信号随时间快速变化过程的情况下采集和显示信号。DPO 与 DSO 的数据捕获技术相同，其本质技术区别在于显示技术(DPO 采用并行处理架构和荧光屏显示结果，DSO 采用串行架构和液晶显示结果。当 DPO 的采样率足够高时，可以获得近似 ART 技术的显示效果[7]。图 3 所示为 DSO 和 DPO 的显示效果对比，在现实信号的细节和动态变化过程显示方面，DPO 的显示效果比 DSO 更佳一些。

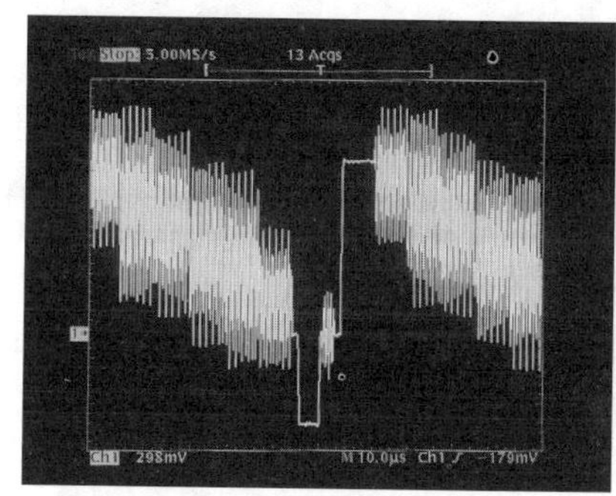

(a) 典型的 DSO 不能显示细节和动态变化

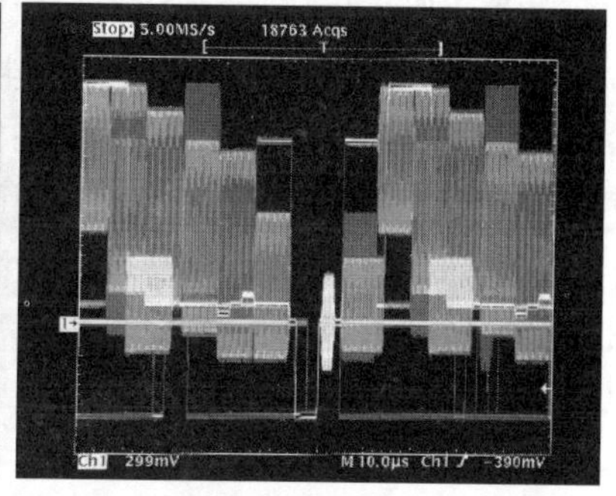

(b) DPO 能实时显示所有复杂信号的细节

图 3　相同视频信号的 DSO 和 DPO 显示效果

世界上知名的数字示波器主要生产厂商有：泰克(Tektronix)、是德(Keysight，原 Agilent)、力科(Lecroy)、横河(Yokogawa)、固纬(GW Instek)、罗德施瓦茨(Rhodes & Schwartz)、普源(RIGOL)等，不同厂商的数字存储示波器技术指标和成本差别很大。例如，泰克示波器的优势为信号捕获，安捷伦示波器的优势为信号显示。

总体上，在同等功能和参数条件下，泰克示波器的综合性价比最高。这源于泰克公司针对信号采集开发了专用集成电路(application specific integrated circuit：ASIC)技术，其性能远超过其他厂商采用现场可编程门阵列(field-programmable gate array：FPGA)采集信号的技术。例如，对小于 1ns 的动态偶发信号，ASIC 可轻松捕捉，但 FPGA 则难于捕获。

4. 示波器的同步触发

为了能够在示波器屏幕上实时获得稳定的波形，ART、DSO 和 DPO 示波器都必须使用一个周期为 T_t(或频率 f_t)的触发信号(又称为"触发源"或"信源")，强制被测的周期性信号的电压幅度和电压幅度的变化率(电压函数的一阶导数)数值相同的点始终呈现在屏幕上的同一个位置，这样才能获得稳定的波形。

同时，触发扫描信号的周期 T_t(或频率 f_t)与被测信号的周期 T_m(或频率 f_m)必须满足如下的公式：

$$T_m=\frac{T_t}{n}\text{或者 } f_m=nf_t,\ n=1,\ 2,\ 3\cdots\cdots \tag{1}$$

在公式(1)中，触发信号 f_t 可以从示波器外部加入，也可以由示波器内部的信号源产生。为了获得 f_m 与 f_t 的比值 n 刚好为整数，通常被测信号 f_m 分频后获得触发信号 $f_t(f_t = f_m/n)$。对于采用多通道示波器测试多路周期性信号，通常情况下选用重点需要观测的信号作为触发源(例如，如果测试中通道 1 的信号最稳定也是最重要的，则将示波器的"信源"设置为通道 1)。

除了选用合适的"信源"作为触发信号之外，还要进一步设置合适的触发信号电平(电压幅度)，才能获得稳定的波形。一般情况下，通过调节示波器的"电平(Level)"旋钮，使其数值处于被测信号的最小值和最大值之间，此时可以获得稳定的被测波形。

【实验仪器】

数字示波器(MSO2000A/DS2000A 系列)、双通道 DDS 信号发生器(DG1000Z 系列)、BNC(Bayonet Neill-Concelman)接口电缆。

1. 数字示波器 DS2202A

DS2202A 数字示波器，是苏州普源精电科技有限公司面向高等教育推出的一款教学科研两用设备。其操作界面如图 4 所示，主要功能和技术指标如下：

(1) 模拟通道实时采样率 2 GSa/s，标配 14 Mpts 存储深度。

(2)数字通道实时采样率 1 GSa/s，14 Mpts 存储深度。

(3) 52 000 wfms/s(点显示)的波形捕获率，硬件实时的波形录制、回放、分析功能，可录制多达 65 000 帧，支持数字通道录制及回放。

(4) 256 级波形灰度显示。

(5) 模拟通道带宽 300 MHz、200 MHz 和 100 MHz，内置双通道，25 MHz 的信号源功能。

(6) 低底噪声，500 μV/div 至 10 V/div 的超宽垂直动态范围。

(7) 丰富接口：USB Host，USB Device，LAN(LXI)，AUX，USB - GPIB(可选)。

(8) 精细的延迟扫描功能，内嵌 FFT 功能，通过/失败检测功能，波形数学运算功能，支持 U 盘存储和 PictBridge 打印机、符合 LXI CORE 2011 DEVICE 类仪器标准，能够快速、经济、高效地创建和重新配置测试系统、支持远程命令控制。

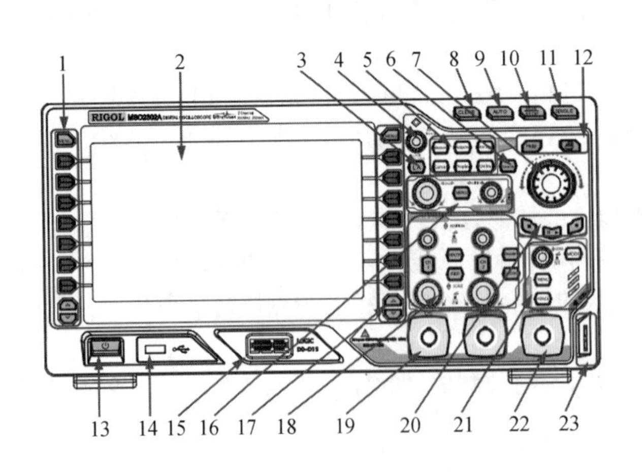

1. 测量菜单软键；2. LCD；3. 逻辑分析仪控制键；4. 多功能旋钮；5. 功能按键；6. 信号源；7. 导航旋钮；8. 全部清除键；9. 波形自动显示；10. 运行/停止控制键；11. 单次触发控制键；12. 内置帮助键和打印键；13. 电源键；14. USB HOST 接口；15. 数字通道输入接口；16. 水平控制区；17. 功能菜单软键；18. 垂直控制区；19. 模拟通道输入区；20. 波形录制和回放控制键；21. 触发控制区；22. 外部触发信号输入端；23. 探头补偿信号输出端和接地端。

图 4 数字示波器 DS2202A 操作界面

2. 双通道 DDS 信号源 DG1022Z

DG1022Z 双通道 DDS 信号源，是北京普源精电科技有限公司面向高等教育推出的一款教学科研两用设备。其操作界面如图 5 所示，主要功能和技术指标如下：

(1) 最高输出频率(正弦波)：25 MHz、30 MHz 和 60 MHz。

(2) 独创的 SiFi (Signal Fidelity)：逐点生成任意波形，不失真还原信号，采样率精确可调，所有输出波形(包括：方波、脉冲等)抖动低至 200 ps。

(3) 每通道任意波存储深度：2M 点(标配)、8M 点(标配)、16M 点(选配)。

(4) 标配等性能双通道，相当于两个独立信号源。

(5) ±1 ppm 高频率稳定度，相噪低至 −125 dBc/Hz。

(6) 最大采样率：200 MSa/s；垂直分辨率：14 bits。

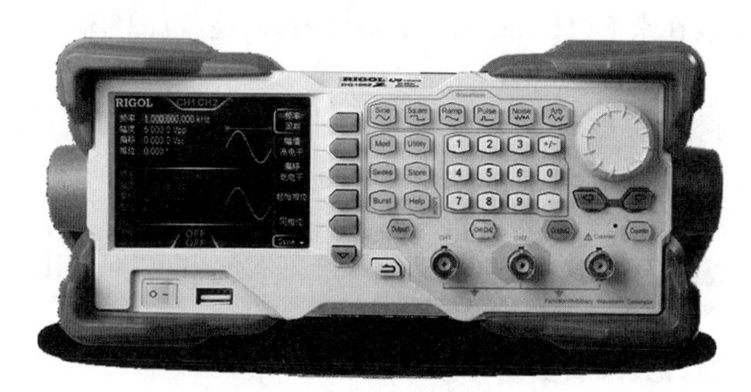

图 5　直接数字合成信号源 DG1022Z 操作界面

3. 仪器设备的连接

使用两根 BNC 电缆将 DG1022Z 双通道 DDS 信号源的信号输出通道 1(Out 1)和通道 2(Out 2)分别与 DS2202A 数字示波器的信号输入通道 1(CH1)和通道(CH2)连接。

【实验内容与步骤】

一、测试信号波形参数

1. 仪器功能和参数设置

(1) 信号发生器(DG1022Z)的设置

① 波形设置：在屏幕右方选择需要输出的正弦波、方波、三角波等所需要的波形；

② 频率/幅度设置：按“Ch1/Ch2”或“Both”键，选中对应通道(有边框的通道代表选中)，通过屏幕右侧的按键选择需要调整的波形频率/幅度，通过屏幕右侧按键选择要调整的信号频率/幅度位，旋转“导航旋钮”(图 5 中的右上角旋钮)，设置为想要的数值；

③ 模式选择：按“Mod”按钮进入模式设置→选择需要的波形；连续波输出时，关闭“Mod”按键即可；

④ 波形输出：按压 CH1 或 CH2 通道上方的“Output1”或“Output2”按键，灯点亮表示通道输出正常。

(2) 数字示波器(DS2202A)的设置

示波器开机后，通常为默认为“YT”模式，并且 CH1 和 CH2 通道均开通。也可以通过面板上的“Storage”按键，使示波器进入“默认设置”状态。然而，实际使用中需要根据实际测试信号实时改变示波器的功能和参数才能获得理想的结果，这些设置主要包括：

① 模式设置：在示波器控制面板的“水平(Horizontal)”区域，按压“菜单(Menu)”按键→找到屏幕上“时基”旁的按键并按压→选择“YT”或“XY”模式→并按压“多功能旋钮”对选项进行确认，按压功能菜单软件内的“菜单(Menu)”按键退出菜单显示(以下皆是)；

② 同步触发源设置：在触发(Trigger)区域，按压“Menu”按键→按压“信源选择”旁边的按键选择并确认为“CH1 或 CH2”，此时触发源为 CH1 通道或者 CH2 通道；

③ 触发电平设置：通过旋转“Level”旋钮获得合适的触发电平，直到屏幕上呈现稳定的波形；

④ 垂直范围调整：在垂直(Vertical)面板区域，调整两个信号通道上方的“范围(Scale)”旋钮，使得信号波形的幅度在垂直方向占 4～6 格；

⑤ 水平范围调整：在水平(Horizontal)面板区域，调整“范围(Scale)”旋钮，使得信号波形的一个周期在水平方向占 2～6 格；

⑥ 波形位置调整：在垂直(Vertical)面板区域分别调节两个通道对应的“位置(Position)”旋钮，在水平(Horizontal)面板区域调节“位置(Position)”旋钮，使得信号波形在屏幕上处于适当的位置；

⑦ 通道衰减设置：按压“CH1”或“CH2”键→屏幕右侧出现“探头比”对话框→按压旁边的按键选择“1×”。

2. 波形参数观测与记录

将待测信号从示波器的通道送入，按照上述“1. 仪器功能和参数设置”内容调整信号源和示波器，直到示波器屏幕上出现稳定的波形。此时，被测信号的参数计算如下：

$$周期：T=L\times M(\mathrm{s})；频率：f=1/T(\mathrm{Hz})；幅度：V_{pp}=P\times V(\mathrm{V}) \tag{2}$$

公式(2)中的 L 为信号一个周期的波形在示波器屏幕上所占的格子数(需估读)；M 为水平(时间)扫描范围对应的数据(在示波器屏幕左上方第一行，单位为 s/ms/μs/ns。例如 M=5 μs 代表水平方/时间参数为 5.0 微秒/格，也即示波器当前的触发信号周期为 5.0 μs)；P 为波形在垂直方向所占格数(需估读)，V 为垂直方向的电压放大倍数(示波器屏幕左下方 CH1 或 CH2 右侧的数据，例如 CH1 500.0 mV 和 CH2 10.0 V，代表当前通道 CH1 和 CH2 的垂直放大倍数分别为500.0 mV/格和 10.0 V/格)。

在信号源上设置不同的信号(正弦波、方波、三角波、脉冲波等)和波形参数，通过示波器观察相应的波形参数，将结果记录到表 1 中并处理。

表 1　波形参数测试记录及处理

实验波形	DDS 信号源			数字示波器							
	通道	信号频率(Hz)	信号幅度(V)	波形记录	通道	水平格 L(格)	垂直格 P(格)	水平放大 M(s)	垂直放大 V(V)	频率 $f=1/(L\times M)$	幅度 $V_{pp}=P\times V$
正弦											
三角											
矩形											

二、李萨茹图形及运用

1. 仪器功能和参数设置

(1) 数字示波器的设置

数字示波器(DS2202A)设置为“XY”模式的主要步骤如下：

① 模式设置：在示波器控制面板的“水平(Horizontal)”区域，按压“菜单(Menu)”按键→找到屏幕上“时基”旁的按键并按压→选择“XY”模式→并按压“多功能旋钮”对选项进行确认，此时屏幕上出现李萨茹图形；

② 垂直范围调整：在垂直(Vertical)面板区域，调整两个信号通道上方的“范围(Scale)”旋钮，使得信号波形的幅度在垂直方向占 4～6 格；

③ 水平范围调整：在水平(Horizontal)面板区域，调整“范围(Scale)”旋钮，使得信号波形的一个周期在水平方向占 2～6 格；

④ 波形位置调整：在面板的垂直(Vertical)区域分别调节两个通道对应的“位置(Position)”旋钮，在水平(Horizontal)区域调节“位置(Position)”旋钮，使信号波形在屏幕上处于适当的位置；

⑤ 余辉设置：按压“显示(Display)”按键→找到屏幕上“余辉时间”旁的按键并按压→用“多功能旋钮”选择需要的余辉模式。

(2) 信号发生器的设置

信号发生器(DG1022Z)的输出波形参数设置主要包括：

① 默认设置：按“Utility”按键→“还原默认值”→“确认”。将信号源的 CH1 和 CH2 通道参数均设置为 1.000 kHz，初始相位差为 0(按压“同相位”实现)；

② 打开通道：按“Output1”和“Output2”按键使信号送出，此时示波器上可观测到同频同相位的正交振动合成图像；

③ 修改通道初始参数时，先按压“CH1/CH2”选中对应通道，再选择对应的修改项，旋转“导航旋钮”获得需要的参数；

④ 参数设置：改变其中一个通道的相位(Phase)参数，可依次获得李萨茹图像。

2. 李萨茹图形及应用

李萨茹曲线(Lissajous-Curve)是两个振动方向正交(相互垂直)的简谐振动合成的规则而稳定的闭合曲线。该现象最早由纳撒尼尔·鲍迪奇(Bowditch)于 1815 年首先研究，朱尔·李萨茹(Lissajous)在 1857 年对这一现象进行了更详细的研究，李萨茹曲线又称为李萨茹图形(Lissajous-Figure)或鲍迪奇曲线(Bowditch-Curve)。李萨茹曲线被广泛运用于科学研究和工程技术领域。

在航天动力学中，李萨茹轨道(Lissajous orbit)是一种类周期性振动轨道，限制性三体系统中有 5 个平衡点(即拉格朗日点 L1～L5)，李萨茹轨道是围绕与两个主体在同一直线上的 L1 和 L2 点运行的轨道。使用李萨茹轨道的航天工程有：中国探月工程(嫦娥工程)、2009 年发射的赫歇尔天文台和普朗克卫星、2001 年发射的威尔金森微波各向异性探测器、1997 年发射的太阳高分探测器(ACE)等。

李萨茹图形在信息、电机和电气等科学中有广泛应用。例如，相控阵雷达，两(三)相交流(步进/伺服)电机运转，介质阻挡放电能量测量(见实验 5.3 电工新技术的电参数测试)等。

(1) 同频率不同相位的正交简谐振动的合成

两个频率均为 ω,初始相位为 Φ_1 和 Φ_2,幅度为 A 和 B 的简谐振动 x 和 y 的表达式:

$$\begin{cases} x = A\cos(\omega t + \Phi_1) \\ y = B\cos(\omega t + \Phi_2) \end{cases} \tag{3}$$

消去公式(3)中的时间参量 t,可得椭圆轨道方程:

$$\frac{x^2}{A^2} + \frac{y^2}{B^2} - 2\frac{xy}{AB}\cos(\Phi_2 - \Phi_1) = \sin^2(\Phi_2 - \Phi_1) \tag{4}$$

公式(4)中,定义相位差为 $\Delta\Phi = \Phi_2 - \Phi_1$,当 $\Delta\Phi$ 等于 0 和 π 时可得:$x/y = A_1/A_2$和$x/y = -A_1/A_2$。此时仍为简谐振动,但方向发生了改变;当 $\Delta\Phi = \pi/2$ 时,公式(4)变为:$x^2/A^2 + y^2/B^2 = 1$。此时,如果 $A = B$ 则轨迹为圆周,这是两相电机的运转方程;图 6 为不同相位的两个同频正交简谐振动合成图。

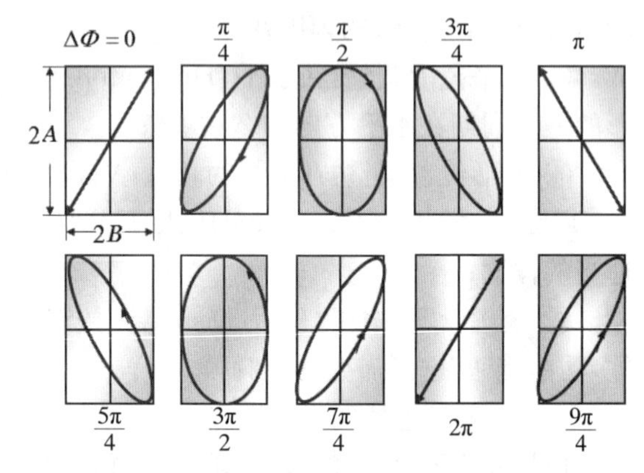

图 6　两个互相垂直和相同频率简谐振动的合成图像

将示波器和信号发生器设置成振动正交状态,信号发生器的两个输出通道信号频率和幅度设置为相同的数值(幅度可以不等),改变两路信号的相位差,将合成波形记录到表 2。

表 2　同频不同相位的正交振动合成图像观测

信号源 CH1/2 的频率 $f_x = f_y$(kHz)	1.000 0	1.000 0	1.000 0	1.000 0	1.000 0	1.000 0	1.000 0	1.000 0	1.000 0
相位差(°)	0	45	90	135	180	225	270	315	360
李萨茹图形									

(2) 不同频率两个正交简谐振动的合成

如果两个相互垂直的振动的频率不相同,它们的合运动比较复杂,而且轨迹是不稳定的。下面只讨论简单的情形。

① 两振动的频率只有很小的差异,则可以近似地当作相同频率的合成,不过相位差在缓慢地变化,因此合成运动轨迹将要不断地按图 6 的次序,从直线变成椭圆再变成直线等。

② 如果两振动频率相差较大,且呈整数比,则合成运动具有稳定的封闭运动轨迹,这种图称为李萨茹曲线。此时,也可以通过已知频率的振动,求得另一个振动的未知频率。

使用示波器和信号发生器观测频率为整数倍的两个简谐振动合成曲线,结果记入表 3。

表 3　不同频率的两个正交简谐振动合成图像观测

信号源 CH1 的频率 f_x(kHz)	1.000 0				
信号源 CH1 的频率系数 N_x	1	1	1	2	3
信号源 CH2 的频率系数 N_y	2	3	4	3	2
信号源 CH2 的频率 $f_y=f_xN_x/N_y$(kHz)	2.000 0				
李萨如图形	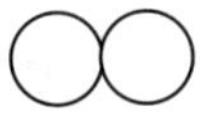				

【注意事项】

1. 为了让初学者掌握数字示波器的使用，本实验不推荐使用 DS2202A 的“Autoset”功能。

2. 为了获得准确的测量值，需要根据被测信号合理设置 DS2202A 的通道 CH1 和 CH2 的耦合方式(AC/DC/AC＋DC)、垂直放大倍数“Vertical-Scale”以及水平放大倍数“Horizontal-Scale”，使得信号在屏幕上呈现合适的范围，以获得足够的采样率(通常情况下，被测信号数值占到测试设备满量程的 75%时，可获得最佳测试效果)。

3. 为了在数字示波器上获得稳定的波形，需要耐心设置“触发(Trigger)”参数，选择合适的触发源(通过 Trigger→Menu，选择触发源)和触发电平(Level)。

4. 连接信号源与示波器的 BNC 电缆无衰减，需将示波器通道 CH1 和 CH2 的衰减(探头比)设置为“1×”。

【问题与讨论】

1. 模拟实时(ART)与数字存储(DSO)两种示波器技术的本质差异和各自优缺点是什么？

2. 模拟信号源(ASG)与直接数字合成(DDS)两种技术原理的本质区别是什么？

3. 直接数字合成器(DDS)与模拟信号发生器(ASG)相比，其技术优势是什么？

4. 简述数字示波器和 DDS 信号源在科学研究和工程技术方面的应用。

(陈秉岩　向圆圆)

实验 3.2　液体表面张力系数和黏滞系数的测定

液体表面张力系数与黏滞系数是研究液体分子特性的两个重要参数，也是流体力学的两个重要参量，在材料、力学、水利、环境、热动等领域具有重要物理意义和广泛应用价值。

液体表面张力是分子间相互作用力的宏观体现。在液体内部，任一分子受到四周分子的吸引力是平衡的，但在液体表面层的分子却要受到向内的拉力（气相的分子间距大于和液相的分子间距，气相的分子间的引力小于液相）。由于表面张力，使液相表面收缩形成一层有弹性的膜，迫使液体表面收缩。液体的湿润现象、毛细管现象及泡沫的形成等，均属于表面张力作用。

液体表面张力的测量方法有拉脱法、液滴法、拉平平板法及毛细管法。本实验基于拉脱法测量液体表面张力系数，采用高精度拉力传感器作为测力模块，通过平稳降低液面使吊环与液面脱离，取消了传统拉脱法中采用的抬高吊环脱离液面引起的抖动误差，提高了测量精确度。

液体的黏滞系数是描述液体内摩擦性质的重要物理量，能够表征液体反抗形变的能力，只有在液体内存在相对运动的时候才会表现。黏滞系数的测量方法有落球法和流体法，落球法适合测定黏度较高的液体（例如蓖麻油），流体法适合测量黏度系数较小的液体（例如水或者酒精）。

【实验目的】

1. 掌握拉力传感器测定液体表面张力系数的原理和方法。
2. 掌握泊肃叶公式测定流体液体黏滞系数的原理和方法。

【实验原理】

一、液体表面张力测定原理

设想在液面上作一长为 L 的线段，则表面张力的作用就表现在线段两边的液体以一定的力 F 相互作用，且作用力方向与 L 垂直，其大小与线段的长度成正比。即 $F=\alpha L$，式中 α 为液体表面张力系数（作用于液面单位长度上的力）。

若将一个“O”型薄铝环浸入被测液体内，然后慢慢地将它从液面中拉出，可看到铝环带出一层液膜，如图 1 所示。设铝环的外径为 d_1，内径为 d_2，拉起液膜将要破裂时的拉力为 F，液膜的高度为 h，因为拉出的液膜在 O 环内外两个表面[总周长 $L=(d_1+d_2)\pi$]，而且其中间有一层液膜，液膜的厚度为铝环的壁厚，即 $(d_1-d_2)/2$。由于铝环的壁厚很小，这层液膜自身的重量可以忽略不计。

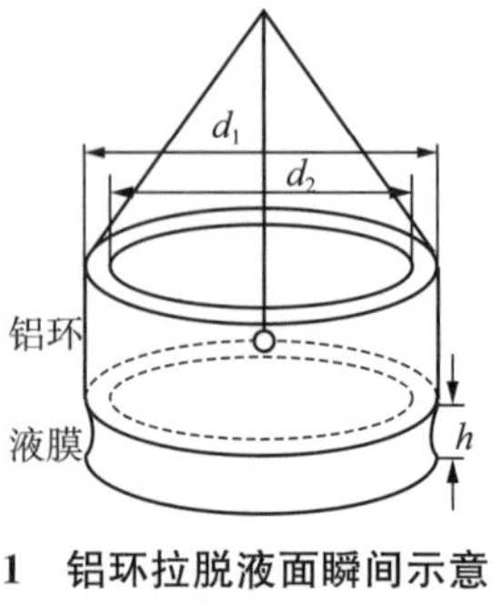

图 1　铝环拉脱液面瞬间示意图

内外两层膜所受表面张力 $f=\alpha(d_1+d_2)\pi$，故拉力为

$$F=f+Mg \tag{1}$$

公式(1)中，Mg 为铝环自重，f 为被测液体表面张力，F 为拉力。将 $f=\alpha(d_1+d_2)\pi$ 代入上式得

$$F=\alpha(d_1+d_2)\pi+Mg \tag{2}$$

将公式(2)进行变换获得被测液体的表面张力系数 α 的表达式为

$$\alpha=\frac{F-Mg}{\pi(d_1+d_2)} \tag{3}$$

因此，只要测定出拉力 F、铝环自重 Mg、铝环外径 d_1 和内径 d_2 即可获得 α。

二、液体黏滞系数测定

黏滞力是流体受到剪切或拉伸应力变形所产生的阻力，是黏性液体内部的流动阻力。黏滞力主要来自分子间相互的吸引力。剪切黏度指两个板块之间流体的层流剪切。流体和移动边界之间的摩擦导致了流体剪切，使用流体黏度描述该行为的强度。在如图2所示的一般的平行流动中，单位截面剪切应力 τ 正比于速度 v 梯度：

$$\tau=-\eta\frac{\mathrm{d}v}{\mathrm{d}r} \tag{4}$$

公式(4)中，η 即为黏度(黏滞系数)。

公式(4)假设流动是沿着平行线的层流状态，并且垂直于流动方向的 r 轴指向最大剪切速度。满足剪切应力-速度梯度线性关系方程的流体被称作"牛顿流体"。

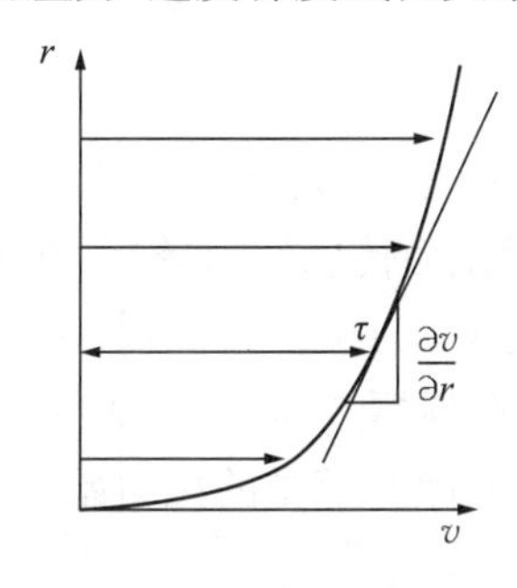

图2　剪切黏度的示意图

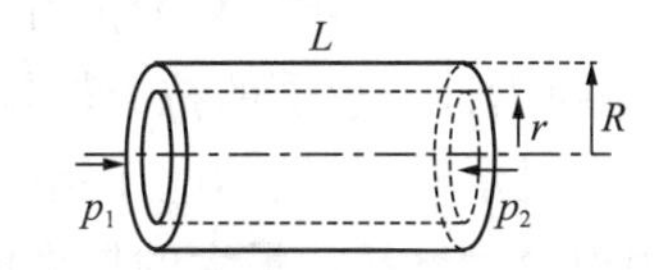

图3　圆管内处于层流的流体

在图3所示的圆管内处于层流状态的牛顿流体，因液体的黏滞作用，在管壁处流体的流速为0，在管心处流速最大，在距管心 r 位置处的流速设为 v。如果管长为 L，圆管半径为 R，圆管两端压强为 p_1 和 p_2，在半径为 r 的圆筒面处的内外流体的切向应力表达式为

$$F=-2\pi rL\eta\frac{\mathrm{d}v}{\mathrm{d}r} \tag{5}$$

该切向应力由圆管两端流体的压力差提供，即

$$F=\pi r^2\left(p_1-p_2\right) \tag{6}$$

将公式(6)代入(5)，解微分方程可得距管心 r 位置处的流速为

$$v=\frac{p_1-p_2}{4\eta L}\left(R^2-r^2\right) \tag{7}$$

则在单位时间内流体通过管子的流量为

$$Q=\int_0^R 2\pi rv\mathrm{d}r=\frac{\pi(p_1-p_2)R^4}{8\eta L} \tag{8}$$

公式(8)称为泊肃叶公式，由法国生理学家泊肃叶在研究血管内的血液流动时首次提出。

图 4 是实验装置示意图，在大气压下的圆桶容器下端接一个毛细管，液体由毛细管中流出，圆筒中液体水位下降足够慢(准静态过程)，使毛细管中水流保持层流状态，此时毛细管两端的压强差即为 $p_1-p_2=\rho gy$，此时射出的水流应呈抛物线状且平稳，则有：

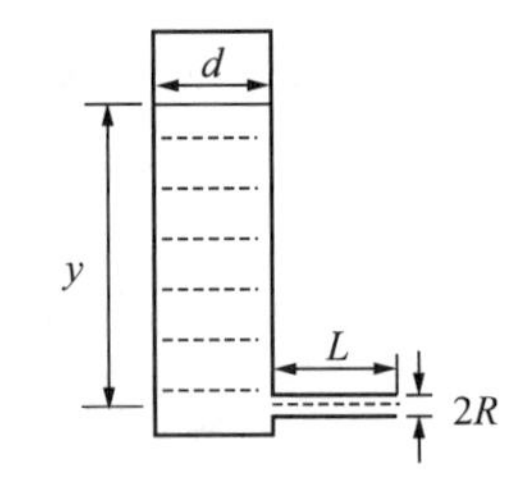

图 4　实验装置示意图

$$Q=\frac{\pi\rho gyR^4}{8\eta L}=-\frac{\mathrm{d}V}{\mathrm{d}t}=-\frac{\pi d^2}{4}\frac{\mathrm{d}y}{\mathrm{d}t} \tag{9}$$

其中 V 是容器中流体的体积。求解公式(9)可以得到：

$$\ln y=\ln y_0-\frac{\rho gR^4}{2\eta Ld^2}t \tag{10}$$

令 $k=\frac{\rho gR^4}{2\eta Ld^2}$，则公式(10)可简化为：

$$\ln y=\ln y_0-kt \tag{11}$$

在公式(11)中，$\ln y$ 与时间 t 呈线性关系，其斜率 k 与黏滞系数 η 相关。

$$\eta=\frac{\rho gR^4}{2kLd^2} \tag{12}$$

【实验仪器】

本实验用到的液体表面张力和黏滞系数测试仪(型号：LB-TVC)，具有如下特点：

1. 由于液体表面张力很小，实验使用高灵敏度微拉力传感器，其输出电压值与拉力大小近似线性关系：$G_x=KU_x$。其中，K 为拉力计灵敏度，G_x 为拉力，U_x 为拉力计输出电压。

测力模块将微拉力计上承受的拉力转换为电压在仪器上显示，拉力显示分为实时显示和峰值保持；在实时显示时，仪器的电压指示与微拉力计上承受的拉力始终保持同步；在峰值保持状态，测力模块最终显示最大的拉力值。

2. 计时模块有仪器自带精度为 0.1 s 的数显计时器，并能记录存储 15 组数据。按键式计时触发停止开关，方便实验数据记录和查阅。

3. 毛细管出水开关采用磁力堵头结构，打开、关闭操作方便且可靠。

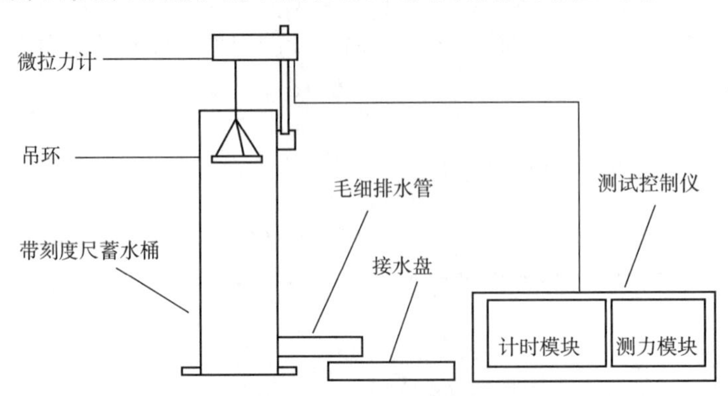

图 5　液体表面张力和黏滞系数测试装置示意图

4. 实验中的主要参数

O 型铝环外径 $d_1=35.0$ mm，内经 $d_2=33.0$ mm，高 8.0 mm；砝码 500 mg×7 个。

细管内径 $2R=1.0$ mm，长度 $L=150.0$ mm，在大圆筒上的高度 $y_0=50.0$ mm。

圆筒内径 $d=74.0$ mm，液相（超纯水）密度 $\rho=1.00$ g/cm^3，重力加速度 $g=9.8$ m/s^2。

【实验内容与步骤】

1. 液体表面张力系数测量实验

（1）底座水平调节，调节底座螺钉，通过底座水平仪观测。

（2）吊环水平调节，调节三个线长螺钉，用小水平仪观测。

（3）拉力传感器标定，使用 7 个 500 mg 标准砝码逐次增加，记录电压值 U_x。通过电压 U_x 和拉力 G_x 之间的线性关系，用逐差法处理数据获得灵敏度 K。

（4）调节拉力传感器高度，将吊环浸入水中。

（5）将开关扳至“峰值保持”，放水记录拉力峰值，每次记录完数据按“复位”。

（6）测量 5 次后，开关搬至“实时显示”记录带水铝环悬空状态时示数 U_0。

（7）计算液体表面张力系数。

2. 液体黏滞系数测量实验

（1）将实验主机下端排水口的挡盖取下，使蓄水筒内的水通过下端毛细管稳定排出，记录水位高度 y 与时间 t 的对应数据（水位 y 每下降 5.0 mm，按压“记录”按键记一次时间 t），共记录 9 组数据。最后按压“停止”按键，并按压“上下翻”按钮查看和记录每次的时间数据 t_i。

（2）计算 $-\ln y$，作 $-\ln y-t$ 图线。找到斜率 k，计算黏滞系数 η。

【注意事项】

1. 严禁用力拉扯 O 型环、拉力传感器，不触摸定标砝码。
2. 实验前需要调节底座的水平螺钉，保持圆筒垂直状态。
3. 耐心调节吊环水平螺钉配合水平仪，使其处于水平状态。
4. 定标砝码放置于托盘中央，用镊子轻拿轻放，逐个增减。
5. 把微拉力计旋离水桶上端，水桶盖上盖子，再进行定标操作。

【数据记录与处理】

1. 拉力计标定

表 1　拉力计灵敏度测算实验数据

序号	1	2	3	4	5	6	7	8
砝码质量 m(mg，每次递增 500 mg)	0	500	1 000	1 500	2 000	2 500	3 000	3 500
拉力计输出电压 U_n (mV)	（注意清零）							
灵敏度	$K=16mg\left(\sum_{i=5}^{8}U_i-\sum_{j=1}^{4}U_j\right)^{-1}=$ ________							

2. 水的表面张力系数测定(仪器处于峰值保持状态)

表 2　表面张力系数实验数据记录

铝环内径 33.0 mm,铝环外径 35.0 mm,U_0=______mV					
次数	1	2	3	4	5
U_0/U (mV)					
平均值 $\overline{U}_0/\overline{U}$(mV)					

此时,$F-Mg=K(\overline{U}-\overline{U}_0)$,由公式(3)得 $\alpha=\dfrac{K(\overline{U}-\overline{U}_0)}{\pi(d_1+d_2)}=$______N/m。

3. 测定水的黏滞系数

毛细管内径 $2R$:______mm,毛细管长度 L:______mm,毛细管在圆筒上的高度 $y_0=$______mm,

蓄水筒内径 d:______mm,待测液体种类:______。

表 3　流体法测量液体黏滞系数

序号	1	2	3	4	5	6	7	8	9
液面高度 y_i(cm)									
净高度 $y=y_i-y_0$ (cm)									
时间 t(s)									
$-\ln y$									

根据记录数据,在坐标纸上画出 $-\ln y-t$ 曲线,由曲线得到斜率 $k=$______;由斜率 k 计算出液体的黏滞系数 $\eta=$______。

【问题与讨论】

1. 测表面张力系数过程中,随着水位的下降,拉力示数呈现先增后减的趋势,请分析其原因。

2. 请分析实验过程中导致液体表面张力系数和黏滞系数测量误差的因素。

(陈秉岩　刘翠红　张　敏)

实验 3.3　霍尔效应及其应用

霍尔效应是置于磁场中的载流体，如果电流方向与磁场垂直，则在垂直于电流和磁场的方向会出现电势差的现象。这种现象是霍尔于 1879 年在研究载流导体在磁场中受力性质时发现的，后被称为霍尔效应。

在电流体中的霍尔效应是目前研究"磁流体发电"的理论基础。1980 年，德国科学家冯·克利青在低温和强磁场条件下研究二维电子气的输运特性过程中发现了量子霍尔效应，这是凝聚态物理领域最重要的发现之一。目前，量子霍尔效应正在进行深入研究，并取得了重要应用，例如用于确定电阻的自然基准，可以极为精确地测量光谱精细结构常数等。

研究人员曾经利用金属材料的霍尔效应制成测量磁场的传感器，但其霍尔效应太弱未获得推广应用。随着半导体材料和制造工艺的发展，因其霍尔效应显著而得到实用和发展。如今，霍尔效应不但是测定半导体材料电学参数的主要手段，而且随着电子技术的进展，利用该效应制成的半导体霍尔器件，由于结构简单、频率响应宽（高达 10 GHz）、寿命长、可靠性高等优点，已广泛用于非电量测定、自动控制和信息处理等方面。例如，在磁场、磁路等研究和应用中，霍尔效应及其元件是不可缺少的，利用它观测磁场具有直观、干扰小、灵敏度高、效果显著等特点。

【实验目的】

1. 掌握霍尔效应原理及霍尔元件有关参数的含义和作用。
2. 测绘霍尔元件的 V_H-I_S、V_H-I_M 曲线，了解霍尔电势 V_H 与工作电流 I_S、磁感应强度 B 及励磁电流 I_M 之间的关系。
3. 计算样品的载流子浓度以及迁移率。
4. 学习用"对称交换测量法"消除负效应产生的系统误差。

【实验原理】

一、基本原理

霍尔效应的本质是运动的带电粒子在磁场中受洛仑兹力的作用而引起的偏转。当带电粒子（电子或空穴）被约束在固体材料中，这种偏转就导致在垂直电流和磁场的方向上产生正负电荷在不同侧的聚积，从而形成附加的横向电场，如图 1 所示。

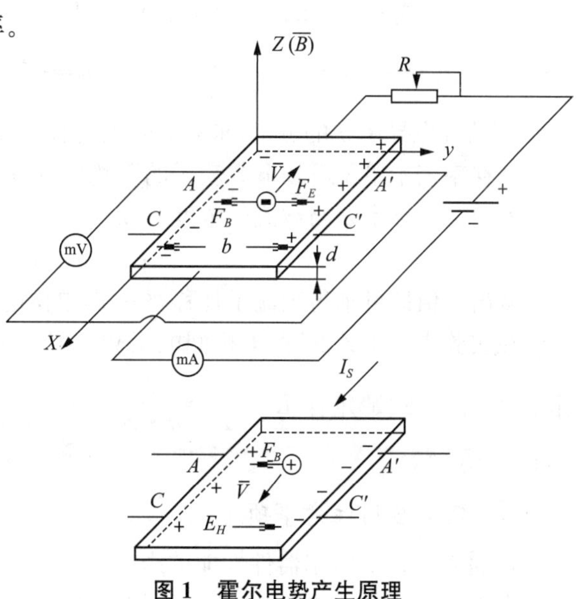

图 1　霍尔电势产生原理

若在 X 方向通以电流 I_S，在 Z 方向加磁场B，则在Y方向即样品的A、A'两侧就开始聚积异号电荷，从而产生相应的附加电场。电场的指向取决于试样的导电类型。显然，该电场是阻止载流子继续向侧面偏移，当载流子所受的横电场力eE_H与洛仑兹力$e\bar{v}B$相等时，样品两侧电荷的积累就达到平衡，即

$$eE_H = e\bar{v}B \tag{1}$$

式中：E_H称为霍尔电场；$\bar{v}$是载流子在电流方向上的平均漂移速度。

设试样的宽为b，厚度为d，载流子浓度为n，则

$$I = ne\bar{v}bd \tag{2}$$

由(1)、(2)两式可得：

$$V_H = E_H \cdot b = \frac{1}{ne} \cdot \frac{IsB}{d} = R_H \frac{IsB}{d} \tag{3}$$

即霍尔电压V_H(A与A'之间的电压)与$I_S \cdot B$乘积成正比，与试样厚度d成反比。比例系数$R_H = \frac{1}{ne}$称为霍尔系数，它是反映材料霍尔效应强弱的重要参数。当霍尔材料的厚度d确定时，定义霍尔元件的灵敏度[单位：mV/(mA·T)]为：

$$K_H = R_H/d = 1/(ned) \tag{4}$$

公式(4)中的K_H表示单位磁感应强度和单位控制电流下的霍尔电势大小，K_H越大越好。

只要测出$V_H(V)$，知道$I_S(A)$、$B(T)$和$d(m)$，便可按下式计算R_H($\mathrm{m^3/C}$)。

$$R_H = \frac{V_H \cdot d}{Is \cdot B} \tag{5}$$

根据R_H可进一步确定以下参数：

1. 由R_H的符号(或霍尔电压的正负)判断样品的导电类型。判断方法是按图1所示的I_S和B的方向，若测得的$V_H < 0$(即点A'的电位低于点A的电位)则R_H为负，样品属N型，反之是P型。

2. 由R_H或K_H可求得载流子浓度n，即

$$n = \frac{1}{R_H e} \tag{6}$$

3. 结合电导率σ的测量，求载流子的迁移率μ。

迁移率表示单位电场下载流子的平均漂移速度，它是反映半导体中载流子导电能力的重要参数。电导率σ与载流子浓度n以及迁移率μ之间有如下关系：

$$\sigma = ne\mu \tag{7}$$

测出σ值即可求得载流子迁移率μ，即单位电场下载流子的运动速度。

在实验中测出A、C两电极间电压$V_{AC}(V_\sigma)$。已知AC间长为L，样品截面积$S = bd$，工作电流I_S，由欧姆定律$R = \frac{V}{I} = \frac{l}{\sigma \cdot S}$得$\sigma = \frac{I_S l}{V_{AC} \cdot S}$($\Omega^{-1} \cdot \mathrm{m}^{-1}$)。其中，电子电量$e = 1.602 \times 10^{-19}$ C。

二、实际应用注意事项

1. 材料特性对霍尔器件性能的影响

由于金属的电子浓度n很高，根据公式(6)可知其R_H不大，因此金属不适宜作霍尔元

件。此外,元件厚度 d 越薄,K_H 越高,可以通过减小 d 增加灵敏度。但是也不能认为 d 越薄越好,由于材料的厚度 d 太小会导致其电阻增加,这对霍尔元件是不利的。

另外,N 型半导体的载流子为电子,P 型半导体的载流子为电子空穴,由于电子的迁移率通常大于电子空穴,因此通常采用 N 型半导体材料制作霍尔元件。

2. 磁感应强度夹角对霍尔器件性能的影响

当磁感应强度 B 和元件平面法线成一角度时(如图 2),作用在元件上的有效磁场是其法线方向上的分量 $B\cos\theta$,此时:

$$V_H = K_H I_S B\cos\theta$$

所以一般在使用时应调整元件两平面方位,使 V_H 达到最大,即 $\theta=0$ 时,有:

$$V_H = K_H I_S B\cos\theta = K_H I_S B \tag{8}$$

由式(8)可知,当工作电流 I_S 或磁感应强度 B,两者之一改变方向时,霍尔电势 V_H 方向随之改变;若两者方向同时改变,则霍尔电势 V_H 极性不变。

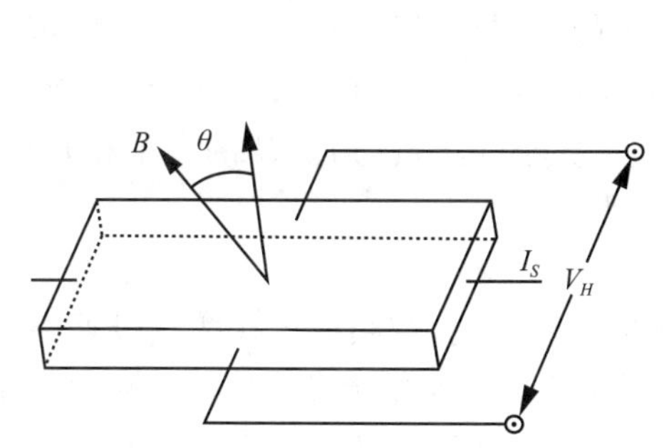

图2　磁感应强度 B 与 I_S 存在夹角

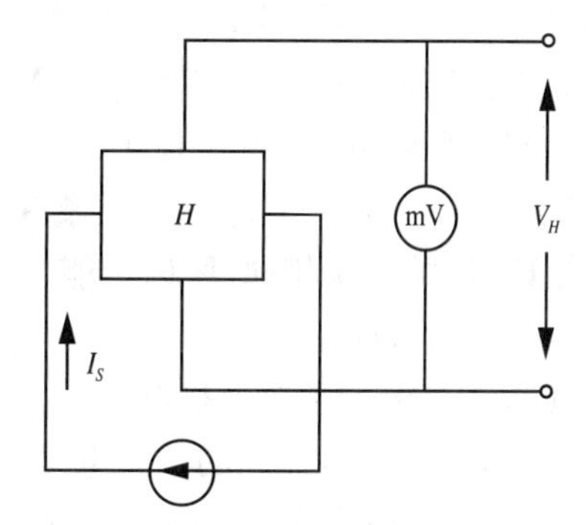

图3　霍尔器件测量磁场的原理

霍尔元件测量磁场的基本电路如图 3 所示,将霍尔元件置于待测磁场的相应位置,并使元件平面与磁感应强度 B 垂直,在其控制端输入恒定的工作电流 I_S,霍尔元件的霍尔电势输出端接毫伏表,测量霍尔电势 V_H 的值。对于交变磁场,霍尔器件的输出 V_H 为交流信号,此时需使用交流毫伏表或示波器测量 V_H。并利用霍尔灵敏度,计算出交变磁场的大小。

3. 实验系统误差及其消除

以上讨论的霍尔电压是在理想情况下产生的,实际上在产生霍尔效应的同时,还伴随着各种副效应,所以实验测到的 V_H 并不等于真实的霍尔电压值,而是包含着各种副效应所引起的附加电压。

(1) 不等位电势 V_0

两个测量霍尔电势的电极在制作时不可能绝对对称地焊在霍尔元件两侧[如图 4(a)]、霍尔元件电阻率不均匀、控制电流极的端面接触不良[如图 4(b)]都可能造成 A、B 两极不处在同一等位面上,此时虽未加磁场,但 A、B 间存在电势差 V_0,这种电势差称为不等位电势,$V_0=I_S R_0$,R_0 是两等位面间的电阻。由此可见,在 R_0 确定的情况下,V_0 与 I_S 的大小成正比,且其正负随 I_S 的方向而改变,但其大小与磁场 B 的方向无关。实际操作中,通过改变 I_S 的方向而改变消除不等位电势 V_0。

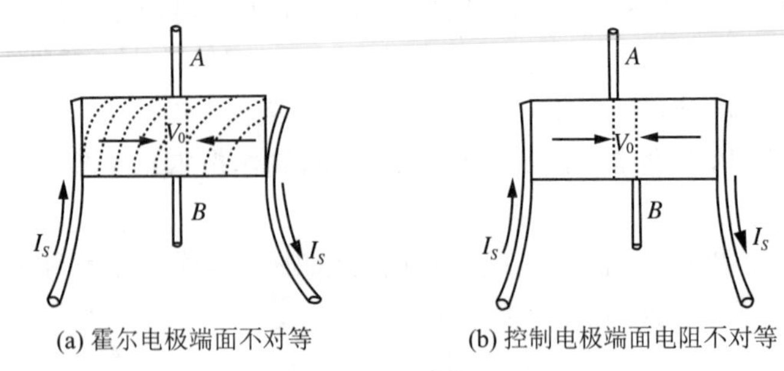

(a) 霍尔电极端面不对等　　(b) 控制电极端面电阻不对等

图 4　霍尔器件不等电位产生原理

(2) 爱廷豪森效应

当元件通以 X 轴方向的工作电流 I_S，Z 轴方向加磁场 B 时，由于霍尔片内的载流子速度服从统计分布，有快有慢。在到达动态平衡时，在磁场的作用下慢速快速的载流子将在洛仑兹力和霍尔电场的共同作用下，沿 Y 轴分别向相反的两侧偏转，这些载流子的动能将转化为热能，使两侧的温升不同，因而造成 Y 轴方向上的两侧有温差（T_A-T_B）。因为霍尔电极和元件两者材料不同，电极和元件之间形成温差电偶，这一温差在 A、B 间产生温差电动势 V_E，且 $V_E \propto I_S B$。这一效应称爱廷豪森效应，V_E 的大小和正负与 I_S、B 的大小和方向有关，和 V_H 与 I_S、B 的关系相同，所以不能在测量中消除 V_E。

(3) 伦斯脱效应

由于控制电流的两个电极与霍尔元件的接触电阻不同，控制电流在两电极处将产生不同的焦耳热，引起两电极间的温差电动势，此电动势又产生热电流 I_Q，热电流在磁场作用下将发生偏转，结果在 Y 轴方向上产生附加的电势差 V_N，且 $V_N \propto I_Q B$。这一效应称为伦斯脱效应，由 $V_N \propto I_Q B$ 可知 V_N 的符号只与 B 的方向有关，与 I_S 的方向无关，因此可以通过改变 B 的方向予以消除 V_N。

(4) 里纪-杜勒克效应

根据伦斯脱效应，霍尔元件在 X 轴方向有温度梯度，引起载流子沿梯度方向扩散而有热电流 I_Q 通过元件，在此过程中载流子受 Z 轴方向的磁场 B 作用，在 Y 轴方向引起类似爱廷豪森效应的温差 T_A-T_B，产生电势差 $V_{RL} \propto I_Q B$，其正负与 B 的方向有关，与 I_S 的方向无关，因此也可以通过改变 B 的方向予以消除 V_{RL}。

为了减少和消除以上效应的附加电势差，利用这些附加电势差与霍尔元件工作电流 I_S、磁场 B（即相应的励磁电流 I_M）的关系，采用对称（交换）测量法进行测量。

当 $+I_S$，$+I_M$ 时　　$V_{AB1}=+V_H+V_0+V_E+V_N+V_R$

当 $+I_S$，$-I_M$ 时　　$V_{AB2}=-V_H+V_0-V_E+V_N+V_R$

当 $-I_S$，$-I_M$ 时　　$V_{AB3}=+V_H-V_0+V_E-V_N-V_R$

当 $-I_S$，$+I_M$ 时　　$V_{AB4}=-V_H-V_0-V_E-V_N-V_R$

对以上四式作如下运算则得：

$$\frac{1}{4}(V_{AB1}-V_{AB2}+V_{AB3}-V_{AB4})=V_H+V_E$$

可见，除爱廷豪森效应以外的其他副效应产生的电势差会全部消除，因爱廷豪森效应所产生的电势差 V_E 的符号和霍尔电势 V_H 的符号，与 I_S 及 B 的方向关系相同，故无法消除

V_E，但在非大电流、非强磁场下，$V_H \gg V_E$，因而 V_E 可以忽略不计，由此可得：

$$V_H \approx V_H + V_E = \frac{V_1 - V_2 + V_3 - V_4}{4} \tag{9}$$

【实验仪器】

实验仪器由实验仪和测试仪两部分组成，实验仪如图 5 所示。

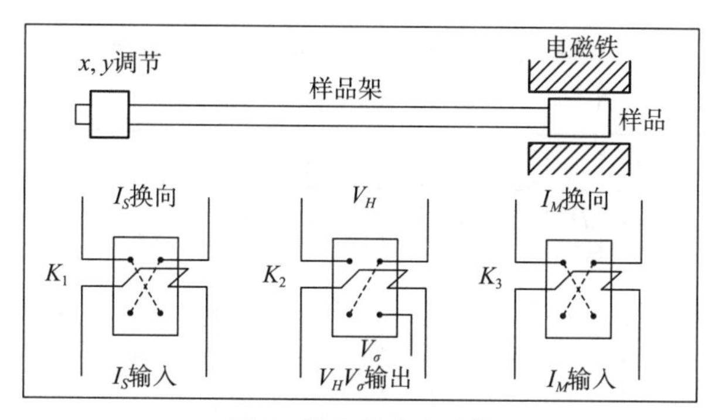

图 5　霍尔效应实验仪

(1) 电磁铁：规格大小不等，比如 3 000 GS/A。电磁铁漆包线圈顶面以箭头方向标明了励磁电流 I_M 的正向，根据励磁电流 I_M 的方向和大小可确定磁感应强度 B 的方向和大小（1 T＝1×10^4 GS）。

(2) 样品和样品架：样品为半导体硅单晶片，固定在样品架一端（不可用手触摸）。其几何尺寸为宽度 $b=4.0$ mm，厚度 $d=0.32$ mm，A、C 两电极的间距 $L=4.0$ mm。

(3) 三个双刀开关：K_1、K_3 分别为 I_S 和 I_M 的换向开关；K_2 为 V_H、V_σ 测量选择开关，K_2 向上测量 V_H，K_2 向下可测量 V_{AC}（即 V_σ）。测试仪面板如图 6 所示。

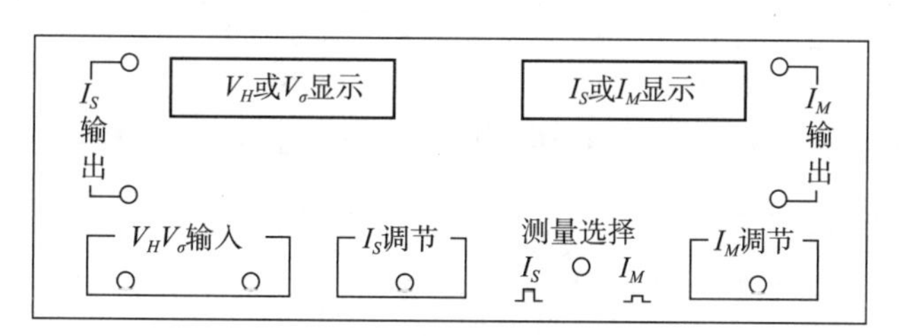

图 6　霍尔效应测试仪

(1) 0～1 A 的励磁电流源 I_M 和 0～10 mA 的样品工作电流源 I_S，两电流源彼此独立，均连续可调，且共用一只数字电流表来测量，由“测量选择”控制，按键测 I_M，放键测 I_S。

(2) 0～200 mV 数字电压表，用来测量 V_H 和 V_{AC}（V_σ）。从“V_H 或 V_{AC}（V_σ）输入”接数字电压表，其数值和极性由数字电压表显示。当电压表的数字前出现“－”号时，表示被测电压极性为负值。

【实验内容与步骤】

1. 测绘 V_H-I_S 曲线。保持 $I_M=0.500$ A 不变，按要求调节 I_S，分别测出不同 I_S 下的四

个 V_H 值，将数据记录在表 1 中。

2. 测绘 V_H-I_M 曲线。保持 $I_S=5.00$ mA 不变，测出不同 I_M 下四个 V_H 值，将数据记录在表 2 中。

3. 测 V_{AC}。取 $I_S=+0.10$ mA，在零磁场下（$I_M=0.000$ A）测 V_{AC}（即 V_σ）。

4. 计算霍尔系数、载流子浓度、电导率、迁移率。

5. 确定样品导电类型。选 I_S、I_M 为正向，根据所测得的 V_H 符号，判断样品的导电类型。

表 1　测量 V_H-I_S 曲线（$I_M=0.500$ A，电压单位：mV）

电磁铁规格 $H_B=$ ________ GS/A

I_S /mA	V_1	V_2	V_3	V_4	$V_H=\frac{\lvert V_1\rvert+\lvert V_2\rvert+\lvert V_3\rvert+\lvert V_4\rvert}{4}$
	$+I_S,+B$	$+I_S,-B$	$-I_S,-B$	$-I_S,+B$	
1.00					
1.50					
2.00					
2.50					
3.00					
3.50					
4.00					
4.50					

表 2　测量 V_H-I_M 曲线（$I_S=5.00$ mA，电压单位：mV）

I_M /A	V_1	V_2	V_3	V_4	$V_H=\frac{\lvert V_1\rvert+\lvert V_2\rvert+\lvert V_3\rvert+\lvert V_4\rvert}{4}$
	$+I_S,+B$	$+I_S,-B$	$-I_S,-B$	$-I_S,+B$	
0.100					
0.150					
0.200					
0.250					
0.300					
0.350					
0.400					
0.450					

在零磁场下（切断 S_3），取 $I_S=+0.10$ mA，测得 $V_{AC}=$ ________ mV= ________ V。

霍尔系数 $R_H=\frac{V_H\cdot d}{I_S\cdot B}=$ ________ m^3/C；

载流子浓度 $n=\frac{1}{R_H\cdot e}=$ ________ $1/m^3$；

电导率 $\sigma=\frac{I_S \cdot L}{V_{AC} \cdot S}=$ ________ $1/\Omega \cdot m$；

迁移率 $\mu=R_H \cdot \sigma=$ ________ $m^2/\Omega \cdot C$；

霍尔片导电类型：________________。

【注意事项】

1. 测试仪使用 220 V，50 Hz 的市电，电源线为单相三线，电源线插座和电源开关都在机箱背面，保险丝为 0.75 A，在电源插座内。

2. 测试仪面板上的“I_S输出”“I_M输出”和“V_H、V_σ输入”三对接线柱应分别与实验台上的三对相应的接线柱正确相连，不得接错（严禁将 I_M输入误接到 I_S输入或 V_H、V_σ输出端，否则将损坏霍尔片）。

3. 开机前，应将“I_S调节”和“I_M调节”旋钮逆时针方向旋到最小，然后接通测试仪电源，预热数分钟方可使用。

4. “I_S调节”和“I_M调节”分别用来控制样品工作电流和励磁电流的大小，旋钮顺时针方向转动，电流增大。细心操作，调节的精度分别可达 0.01 mA 和 0.01 A。I_S和 I_M的数值显示可通过“测量选择”按键开关来实现。按下开关时测量 I_M，弹起开关时测量 I_S。

5. 实验台上开关 K_1和 K_3分别用来选择工作电流 I_S、励磁电流 I_M的方向，向上为正，向下为负。为了消除各种副效应，实验时分别取$\pm I_S$与$\pm I_M$共四种组合，依次测得 V_1、V_2、V_3、V_4四个值，并计算$\overline{V}_H$。K_2用来选择测量电压 V_H或 $V_{AC}(V_\sigma)$。

6. 实验结束，将“I_S调节”和“I_M调节”调到最小，然后切断电源，再将实验台上的 K_1、K_2、K_3竖立起来。

【问题与讨论】

1. 阐述 P 型和 N 型半导体材料的霍尔效应差异，并指出哪种半导体材料适合制作霍尔器件。

2. 简要阐述霍尔传感器的应用领域及其承担的功能或角色，举出 2 个以上例子进行说明。

（李成翠　陈秉岩）

实验 3.4　密立根油滴仪测定电子电荷

美国物理学家密立根(R.A.Millikan)于 1909—1917 年开展了微小油滴所带电荷的测量工作,即所谓油滴实验,在全世界久负盛名,堪称实验物理的典范。他精确地测定了电子电荷的值,直接证实了电荷的不连续性。由于这个实验的原理清晰易懂,设备和方法简单、直观而有效,在物理发展史上具有重要的意义。

密立根由于测定电子电荷和借助光电效应测普朗克常数等成就,荣获 1923 年诺贝尔物理学奖。本实验采用显微镜、电荷耦合器件(charge coupled devices: CCD)和液晶显示,对实验加以改进,制成电视显微密立根油滴仪,从监视器上观察油滴,视野宽广,图像鲜明,观测省力,易于和微机接口。

【实验目的】

1. 通过对带电油滴在重力场和静电场中运动的测量,验证电荷的不连续性,并测定电子的电荷值。

2. 通过对仪器的调整、油滴的选择、耐心地跟踪和测量以及数据的处理等,培养学生严肃认真和一丝不苟的科学方法和态度。

【实验原理】

一、基本原理

用喷雾器将雾状油滴喷入两块相距为 d 的水平放置的平行极板之间。如果在平行极板上加电压 U,则板间场强为 U/d。由于摩擦,油滴在喷射时一般都是带电的。调节电压 U,可使作用在油滴上的电场力与重力平衡,油滴静止在空中,如图 1 所示,此时

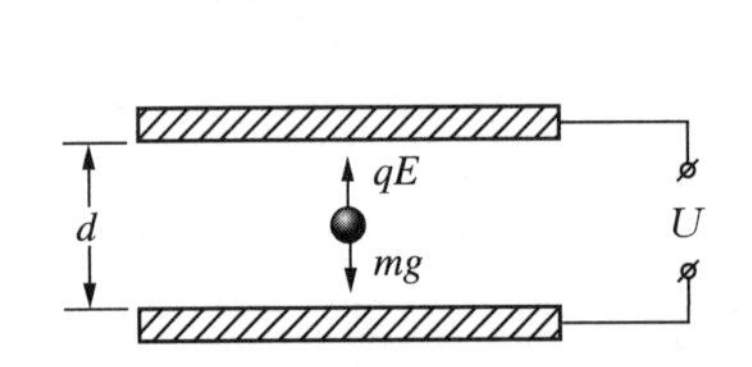

图 1　带电油滴电场力与重力平衡图

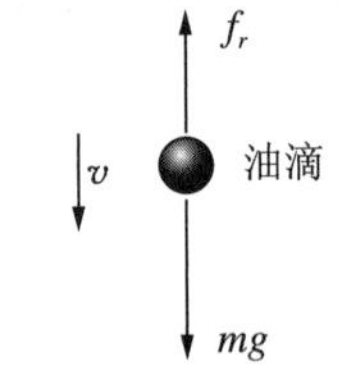

图 2　油滴下落阻力与重力作用图

$$mg=q\cdot\frac{U}{d}\tag{1}$$

要从上式测出油滴所带电量 q,还必须测出油滴质量 m。

二、油滴质量的测定

当平行极板未加电压时,油滴受重力作用而加速下落,但由于空气的黏滞阻力与油滴速度成正比(根据斯托克斯定律),达到某一速度时,阻力与重力平衡,油滴将匀速下降,如图 2 所示。此时

$$mg=f_r=6\pi a\eta v \tag{2}$$

公式(2)中：η 为空气黏滞系数；a 为油滴半径；v 为油滴下降速度。油滴密度为 ρ，则

$$m=\frac{4}{3}\pi a^3\rho \tag{3}$$

由(2)、(3)两式得

$$a=\sqrt{\frac{9\eta v}{2\rho g}} \tag{4}$$

在本实验中，油滴半径 $a\approx 10^{-6}$ m，对于这样小的油滴，已不能将空气看作连续介质，斯托克斯定律是以连续介质为前提的。因此，空气黏滞系数应做如下修正：

$$\eta'=\frac{\eta}{1+\dfrac{b}{pa}}$$

b 为常数：$b=6.17\times 10^{-6}$ m・cm(Hg)，p 为大气压强，用 η' 代 η 得到

$$a=\sqrt{\frac{9\eta v}{2\rho g}\cdot\frac{1}{1+\dfrac{b}{pa}}} \tag{5}$$

公式(5)中的 a 处于修正项中，可用(4)式代入计算，将式(5)代入式(3)得到

$$m=\frac{4}{3}\pi\left[\frac{9\eta v}{2\rho g}\cdot\frac{1}{1+\dfrac{b}{pa}}\right]^{\frac{3}{2}}\cdot\rho \tag{6}$$

三、均匀速度 v 的测定

如果在时间 t 内，油滴匀速下降距离为 L，则油滴匀速下降的速度 v 可求得

$$v=L/t \tag{7}$$

四、计算公式

将(7)式代入(6)式，再代入(1)式得到

$$q=\frac{18\pi}{\sqrt{2\rho g}}\left[\frac{\eta L}{t\left(1+\dfrac{b}{pa}\right)}\right]^{\frac{3}{2}}\cdot\frac{d}{U} \tag{8}$$

公式(4)、(8) 中 ρ、η 都是温度的函数。g、p 随时间、地点的不同而变化。但在一般的要求下，我们取

$\rho=1\ 000$ kg・m^{-3}　$g=9.80$ m・s^{-2}　$b=6.17\times 10^{-6}$ m・cm(Hg)

$\eta=1.83\times 10^{-5}$ kg・m^{-1}・s^{-1}　$p=76.0$ cm(Hg)　$d=5.00\times 10^{-3}$ m

$L=1.00\times 10^{-3}$ m(对应屏幕上垂直方向的 4 个整数格)

把以上参数代入(8)式得到

$$q=\frac{5.05\times 10^{-15}}{\left[t\left(1+0.030\ 0\sqrt{t}\right)\right]^{\frac{3}{2}}\cdot U}\quad(\text{库仑}) \tag{9}$$

因此，实验中实际测量的只有两个量：

1. 使带电的油滴在电场中平衡静止时，加在平行极板上的平衡电压 U。

2. 撤去电场后，此油滴在重力和空气阻力共同作用下，匀速下降 $L=1.00\ \text{mm}$（由于显微镜成倒像，油滴在分划板自下而上匀速经过 4 格）所用的时间 t。

把测得的 U、t 代入(9)式就可以求得油滴上所带的电量 q，对于不同的油滴，测得的电荷量不是连续变化的，而是基本电荷量 e 的整数倍。我们测量的油滴不够多，可以用 e 去除 q，看 q/e 是否接近整数 n，再用 n 去除 q，得到我们测出的电子电量 e。

【实验仪器】

电视显微油滴仪由油滴盒、CCD 电视显微镜、电路箱和监视器组成。

用 CCD 摄像机成像，将油滴在监视器屏幕上显示。视野宽广，观测省力，免除眼睛疲劳，这是油滴仪的重大改进。电视显微油滴仪构成示意图如图 3 所示。

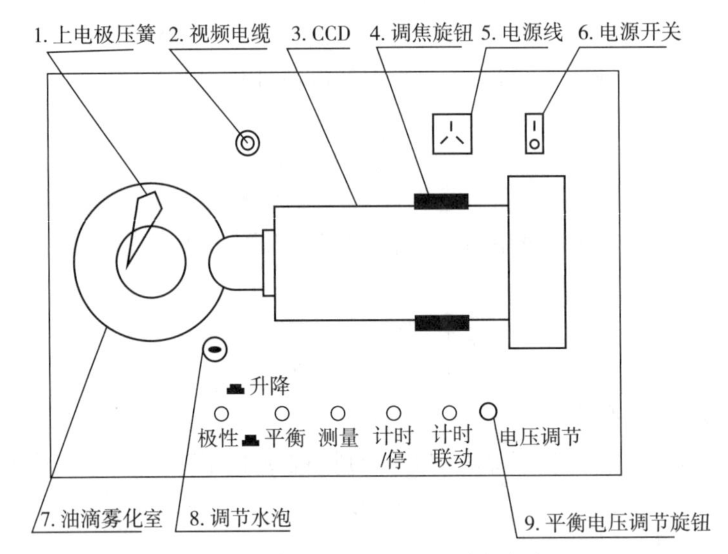

图 3　MOD－5C 型密立根油滴仪示意图

一、油滴盒

如图 4 所示，中间是两个圆形平行极板，间距为 d，放在有机玻璃防风罩中。

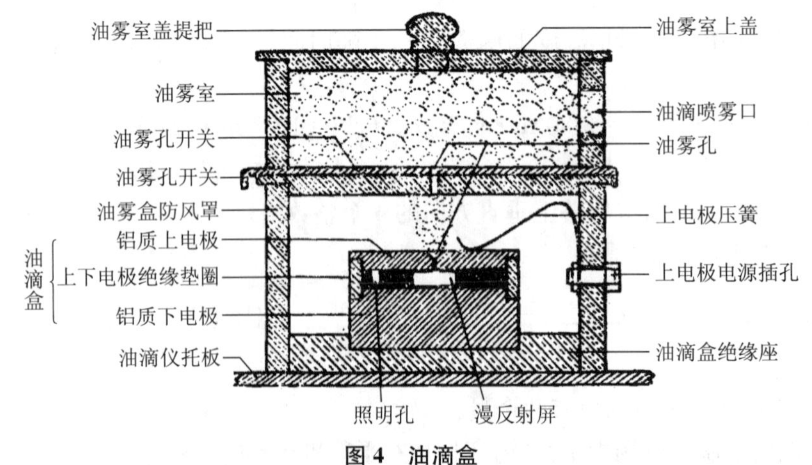

图 4　油滴盒

上电极板中心有一个直径0.40 mm的小孔，油滴经油雾孔落入小孔，进入上下电极板之间，由聚光电珠照明。防风罩前装有测微显微镜。

二、电源部分

提供下列四种电源：

1. 500 V直流平衡电压。接平行极板，使两极间产生电场。该电压可连续调节，电压值从数字电压表上读出，并受工作电压选择开关控制。开关分三挡，“平衡”挡（按钮弹起）提供极板以平衡电压；“测量”挡除去平衡电压，使油滴自由下落；“升降”挡（按钮按下）是在平衡电压上叠加了一个200 V左右的提升电压，将油滴从视场的下端提升上来，作下次测量。

2. 200 V左右的提升电压。

3. 5 V的数字电压表，数字计时器，发光二极管等的电源电压。

4. 12 V的CCD电源电压。

三、CCD成像系统

CCD(Charge Coupler Device，电荷耦合器件)是固体图像传感器的核心器件。由它制成的摄像机，可把光学图像变为视频电信号，由视频电缆接到监视器上显示，或接录像机或接计算机进行处理。本实验使用灵敏度和分辨率甚高的黑白CCD摄像机，用高分辨率的黑白监视器，将显微镜观察到的油滴运动图像，清晰逼真地显示在屏幕上，以便观察和测量。

四、喉头喷雾器

结构如图5。手握气囊骤然挤压，气嘴便有高速气流喷出，气流侧向压强较小，迫使毛细管中的油液面上升并随气流射出，分散为细小的油滴，油滴因摩擦而携带了少量的正电荷或负电荷。本实验使用钟表油，喷雾器储油不可过多，使用或放置均要保持直立状态，不可倾斜或倒立。向油滴盒喷雾时挤压1～2次即可，并用纸片对准雾化室喷雾口轻轻扇动，即可在监视器上观察到油滴。细心调节焦距，保证油滴清晰。确认油滴不理想时再行补喷，切忌无休止挤压呈打气筒状。喷口部件是玻璃器皿，要留心保护；胶质气囊不耐油浸，小心勿使沾染油污。

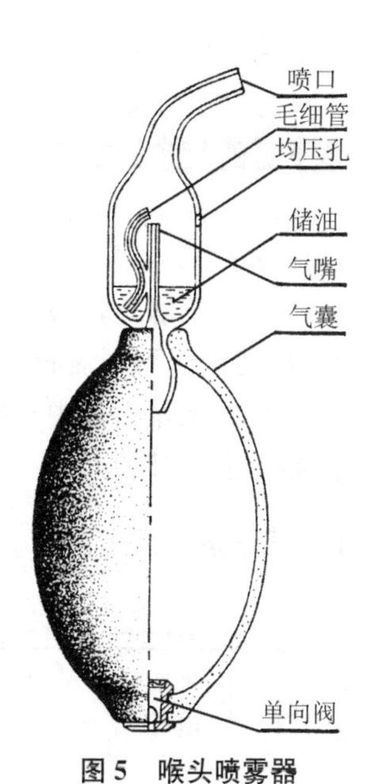

图5 喉头喷雾器

【实验内容与步骤】

一、仪器调节

将仪器放平稳，调节仪器底部左右两只调平螺丝，使水准泡指示水平，这时平行极板处于水平位置。预热10分钟，利用预热时间从测量显微镜中观察。

将油从油雾室旁的喷雾口（喷一次即可）喷出，微调测量显微镜的调焦旋钮，这时视场中即出现大量清晰的油滴，如夜空繁星。

对MOD-5C型与CCD一体化的屏显油滴仪，则从监视器荧光屏上观察油滴的运动。

如油滴斜向运动，则可转动显微镜上的圆形 CCD，使油滴做垂直方向运动。

注意：调整仪器时，如要打开有机玻璃油雾室，应先将工作电压开关放在“测量”位置。

二、测量练习

1. 练习控制油滴：在屏幕中看到油滴后，关闭油雾孔开关，旋转平衡电压旋钮，将平衡电压调至 200 V 左右待用。“平衡”挡位按钮弹起，电压即加到平行极板上，油滴立即以各种速度上下运动。直到屏幕剩下几颗油滴时，选择一颗近于停止不动或运动非常缓慢的油滴，仔细调节平衡电压，使这一颗油滴静止不动。然后去掉平衡电压，让它自由下降。下降一段距离后再加“升降”电压，使油滴上升。如此反复多次练习，以掌握控制油滴的方法。

2. 练习选择油滴：本实验的关键是选择合适的油滴。太大的油滴必须带较多的电荷才能平衡，结果不易测准。太小会由于热扰动和布朗运动，涨落很大。通常可以选择平衡电压在 100～200 V 以上，在 10～25 s 时间内匀速下降 1.00 mm 的油滴，其大小和带电量都比较合适。

3. 练习测速度：任选几个不同速度的油滴，用停表测出下降 1～2 格所需时间。

三、正式测量

1. 选好一颗适合的油滴，加平衡电压使之基本不动，加升降电压，使油滴缓慢移动至屏幕下方的某条刻度线上，仔细调平衡电压，记下平衡电压。

2. 去掉平衡电压，油滴开始加速下落，下降 1～2 格后基本匀速，开始计时，取 $L=1.00$ mm(显示器分划板上的 4 格)，记下时间间隔 t。

3. 由于涨落，对每一颗油滴进行 6～10 次测量，而且每次测量都要重新调整平衡电压。另外，要选择不同油滴(不少于 5 个)进行反复测量。

4. 在测量过程中，油滴可能前后移动，油滴亮度变暗甚至模糊不清，应当微调对焦旋钮使油滴重新对焦。

【数据记录与处理】

表 1 实验数据纪录表格

油滴编号	平衡电压(V)	油滴匀速下落(或上升 1.00 mm)的时间(s)						油滴所带电量(C) $q=\dfrac{5.05\times10^{-15}}{\left[t(1+0.030\,0\sqrt{t})\right]^{3/2}U}$
		t_1	t_2	t_3	t_4	t_5	$\bar{t}$	
1								
2								
3								
4								
5								
6								
7								

表 2　计算油滴上的电子数和电子电荷值

油滴序号	1	2	3	4	5	6	7
油滴电量 $q(\times 10^{-19}\text{C})$							
电子数 n							
电子电荷 $e(\times 10^{-19}\text{C})$							

由表 2 计算电子电荷的平均值及相对误差。

$\bar{e}=$______________；

$E=\dfrac{|\bar{e}-e_{标准}|}{e_{标准}}=$________________。

【问题与讨论】

1. 分析油滴下落太快或太慢将会导致哪些物理量的测量误差增大？
2. 请分析引起油滴在水平方向漂移的可能原因(1～2 条)。

（陈秉岩　张　林）

实验 3.5　半导体 PN 结正向压降温度特性及其应用

半导体器件是现代电子技术最重要也是最基本的组成部分，常用的半导体材料有：硅(Si)、锗(Ge)、砷化镓(GaAs)、碳化硅(SiC)等，PN 结的正向压降具有随着温度升高而降低的特性。20 世纪 60 年代初，人们开始探索 PN 结作为测温元件的应用，但是由于当时的 PN 结参数不稳定，始终未能进入实用阶段。随着研究和工艺水平的提高，PN 结温度传感器在 20 世纪 70 年代成为一种新的测温技术跻身于各个应用领域。

常用的温度传感器有热电偶、测温电阻器和热敏电阻等，这些温度传感器各有优缺点，如热电偶适用温度范围宽，但灵敏度低、线性差且需要参考温度；热敏电阻灵敏度高、热响应快、体积小，缺点是非线性；测温电阻器如铂电阻的精度高、线性度好，但灵敏度低且价格昂贵；PN 结温度传感器具有灵敏度高、线性好、热响应快、体积小等优点，但可测温度范围较窄。

目前，PN 结温度传感器主要以硅为材料，集成测温、恒流和放大等单元。1979 年，Motorola 公司生产的测温晶体管灵敏度达到 100 mV/℃、分辨率优于 0.1℃。但是硅材料 PN 结温度传感器在非线性不超过 0.5%的工作温度范围仅为－50～150℃，限制了实际应用。中国 1985 年研制成功以 SiC 为材料的 PN 结温度传感器，其高温区可延伸到 500℃，并荣获国际博览会金奖。常用的 PN 结温度传感器有 DS18B20、AD590、LM35、LM7X 等。DS18B20 可通过编程实现 9～12 bit 的精度，测温范围－55～125℃(±0.5℃)；AD590 的输出为模拟信号，测温范围－55～150℃(±0.3℃)；LM75 是 I^2C 接口的 12 bit 传感器，测温范围－55～125℃(±2℃)；LM74 是 SPI 接口的 12bit 传感器，测温范围－55～125℃(±1.5℃)。

PN 结除了作为温度传感器之外，还可以作为压力、磁场、光学等传感器。本实验将研究不同温度下的 PN 正向压降特性，并进一步研究应用 PN 结测量玻尔兹曼常数，估算材料的禁带宽度，以及 PN 结的反向饱和电流等，引导学生建立半导体物理学的基本概念和理论。

【实验目的】

1. 测量同一温度的 PN 结正向电压随正向电流的变化关系，绘制伏安特性曲线。
2. 测定不同温度的 PN 结正向电压，确定其灵敏度，估算 PN 结材料的禁带宽度。
3. 根据 PN 结的正向电压和电流特性参数，计算玻尔兹曼常数 k。

【实验原理】

一、PN 结正向电流和压降特性

PN 结是半导体器件的基本单元，采用不同的掺杂工艺，通过扩散作用，将空穴型(P 型)半导体与电子型(N 型)半导体制作在同一块半导体(通常是硅或锗)基片上，在它们的交界面形成的空间电荷区即为 PN 结，因内部势垒和电场作用，PN 结具有单向导电性，其结构如

图1所示；如果在半导体单晶上制备两个能相互影响的PN结，组成一个NPN(或PNP)结构，则形成半导体三极管，其结构如图2所示。三极管中间的P区(或N区)叫基极(b)，两边的区域叫发射极(e)和集电极(c)。两个PN结上加不同极性和大小的偏置电压，半导体三极管呈现不同的特性和功能。

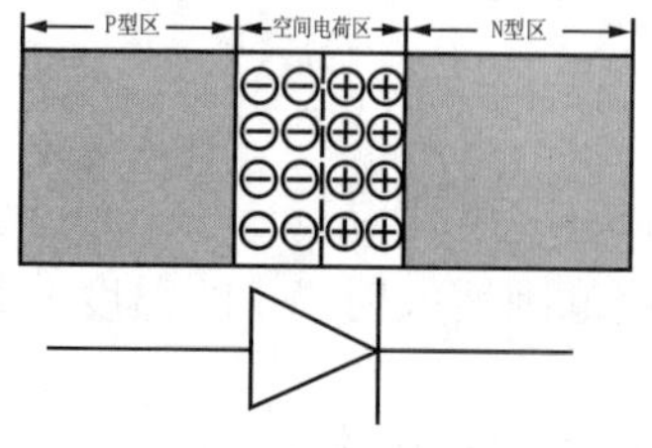

图1　半导体PN结内部结构

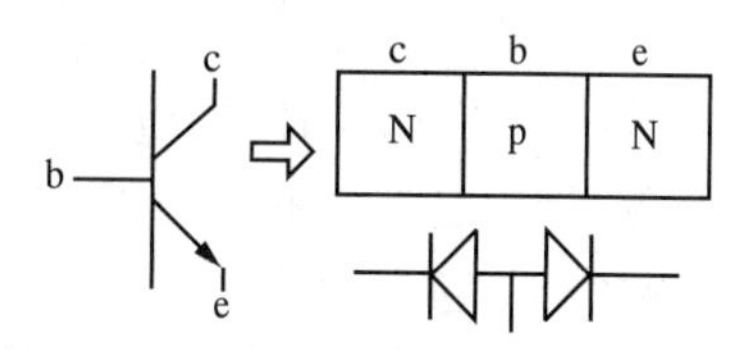

图2　晶体管NPN三极管结构

理想情况下，PN结的正向电流 I_F 和正向压降 V_F 存在如下的近似指数规律：

$$I_F=I_S\exp\left(\frac{qV_F}{kT}\right) \tag{1}$$

公式(1)中：q 为电子电荷(即 $e=1.602\times10^{-19}$ C)；k 为玻尔兹曼常数；T 为绝对温度；I_S 为反向饱和电流，它是与PN结材料的禁带宽度及温度有关的系数，可以证明：

$$I_S=CT^r\exp\left(-\frac{qV_{g(0)}}{kT}\right) \tag{2}$$

公式(2)中：C 是与结面积、掺质浓度等有关的常数，r 也是常数(取决于少数载流子迁移率对温度的关系，通常取 $r=3.4$)；$V_{g(0)}$ 为绝对零度时PN结材料的导带底和价带顶的电势差，对应的 $qV_{g(0)}$ 即为禁带宽度。

将公式(2)代入公式(1)，两边取对数可得：

$$V_F=V_{g(0)}-\left(\frac{k}{q}\ln\frac{C}{I_F}\right)T-\frac{kT}{q}\ln T^r=V_1+V_{n1} \tag{3}$$

公式(3)即为PN结正向压降作为电流和温度函数的表达式，它是PN结温度传感器的基本方程。其中，$V_1=V_{g(0)}-\left(\frac{k}{q}\ln\frac{C}{I_F}\right)T$，$V_{n1}=-\frac{kT}{q}\ln T^r$。如果 I_F 为常数，则 V_F 只随温度变化，但是公式(3)中还包含非线性顶 V_{n1}。下面分析 V_{n1} 项引起的非线性误差。

设温度由 T_1 变为 T 时，正向电压由 V_{F1} 变为 V_F，由(3)式可得

$$V_F=V_{g(0)}-(V_{g(0)}-V_{F1})\frac{T}{T_1}-\frac{kT}{q}\ln\left(\frac{T}{T_1}\right)^r \tag{4}$$

按理想的线性温度响应，V_F 应取如下形式：

$$V_{Th}=V_{F1}+\frac{\partial V_{F1}}{\partial T}(T-T_1) \tag{5}$$

公式(5)中的 $\frac{\partial V_{F1}}{\partial T}$ 等于 T_1 温度时的 $\frac{\partial V_F}{\partial T}$ 值。

将公式(3)对温度 T 求导可得

$$\frac{\partial V_{F1}}{\partial T}=-\frac{V_{g(0)}-V_{F1}}{T_1}-\frac{k}{q}r \tag{6}$$

所以

$$V_{Th}=V_{F1}+\left(-\frac{V_{g(0)}-V_{F1}}{T_1}-\frac{k}{q}r\right)(T-T_1)$$

$$=V_{g(0)}-(V_{g(0)}-V_{F1})\frac{T}{T_1}-\frac{k}{q}(T-T_1)r \tag{7}$$

由公式(7)和公式(4)相比较，可得实际响应对线性的理论偏差为：

$$\Delta=V_{Th}-V_F=-\frac{k}{q}(T-T_1)r+\frac{kT}{q}\ln\left(\frac{T}{T_1}\right)^r \tag{8}$$

设 $T_1=300$ K，$T=310$ K，取因子 $r=3.4$。由式(8)可得误差 $\Delta=0.048$ mV，相应的 V_F 改变量约为 20 mV，相比之下 Δ 很小。当温度变化范围增大时，V_F 的温度非线性误差会增加，其增加量主要由 r 决定。

综上所述，在恒定小电流的条件下，PN 结的 V_F 对 T 的依赖关系取决于线性项 V_1，即正向压降几乎随温度升高而线性下降，这也就是 PN 结测温的理论依据。

二、估算 PN 结温度传感器的灵敏度和禁带宽度

由前所述，可得到一个测量 PN 结的结电压 V_F 与热力学温度 T 关系的近似关系式：

$$V_F=V_1=V_{g(0)}-\left(\frac{k}{q}\ln\frac{C}{I_F}\right)T=V_{g(0)}+ST \tag{9}$$

公式(9)中，S 为 PN 结温度传感器灵敏度(mV/K)，T 为热力学温度(K)。用实验的方法测出 V_F-T 变化关系曲线，其斜率 $\Delta V_F/\Delta T$ 即为灵敏度 S。再根据公式(9)可知

$$V_{g(0)}=V_F-ST \tag{10}$$

从而可求出 $T=0$ K 时的近似禁带宽度 $E_{g(0)}=qV_{g(0)}$(硅材料的 $E_{g(0)}$ 约为1.21 eV)。

公式(10)是一个近似公式，而且实验使用的 PN 结是由硅材料进行掺杂等工艺制作而成的，所以实际禁带宽度并不严格等于本征硅半导体的 1.21 eV。并且，禁带宽度与温度也有一定的关系。作为近似，为检验实验结果，将 1.21 eV 作为真值，计算测量误差。

必须指出，上述结论仅适用于杂质全部电离，本征激发可以忽略的温度区间(对于通常的硅二极管，温度范围约−50～120℃)。如果温度低于或高于上述范围时，由于杂质电离因子减小或本征载流子迅速增加，V_F-T 关系将产生新的非线性。也就是说，V_F-T 的特性还随 PN 结的材料而异，对于宽带材料(如 GaAs)的 PN 结，高温端的线性区较宽；材料杂质电离能较小的 PN 结(如 InSb)，低温端线性范围较宽。对于给定的 PN 结，即使在杂质导电和非本征激发温度范围内，其线性度亦随温度的高低而有所不同，这是非线性项 V_{n1} 引起的，由 V_{n1} 对 T 的二阶导数 $\frac{d^2V_{n1}}{dT^2}=\frac{1}{T}$ 可知，$\frac{dV_{n1}}{dT}$ 的变化与 T 成反比，所以 V_F-T 的线性度在高温端优于低温端，这是 PN 结温度传感器的普遍规律。此外，由公式(3)可知，减小 I_F，可以改善线性度，但并不能从根本上解决非线性问题，目前行之有效的方法大致有两种：

1. 采用对管的 PN 结获得线性函数。利用图 2 所示的三极管的两个 PN 结，将基极 b 与集电极 c 短路，与发射极 e 组成一个 PN 结，如图 3 所示。分别在不同电流 I_{F1}、I_{F2} 下工作，由此获得 PN 结正向压降之差($V_{F1}-V_{F2}$)与温度构成线性函数，即

$$V_{F1}-V_{F2}=\frac{kT}{q}\ln\frac{I_{F1}}{I_{F2}} \tag{11}$$

本实验所用的 PN 结也是由三极管的 c、b 极短路后构成的。尽管还有一定的误差，但

与单个PN结相比其线性度与准确度均有所提高。

2. 采用电流函数发生器消除非线性误差。由式(3)式可知,非线性误差来自T^r项,如果利用函数发生器产生I_F比例于绝T^r的电流,则V_F-T的线性理论误差为$\Delta=0$,这种方法设计的温度传感器精度可达到0.01℃。该方法由Okira Ohte等人提出,是一种线性度更高的处理方法(本实验未使用该技术)。

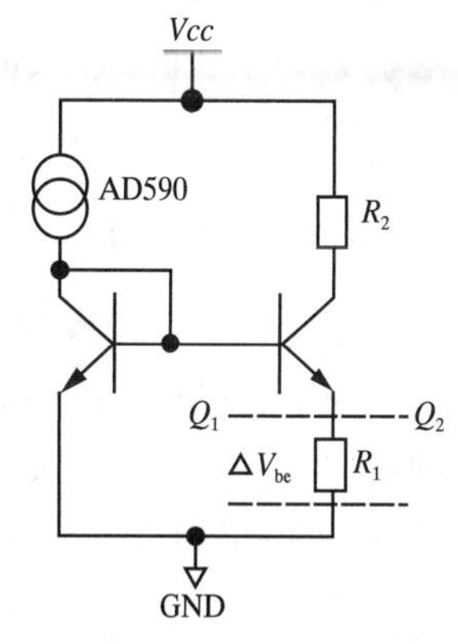

图3 测温单元及PN结连接
(AD590向Q_1和Q_2对应的PN结提供恒流,同时承担测温功能)

三、求波尔兹曼常数

根据公式(11)可知,保持T不变的情况下,在不同的电流I_{F1}、I_{F2}下测得相应的V_{F1}、V_{F2},就可求得波尔兹曼常数k。

实验过程中,为避免温控器引入温度漂移,通常在未开始加温的室温状态下开始实验数据测试。另外,为了提高波尔兹曼常数k的测量准确度,根据式(1)的近似指数函数,可以采用曲线回归法(最小二乘法)处理测量数据。其基本过程是以测得的PN结正向电流I_F和正向压降V_F为变量,先假设实验数据遵循指数函数$I_F=A\exp(BV_F)$,利用最小二乘法求出常数A和B;再根据公式$B=q/kT$计算波尔兹曼常数k。

【实验仪器】

本实验采用ZC1606型PN结温度特性研究实验仪,仪器各组成部分介绍如下:

1. 微电流源:设有4个量程,通过波段开关切换,分别是×1、×10、×10^2、×10^3,数字表显示最大为1 999,单位为nA,开路电压约5 V。红色为正,黑色为负。

2. PN结及测量电路:被测PN结使用三线式引出,红线为电流正端,黑为电流负端,绿为电压正端。

3. 隔离器:在小电流测量PN结的正向电压时,容易忽略的一个问题是,这时PN结等效内阻非常大。例如:10 nA时的PN结正向压降约为350 mV,此时等效阻抗高达35 MΩ,普通电压表内阻只有10 MΩ,无法测准。解决的办法是增加一个高阻抗(1 000 MΩ以上)的隔离器(电压跟随器),从而减小测量误差。

4. 数字电压表:高性能的4位半数字电压表,带有调零电位器。调零时,应在输入短路状态或较小阻抗下进行,如将PN结的红、黑两线短路,绿、蓝连线正常接入,或者用短路线将红黑两端或者绿蓝两端短接。

5. 加热电流:仪器采用恒流加热方式提高控温性能,可调电流范围0～1.2 A,最大电压约18 V,以满足不同的加热和温度稳定性。输出电流可通过开关切断和接通,以方便需要时快速切断加热电流。

6. 温度控制器:使用PID控温,继电器控制输出电流。仪器面板上的四个按键对应于温控器面板上的四个设置按钮,一般使用仪器面板上的按键即可,以提高温控器使用寿命。短按“设置”键,可进入温度调节程序,通过“移位”键和“上调”“下调”键,可很快实现目标温度的调节。注意仪器最高允许温度为80℃。长按“设置”键,可进入温控器的参数控制菜单。

7. 加热装置:加热装置的内部是一个由电加热器加热的黄铜块,黄铜块上均匀分布有4

个测量孔。实验时，PN 结传感器通过四氟乙烯盖对准插入到黄铜块的其中一个孔中即可。由于 PN 结传感器插入黄铜块时，会不可避免地产生温度差，所以在严格实验时，应添加导热硅脂，以减小温度差。

【实验内容与步骤】

1. 测量同一温度的正向电压随正向电流的变化关系，绘制伏安特性曲线。

为了获得较为准确的测量结果，先以室温为基准，测 PN 结正向伏安特性实验的数据，确保 PN 结传感器在实验过程中不受额外热源的影响。如果前组实验完成后未来得及完全降温，可以单独将 PN 结取出降至室温，再记录室温也可进行本项实验。

首先将实验仪电流量程置于×1 挡，再调整电流调节旋钮，观察对应的 V_F 值应有变化的读数，将开关切换到×10、$\times10^2$、$\times10^3$ 挡，记录相应的正向电压值。改变电流值并记录电压值，注意电流的取值间隔要合适，避免电压值变化太小。每个量程建议取 10 个数据点，填入表 1。

表 1　同一温度下正向电压与正向电流的关系　　$T=$______℃

序号	1	2	3	4	5	6	7	8	9
I_F/nA	10	20	30	40	50	60	70	80	90
V_F/V									
序号	10	11	12	13	14	15	16	17	18
I_F/10 nA	10	20	30	40	50	60	70	80	90
V_F/V									
序号	19	20	21	22	23	24	25	26	27
$I_F/10^2$ nA	10	20	30	40	50	60	70	80	90
V_F/V									
序号	28	29	30	31	32	33	34	35	36
$I_F/10^3$ nA	10	20	30	40	50	60	70	80	90
V_F/V									

电流量程换到其他量程，测量不同电流下的不同正向压降，记录数据。

2. 在同一恒定正向电流条件下，测绘 PN 结正向压降随温度的变化曲线，确定其灵敏度，估算被测 PN 结材料的禁带宽度。注意，硅 PN 结的测量温度不要超过 80℃，锗管建议 60℃以下；这里 T 是绝对温度，$T=273.15+t$(K)。

表 2　相同 I_F 的正向电压与温度的关系　　$I_F=$ 30 μA

序号	1	2	3	4	5	6	7	8	9	10
t/℃	30	35	40	45	50	55	60	65	70	75
T/K										
V_F/V										

调节正向电流 I_F 取 30 μA，在整个实验过程中保持不变。打开加热电流开关，使 PN 结自然升温，记录表中所给温度对应的电压值。作 V_F T 图，并计算被测 PN 结材料的禁带宽度。

【注意事项】

1. 半导体 PN 结传感器应与环境温度相同，距离前一次实验的冷却时间建议大于 2 小时以上。应置于不受太阳直射或其他热源辐射的环境中。

2. 先关闭加热电流开关，确保 PN 结在正式测试前处于未加热状态。再打开电源开关，温度控制器实验装置上将显示出室温，仪器通电预热 5 min 后进行实验。

3. 测量前先对 4 位半数字电压表调零。调零应在输入短路状态下进行，先将微电流源置于“开路”。按颜色接好 PN 结的引脚，红、黑两端接到仪器面板的 I_F 正、负极，绿端接到 PN 结测量电路的 V_F 正极，再用仪器配置的黑线连接 I_F 正极和 V_F 正极，红线连接 I_F 负极和 V_F 负极，短线将 PN 结的红、黑两线路，将隔离器的开关置于“通”挡，调节“调零”电位器使数字电压表显示为零。调零完成后去掉短路线即可进行后续实验。

4. 除仪器管理员外的一般使用者不要随意进入和修改仪器参数，以免发生错误设置导致温控表失常或损坏。

【数据处理】

1. 计算玻尔兹曼常数

在表 1 的 $\times 10^2$ nA、$\times 10^3$ nA 挡电流量程内，选 5 组数据，每组取两个不同的正向电流和对应的电压，用公式(11)计算玻尔兹曼常数 k，并取平均值得 $k=$_________。

2. 求被测 PN 结正向压降随温度变化的灵敏度 S(mV/K)

可以用表 2 的数据，根据公式(9)计算灵敏度 S。以 T 为横坐标，V_F 为纵坐标，作 V_F-T 曲线，其斜率就是 S。截距 $B=V_{g(0)}=$________V($T=0$ K)。

3. 估算被测 PN 结材料的禁带宽度

(1) 由前已知，PN 结正向压降随温度变化曲线的截距 B 就是 $V_{g(0)}$ 的值，将其换算成电子伏特的量纲：$E_{g(0)}=qV_{g(0)}$ 就是禁带宽度 $E_{g(0)}$。

(2) 将实验所得的 $E_{g(0)}=qV_{g(0)}=$________eV，与硅材料的公认值 $E_{g(0)}=1.21$ eV 比较，并求其相对误差。

【问题与讨论】

根据 PN 结温度特性，简述 PN 结半导体温度传感器使用过程中应该注意的事项。

(刘翠红　陈秉岩)

实验 3.6　交流电桥及其应用

交流电桥与直流电桥相似，也是由四个桥臂组成，但组成桥臂的元件不单是电阻，还包括电容、电感、互感以及它们的组合。与直流电桥相比，交流电桥的桥臂特性变化繁多，应用更加广泛。它不仅可以用于测量电阻、电感、电容、磁性材料的磁导率、电容的介质损耗等，还可以利用交流电桥平衡条件与频率的相关性来测量频率。交流电桥是弱小信号检测最常用的基本电路之一，例如用于各类传感器（压力、温度、微形变、光敏等）的信号检测。

【实验目的】

掌握交流电桥的组成原理和电桥平衡的调节方法，用交流电桥测量电感和电容。

【实验原理】

在实际的电信号中，存在着大量不同频率的交流信号（或脉冲信号），因此，实际的元器件均表现为电抗特性，而非纯电阻。直流电桥（又称惠斯登电桥）改为电抗元件（电阻、电感、电容或它们的组合），就是交流电桥。在本实验中，使用交流电桥测试电感和电容参数。

一、交流电桥及平衡条件

交流电桥的原理如图 1 所示，电桥的四个臂 $\dot{Z}_1$、$\dot{Z}_2$、$\dot{Z}_3$、$\dot{Z}_4$ 是具有任意特性的交流阻抗，即复阻抗（可以是电阻、电容、电感或者它们的任意组合）。在 A 和 B 上加入交流电压，C 和 D 之间接平衡指示器（耳机或晶体管毫伏表等仪器）。

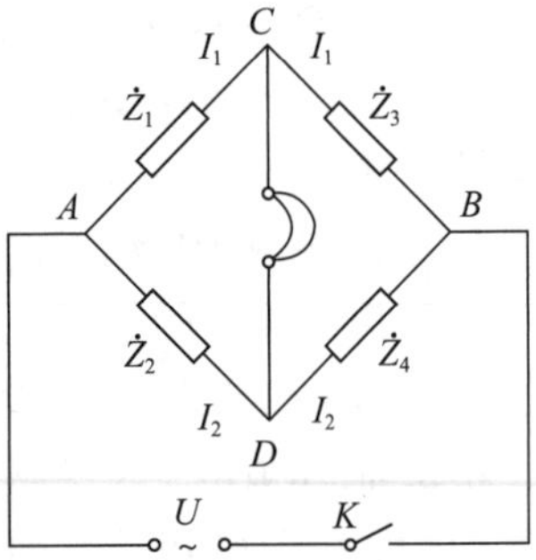

图 1　交流电桥原理图

当电桥达到平衡时，C 与 D 之间电压为零，则有

$$\begin{cases} I_1\dot{Z}_1 = I_2\dot{Z}_2 \\ I_1\dot{Z}_3 = I_2\dot{Z}_4 \end{cases} \tag{1}$$

两式相除得：

$$\frac{\dot{Z}_1}{\dot{Z}_2}=\frac{\dot{Z}_3}{\dot{Z}_4},\dot{Z}=Ze^{j\varphi},e^{j\varphi}=\cos\varphi+j\sin\varphi \tag{2}$$

实际的复阻抗都包含实部和虚部，因此上式可表示成：

$$\frac{Z_1}{Z_2}e^{j\left(\varphi_1-\varphi_2\right)}=\frac{Z_3}{Z_4}e^{j\left(\varphi_3-\varphi_4\right)} \tag{3}$$

Z_i 和 φ_i 分别为复阻抗的模和幅角，上式的成立条件是：

$$\frac{Z_1}{Z_2}=\frac{Z_3}{Z_4} \tag{4}$$

$$\varphi_1-\varphi_2=\varphi_3-\varphi_4 \tag{5}$$

上式是交流电桥平衡的充要条件。

二、元器件的等效电路

电桥四个臂所用的元件，在交流电压作用下，往往元件自身就存在能量损耗——相当于电阻，而元件上的电压和电流的相位差不为 $\pi/2$。纯电阻在交流电压作用下，往往存在电感特性（线绕电阻尤为明显）和分布电容；电感元件也存在一定的导线电阻和分布电容，所以可把电感等效为一个理想电感 L 和一个纯电阻 r_L 的串联，如图 2 所示。

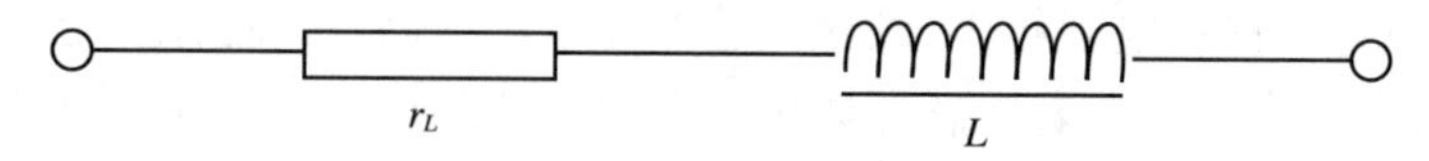

图 2　电感器等效电路

电容器中一般含有介电常数为 ε 的介质（如云母、涤纶、陶瓷等）。因而，电路中有一小部分电能在介质中损耗而变成热能，可以用等效电阻 R_C 表示这种损耗。因此，通过电容器的交流电压和电流的相位差就不再是 $\pi/2$，可用图 3 的并联电路或图 4 的串联电路来表示电容器的等效电路。由图 3 和图 4 分别得到：

$$\tan\delta=\frac{I_R}{I_C}=\frac{1}{\omega CR},\tan\delta=\frac{V_R}{V_C}=\omega CR \tag{6}$$

两式中的 ω 是所加交流电压的角频率。

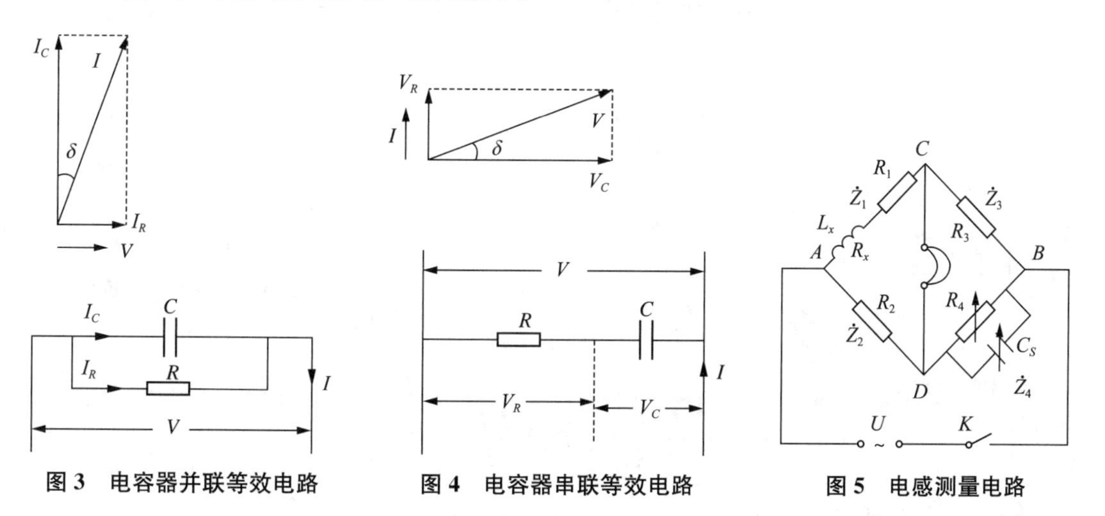

图 3　电容器并联等效电路

图 4　电容器串联等效电路

图 5　电感测量电路

三、电感的测量

利用已知电容器来测电感，可用图 5 所示麦克斯韦-维恩电桥或海氏电桥；图中 R_1、R_2、R_3、R_4 为交流电阻箱，C_s 为标准电容箱，R_x 为电感的损耗电阻，L_x 为待测电感。

$$\begin{cases}\dot{Z}_1=R_1+R_x+j\omega L_x=R+j\omega L_x\\ \dot{Z}_2=R_2\\ \dot{Z}_3=R_3\\ \dot{Z}_4=R_4/\left(1+j\omega C_S R_4\right)\end{cases} \tag{7}$$

由此可得：

$$R_4\left(R+j\omega L_x\right)=R_2R_3\left(1+j\omega C_SR_4\right) \tag{8}$$

由实部和虚部分别相等，则有：

$$\begin{cases}L_x=R_2R_3C_S\\R_x=\dfrac{R_2R_3}{R_4}-R_1\end{cases} \tag{9}$$

对一定的电感量，损耗电阻越小，则该电感器在电路中储存的能量比起它所损耗的能量就越大，故 R_x 的大小直接影响着电感器质量。电感器的品质因素 Q 可用来表示这种特性：

$$Q=\frac{\omega L_x}{R_x} \tag{10}$$

式中 ωL_x 为电感器的感抗。

四、电容器的电容量的测量

最简单的测电容器电容的电桥电路如图 6 所示。图中 R_1、R_2、R_3、R_4 为电阻箱，C_S 为标准电容箱，R_x 为电容的损耗电阻，C_x 为待测电容。

由此可得：

$$\begin{cases}\dot{Z}_1=R_1\\\dot{Z}_2=R_2\\\dot{Z}_3=R_3+R_x+\dfrac{1}{j\omega C_x}\\\dot{Z}_4=R_4+\dfrac{1}{j\omega C_S}\end{cases} \tag{11}$$

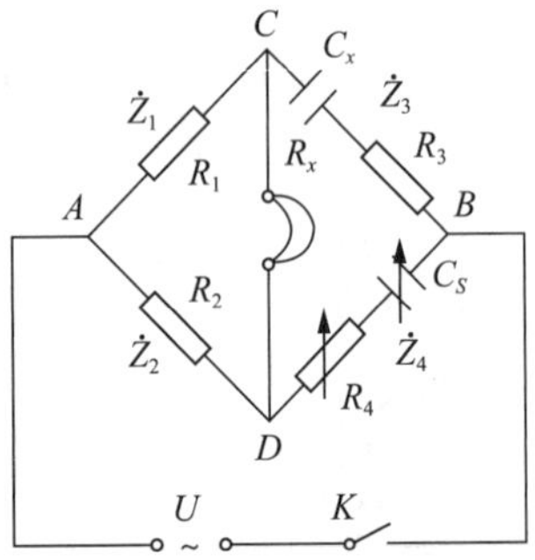

图 6　测电容的电桥电路

并可得出：

$$R_1\left(R_4+\frac{1}{j\omega C_S}\right)=R_2\left(R_3+R_x+\frac{1}{j\omega C_x}\right) \tag{12}$$

电桥平衡时：

$$C_x=\frac{R_2}{R_1}C_S,R_x=\frac{R_1R_4}{R_2}-R_3 \tag{13}$$

在选定 $\dfrac{R_1}{R_2}$ 的值后，可分别调节 C_S 和 R_3、R_4，使之平衡。

【实验仪器】

实验用到的实验仪器有信号发生器、开关、电阻箱、待测电感、待测电容、电容箱、扬声器、连接线等。

信号发生器：本实验中为电路提供一定频率和幅度的交流电压。可通过调节窗口对信号发生器的输出参数进行调节、操作。操作窗体，如图 7 所示。

主要功能介绍：

1. 显示窗口：显示输出信号的频率和电压幅度；2. 波形选择：可输出波形三角、正弦和矩形波；3. TTL 信号输出端：输出标准的 TTL 幅度的信号，输出阻抗为 600 Ω；4. 函数信号输出端：幅度 $20V_{pp}$（1 MΩ 负载），$10V_{pp}$（50 Ω 负载）；5. 信号输出幅度调节旋钮（AMPL）：调节范围 20 dB。使用方法：右键按下进行顺时针连续旋转，信号幅度增大，左键按下进行逆时针连续旋转，信号幅度减小；6. 输出幅度衰减开关(ATT)：可选择 0 dB、20 dB 或40 dB衰减；7. 频率范围选择按钮：调节此旋钮可改变输出频率的 1 个频程，共有 7 个频程。鼠标左键点击进行波形间切换；8. 信号源电源开关：此按键揿下时，机内电源接通，整机工作；此键释放为关掉整机电源。

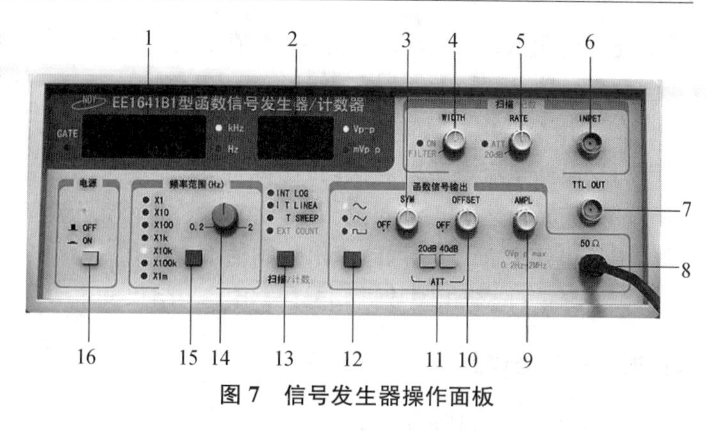

图 7　信号发生器操作面板

其他器件如图 8 所示，主要包括：① 电源开关：控制电路的闭合。界面中有两个开关状态按钮。点击闭合按钮，开关闭合；点击断开按钮，开关断开。② 电阻箱：电阻箱上的旋钮可以为电路提供特定的电阻。电阻箱上有六个挡位，用鼠标左(右)键点击旋钮调节。③ 待测电感：具有一定大小的电感和损耗电阻的电学仪器，在实验中是一个被测量的对象，无调节界面。④ 待测电容：具有一定大小的电容和损耗电阻的电学仪器，在实验中是一个被测量的对象，无调节界面。⑤ 电容箱：调节电容箱上的旋钮可以产生固定大小的电容，四个旋钮对应着四个挡位，使用鼠标左右键调节容量。⑥ 扬声器：用来判断交流电桥是否平衡的电学仪器，扬声器的音量柱高低代表流过的信号强弱。

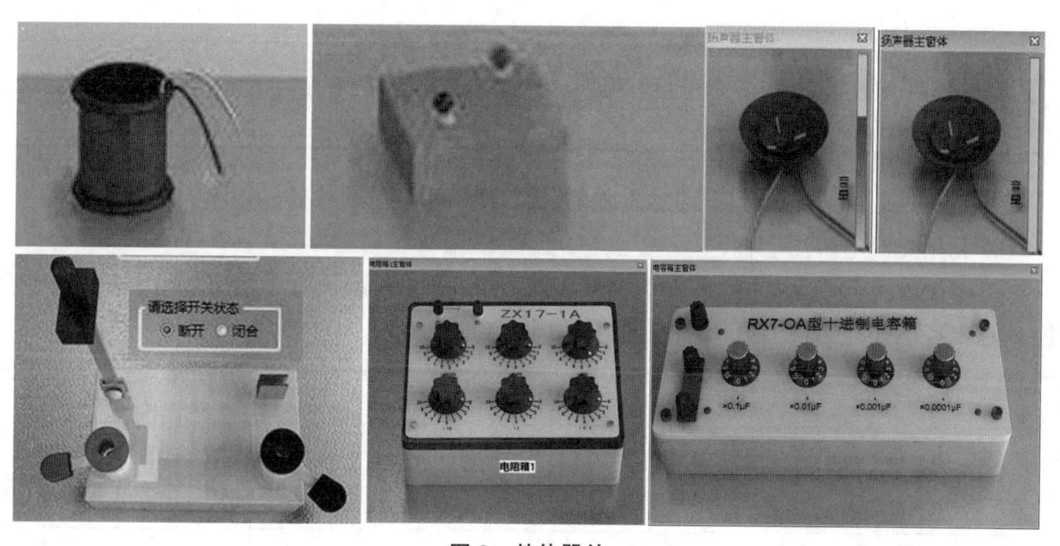

图 8　其他器件

【实验内容与步骤】

1. 利用交流电桥测电感

(1) 根据交流电桥电路图，按图 5 连线。

(2) 选择合适的三组 R_2 及 R_3，调节电桥平衡，记录有关数据，求出各组的电感值 $L_{x'}$、电

感的损耗电阻 $R_{x'}$。最后，计算出平均值 L_x、R_x 和电感的品质因数 Q。

(3) 测量、记录相关数据，并计算出实验结果。

2. 利用交流电桥测电容

(1) 根据交流电桥电路图，按图 6 连线。

(2) 选择合适的三组 R_1 及 R_2，调节电桥平衡，记录有关数据，求出各组的电容值 $C_{x'}$、电容的损耗电阻 $R_{x'}$。最后，计算出平均值 C_x 和 R_x。

(3) 测量、记录相关数据，并计算出实验结果。

【数据记录与处理】

1. 利用交流电桥测电感

选择合适的三组 R_1、R_2、R_3、R_4 及 C_S，调节电桥平衡，记录有关数据，求出各组的电感值 $L_{x'}$、电感的损耗电阻 $R_{x'}$。交流信号源频率 f(Hz)=______。

序号	1	2	3
$R_1(\Omega)$			
$R_2(\Omega)$			
$R_3(\Omega)$			
$R_4(\Omega)$			
$C_S(\mu F)$			
$L_{x'}(H)$			
$R_{x'}(\Omega)$			

电感值 L_x(H)=______ 损耗电阻 $R_x(\Omega)$=______ 电感的品质因数 Q=______

2. 利用交流电桥测电容

选择合适的三组 R_1、R_2、R_3、R_4 及 C_s，调节电桥平衡，记录有关数据，求出各组的电容值 $C_{x'}$、电容的损耗电阻 $R_{x'}$。交流信号源频率 f(Hz)=______。

序号	1	2	3
$R_1(\Omega)$			
$R_2(\Omega)$			
$R_3(\Omega)$			
$R_4(\Omega)$			
$C_S(\mu F)$			
$C_{x'}(\mu F)$			
$R_{x'}(\Omega)$			

电容值 $C_x(\mu F)=$ ______　损耗电阻 $R_x(\Omega)=$ ______

【问题与讨论】

1. 本实验所用的平衡指示器是否足够的灵敏？如果选用灵敏度比它高或比它低的平衡指示器，后果如何？

2. Q 值的物理意义是什么？

（苏　巍　陈秉岩）

实验 3.7 铁磁材料动态磁滞回线的测定

中国是世界上最早发明指南针的国家，指南针的发明是我国古代劳动人民在长期的实践中对物体磁性认识的结果。磁性材料更是广泛应用于军事、工业和民用领域(例如，电机系统、电力变压器、各类电源、通信设备等)。因此，了解磁性材料的特性及其测量方法，在实际工程应用中具有重要的意义。磁性材料可以分为硬磁和软磁两类。其中，硬磁材料的磁滞回线宽，剩磁和矫顽磁力较大(120～20 000 A/m，甚至更高)，磁化后能保持磁感应强度，适宜制作永久磁铁；软磁材料的磁滞回线窄，矫顽磁力小(一般小于 120 A/m)，但它的磁导率和饱和磁感应强度大，容易磁化和去磁，常用于制造电机、变压器和电磁铁。

测量磁性材料动态磁滞回线方法很多，用示波器测量动态磁滞回线，是把不易测量的磁学量转换为易于测量的电学量并进行观测的方法，具有直观、方便、快速等优点。

【实验目的】

1. 理解和掌握有关磁滞的概念。
2. 用示波器观察磁化曲线和磁滞回线。
3. 测定样品的磁滞回线、磁化曲线、矫顽力、剩磁、磁滞损耗等。

【实验原理】

磁化曲线和磁滞回线是磁性材料的重要特性。通常使用交流电对磁性材料样品进行磁化，测得的 $B-H$ 曲线称为动态磁滞回线。铁磁材料内部的磁学性质，在外磁场变化后不会同步变化，而是落后于外磁场的变化。这种现象称作磁滞，用“剩磁”、“矫顽力”、磁化曲线、磁滞回线定量描述，是铁磁材料的重要性质，是设计电磁设备或仪表的依据之一。

磁场中，材料内部的磁感应强度 B 与磁场强度 H 有如下关系：

$$B=\mu H \tag{1}$$

式中：μ 是该材料的绝对磁导率，简称磁导率。注意，磁感应强度 B 与磁场强度 H 不是同一个物理量，磁场强度 H 正比与产生磁场的电流，与材料无关。

如果是真空磁场，用真空磁导率 μ_0($4\pi\times10^{-7}$ H/m)代替 μ 即可。

μ 与 μ_0 的关系为 $\mu=\mu_r\mu_0$，μ_r 是该材料的相对磁导率，μ_r 反映了该材料中的磁感应强度 B 在同等条件下相对真空磁场 B 的相对倍率，使用得较多。

当 $\mu_r<1$，材料中的磁感应强度 B 减小，称逆磁材料；当 $\mu_r>1$，B 增加，称顺磁材料；当 $\mu_r\gg1$，B 大幅度增加，称铁磁材料。铁磁材料的 μ_r 一般在 100～50 000，且不是常数，随 H 的变化而改变，不是线性关系，B 与 H 也不是线性关系，如图 1。

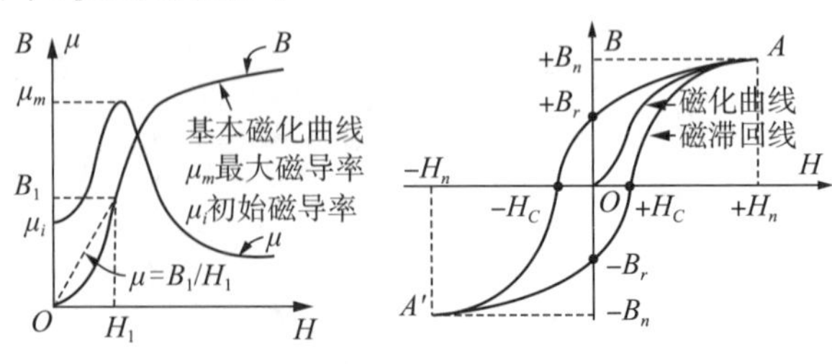

图 1 铁磁材料的三个曲线

1. 铁磁材料的磁滞性质

除磁导率很高，铁磁材料的另一个重要性质是磁滞。当铁磁材料被磁化，磁感应强度 B 不仅与磁场强度 H 有关，还取决于磁化的历史过程，如图 1。OA 表示铁磁材料从没有磁性开始磁化，B 随 H 的增加而增加，称磁化曲线。当 H 增加到一定数值时，B 几乎不再增加，即磁化基本饱和。H 减小，B 不沿原磁化曲线返回，而是沿 $A\rightarrow(+B_r)\rightarrow(-H_C)\rightarrow A'$ 下降。H 重新开始增加，B 沿 $A'\rightarrow(-B_r)\rightarrow(+H_C)\rightarrow A$ 回到 A。B 的变化落后于 H 的变化，这种现象称磁滞现象，形成的闭合曲线称磁滞回线。H 为 0 时的 B_r 称“剩磁”，为使 B 为 0 而加的反向磁场 H_C 称“矫顽力”。

铁磁材料分为硬磁、软磁两大类。硬磁材料（如铸钢）的磁滞回线宽，剩磁和矫顽力较大，达 120～20 000 A/m 甚至更高，磁化后磁感应强度能长久保持，适宜作永久磁铁。软磁材料（如矽钢片）矫顽力一般小于 120 A/m，但磁导率和饱和磁感应强度大，容易磁化和去磁，常用于制造电机、变压器和电磁铁。

由于铁磁材料的磁滞性质，即磁学性质和它的历史有关，为了重复出现该状态，测量前要进行退磁，也就是先将 H 加到最大，再降到零，使磁滞回线先扩展到最大，再收缩到原始状态（$H=0,B=0$），从而消除样品中的剩余磁性。

2. 测量磁滞回线原理

如图 2，样品是闭合形状的铁磁材料，周长 L，绕着主线圈 N，副线圈 n，220 V 50 Hz 的市电经过变压器降压后，经过“U 选择”，电流为 I_1，经过主线圈 N，“R_1 选择”，以适当的电压 U_H 加到示波器的“X 输入”和测试仪。副线圈 n 与电阻 R_2、电容 C 串联成回路，电容 C 两端电压 U_B 加到示波器的“Y 输入”和测试仪。

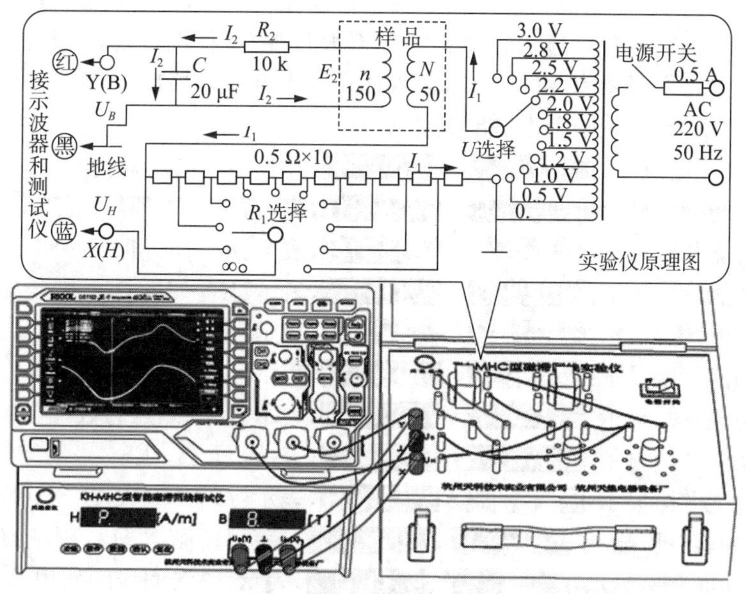

图 2　原理图和实验装置

根据安培环路定理和欧姆定理，$HL=NI_1$，$U_H=R_1 I_1$，所以：

$$U_H=\frac{R_1 L}{N}H \tag{2}$$

设样品截面积为 S，根据法拉第电磁感应定律，副线圈 n 中的感应电动势：

$$E_2 = -n\frac{\mathrm{d}\Phi}{\mathrm{d}t} = -nS\frac{\mathrm{d}B}{\mathrm{d}t} \tag{3}$$

副线圈 n 回路中的电流为 I_2，电容 C 上的电量为 q，又有：

$$E_2 = R_2 I_2 + \frac{q}{C} \tag{4}$$

R_2 和 C 较大，忽略 $\frac{q}{C}$；n 较小，忽略自感电动势，$I_2 = \frac{\mathrm{d}q}{\mathrm{d}t} = C\frac{\mathrm{d}U_C}{\mathrm{d}t}$，整理得：

$$-nS\frac{\mathrm{d}B}{\mathrm{d}t} = R_2 C\frac{\mathrm{d}U_C}{\mathrm{d}t} \tag{5}$$

两边对时间积分，只考虑绝对值可以去掉负号，整理得：

$$U_B = U_C = \frac{nS}{R_2 C}B \tag{6}$$

公式(2)和(6)表明，U_H 与 H 成正比，U_B 与 B 成正比，将 U_H 和 U_B 分别加到示波器“X 输入”和“Y 输入”，即可观察磁滞回线；加到测试仪，并已知有关数据，可测定样品的 B_n、B_r、H_C、H_n、A(回线面积)等参数。

【实验仪器】

KH-MHC 型磁滞回线测试仪，DS1102Z-E 数字示波器、实验仪。本实验有两个方案：用测试仪测量和用数字示波器测量，学生做一个方案即可，上课时根据仪器的情况当场安排。

实验仪面板上元件的分布与原理图基本一致，被测量的铁磁材料(样品)、220 V 开关、“R_1 选择”旋钮、“U 选择”旋钮在面板上面，其余元件在下面，由插接式电线连接。

测试仪面板有两个窗口，显示的英文字母不太直观，要仔细理解，下方是“功能”“数位”“数据”“确认”“复位”5 个按钮和 U_H、U_B 输入插孔。不断按“功能”键，两个窗口依次显示不同的内容，按“确认”键，即执行该功能，具体如下：

(1) 按“复位”键，显示：P.　8.，并且不断向左移动。

(2) 按“功能”键，显示：N.0050　L.0600，表示：$N=50$ 匝，$L=60$ mm。

(3) 按“功能”键，显示：n.0150　S.0800，表示：$n=150$ 匝，$S=80$ mm^2。

(4) 按“功能”键，显示：r 1.250　H.3b.3，表示：$R_1=2.5\ \Omega$。

(5) 按“功能”键，显示：r2.100　C2.200，表示：$R_2=10$ kΩ，$C_2=20$ μF。

(6) 按“功能”键，显示：UhC.　UbC.，表示：U_{HC}，U_{BC}。

(7) 按“功能”键，显示：N.　F.，表示：回线测点总数，电流频率。

(8) 按“功能”键，显示：H. b.　tESt，表示：H、B，tESt。

(9) 按“功能”键，显示：H.SHOW.　b.SHOW.，表示：H SHOW，B SHOW。

(10) 按“功能”键，显示：Hc.　br.，表示：矫顽力 H_C，剩磁 B_r。

(11) 按“功能”键，显示：A.=　[H.b.]，表示：磁滞回线的面积 A。

(12) 按“功能”键，显示：Hn.　bn.，表示：最大值 H_n、B_n。

继续按“功能”键，还有若干功能，这里省略。如果显示 COU.，继续按“功能”键。如果操作失误或仪器异常，按“复位”键，清除全部数据，重新测量。

数字示波器左侧是 7 英寸的屏幕，下方是电源开关和 USB 接口，两侧有若干按钮，具体功能由屏幕显示。在示波器右上方，是“CLEAR”“AUTO”“RUN/STOP”“SINGLE”按钮；向下，是“lntersity”旋钮，“MENU”功能区，连接打印机的两个绿色按钮；再向下，是“VERTICAL”“HORIZONTAL”“TRIGGER”三个功能区；底部是“CH1”“CH2”“EXT”三个电缆插座和公共地线。

【实验内容与步骤】

1. 按图 2 连线，选样品 1，实验仪“R_1选择”选“2.5 Ω”，“U 选择”选“3.0”，接通电源。

2. 按示波器的“TRIGGER MENU”，按屏幕右侧的“触发设置”，确认“耦合”为“低频抑制”。按“HORIZONTAL MENU”，确认“时基”为“XY”，微调“HORIZONTAL SCALE”，可以看到回线。按“VERTICAL CH1”，再按“POSITION”，回线左右居中，确认“探头”为“1X”，“反相”为“关闭”；按“VERTICAL CH2”，再按“POSITION”，回线上下居中，确认“探头”为“1X”，“反相”为“关闭”。

3. 旋转“U 选择”，观察磁滞回线变化。这些回线顶点 A 的连线就是样品的磁化曲线，参见图 1。最后将“U 选择”恢复到“3.0”。

4. 测绘 $B-H$ 磁滞回线及有关参数。

按“AUTO”，待屏幕显示曲线，调“HORIZONTAL SCALE”，使屏幕上的曲线稍大于一个周期。按“Cursor”“Intensity”指示灯亮，再按“Cursor”，确认屏幕右上角的“模式”为“追踪”，上方的“光标 A”为“CH1”，“光标 B”为“CH2”，下方的“光标 A”“光标 B”时间一致，右下角的“光标 AB”高亮。旋转“Intensity”，屏幕上的白线左右移动，屏幕左上角显示具体数据，其中，“AX”“AY”表示“CH1”的时间和电压 U_H，“BX”“BY”表示“CH2”的时间和电压 U_B。每 1 ms 记录大约 3 组数据，周期 20 ms，大约记录 60 组数据，其中，最大值、最小值、电压为零时的数据，一定要记录。最后，按“Cursor”“Intensity”指示灯熄灭。

5. 测量磁化曲线。

按“Measure”，确认“全部测量”为“打开”，“全部测量信源”包括“CH1”“CH2”，屏幕上方显示许多数据，计算 CH1 的(Max－Min)/2 作为 U_H，计算 CH2 的 (Max－Min)/2 作为 U_B，记录。“U 选择”分别取 2.8、2.5、2.2、…、0.5，重复本步骤。最后，确认“全部测量”为“关闭”。

【数据记录与处理】

1. 测绘磁滞回线($B-H$)曲线(需记录大约 60 组数据)

根据公式(2)和(6)，带入有关参数(详见【实验仪器】部分)，可以得到：

$$H(\text{A/m})=\frac{N}{R_1 L}U_H=\frac{1}{3}U_H(\text{mV}),B(T)=\frac{R_2 C}{nS}U_B=\frac{1}{60}U_B(\text{mV})$$

U_H(mV)						…	
U_B(mV)						…	
H(A/m)						…	
B(T)						…	
备注						…	

备注包括：矫顽力$\pm H_C$，剩磁$\pm B_r$，最大值$\pm H_n$，$\pm B_n$。

2. 测绘磁化曲线

U(V)	3.0	2.8	2.5	2.2	2.0	1.8	1.5	1.2	1.0	0.5
U_H(mV)										
U_B(mV)										
H(A/m)										
B(T)										

用毫米方格纸或电脑在一个坐标系里绘制上面的两个曲线，并标注有关参数。

【问题与讨论】

1. 简要阐述什么是磁滞现象？
2. 硬磁和软磁有什么区别，本实验的样品是硬磁还是软磁材料？
3. 电压U_C对应的是H还是B，其判定的理由是什么？

（刘明熠）

第4章　自主设计实验

实验4.1　补偿法与直流电位差计

电位差计又叫电位计，是利用补偿法原理测量电动势或电压的一种仪器。在其完全补偿时，流向被测电路的电流为零，不影响被测电路的参数。补偿法不但可以测量电动势、电流、电阻、校正电表等，还广泛应用于温度、压力等非电量测量中。虽然当今数字电压表的ADC精度已做到24 bit，显示位数达到六位半、七位半，输入电阻可达到$10^8\ \Omega$以上，在许多计量工作和高精度测量中取代了电位差计的电压测量作用，但电位差计这种经典的测量设备所使用的补偿法，不仅在历史上有着十分重要的意义，至今仍然被广泛应用。

【实验目的】

1. 学习和掌握电位差计的补偿原理。
2. 学会用十一线电位差计来测量未知电动势。
3. 培养分析线路和实验过程中排除故障的能力。

【实验原理】

1. 补偿法测量原理

在直流电路中，电池电动势在数值上等于电池开路时两电极的端电压。因此，在测量时要求没有电流通过电池，测得电池的端电压，即为电池的电动势。如果直接用伏特表去测量电池的端电压，由于伏特表的内阻不够大，就会有电流通过，在电池的内阻上形成电压降，因而不能得到准确的电动势数值。

在图1所示的原理电路中，E_0为可调节电源的电动势，E_x为待测电池的电动势。调节E_0的大小，使检流计G指针指零，则有

$$E_x=E_0 \tag{1}$$

此时，E_x两端的电位差与E_0两端的电位差相互补偿。若已知E_0的数值，就可求出E_x。这种测量电动势的方法称为补偿法，该电路称为补偿回路。由上可知，为了测量E_x，关键在于如何获得可调节的电源E_0，并要求该电源：① 便于调节；② 稳定性好，能够迅速读出其准确的数值。为了获得稳定的标准电势，可以选用专门的精密稳压芯片如ADR02BRZ芯片（温度系数≤3 ppm/℃）、控温电压基准等，实现稳恒的电压输出。

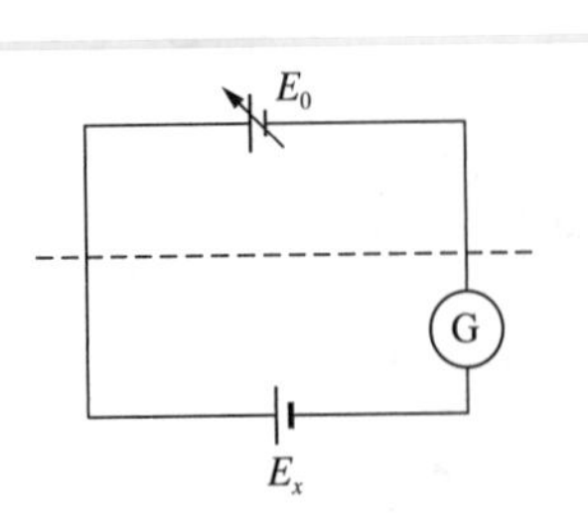

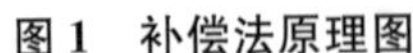

图 1　补偿法原理图

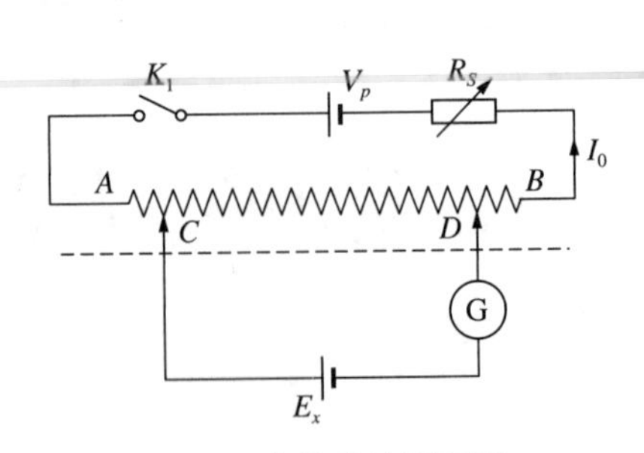

图 2　电位差计原理图

使用图 2 所示的直流电位差计，可以调节上述电源 E_0 的数值，从而实现公式(1)的平衡状态。在图 2 中，回路 $AK_1V_pR_SBA$ 称为辅助工作电路，CE_xGDC 称为补偿电路。AB 为粗细均匀的电阻丝，其电阻 $R=\rho L$（ρ 为电阻率，L 为长度）。C 与 D 为测量触点，K_1 为开关，V_p 为工作电源电压，E_x 为待测电动势，G 为检流计，R_S 为标准电阻。当 K_1 闭合时，辅助工作回路中的电流为 I_0，根据欧姆定律可知，电阻丝 AB 上任意两点间的电压 U 与两点间的距离成正比。因此，在电压 $U_{AB}>E_x$ 的条件下，可以改变 CD 的间距，使检流计 G 指零，此时，C、D 两点间的电压 U_{CD} 就等于待测电动势 E_x。对比图 1 和图 2 中虚线上方可见，U_{CD} 就相当于可调节电源的电动势 E_0，即

$$E_x=U_{CD} \tag{2}$$

保持电流 I_0 不变，电阻丝上的触点 C 和 D 之间的电压为

$$U_{CD}=I_0\rho L_{CD}=kL_{CD} \tag{3}$$

在公式(3)中，$k=I_0\rho$ 称为工作电流标准化系数(V/m)。将公式(3)代入公式(2)可得

$$E_x=kL_{CD} \tag{4}$$

公式(4)说明当 k 维持不变时(即工作电流 I_0 不变)，可以用电阻丝 CD 两点间的长度 L_{CD}(力学量)来反映待测电动势(电学量)的大小。为此，必须确定 k 的数值。通常取 k 为 0.1或 0.2，…，1.0 V/m 等数值(不同的 k 值，代表电位差计的量程不同)。

采用图 3 所示的直流电位差计测量电动势。其中，AB 为 11.000 m 的电阻丝，其室温的线电阻率约为 $\rho=6.05\ \Omega/\text{m}$(以实际的电位差计给出值为准)。为了满足实验参数可调节的目的，使用数值可调的精密稳压电源 V_p 和可调标准电阻 R_S。

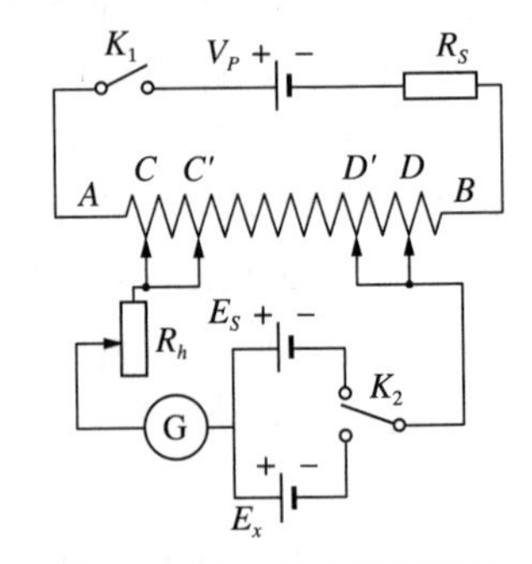

图 3　直流电位差计测电动势电路原理图

2. 补偿回路电流标准化原理

如果确定标准化系数 k(实验中取 $k=0.200\ 0$ V/m)和标准电源 E_S 确定($E_S=1.018\ 6$ V，20℃时)，通过设置合适的 V_p 和 R_S，使得调整 CD 的电压与 E_S 相等，即

$$E_S=kL_{CD} \tag{5}$$

此时，根据串联电路分压原理可得

$$E_S=\frac{V_P\cdot R_{CD}}{R_{AB}+R_S} \tag{6}$$

本实验中，公式(6)中的标准电势 E_S 为常数。如果选取电流标准化常数 k 为特定数值，则可以确定标准化电阻丝长度 $L_{CD}=E_S/k$。由于 $R_{CD}=\rho L_{CD}$，$R_{AB}=\rho L_{AB}$，$E_S=kL_{CD}$。对

于特定的电流标准化系数 $k=I_0\rho$，可以求得标准化长度 L_{CD} 和标准化电阻 R_S 分别为：

$$L_{CD}=\frac{E_S}{k} \tag{7}$$

$$R_S=\frac{\rho(V_P-kL_{AB})}{k} \tag{8}$$

根据公式(8)，选择合适的 V_p，根据电阻丝电阻率 ρ 的值和电阻丝长度 L_{AB} 的数值，可以计算得到不同 V_p 对应的变准化电阻 R_S 的取值。

在本实验中，以电阻丝总长 $L_{AB}=11.000$ m、线电阻率 $\rho=6.05$ Ω/m 为例，根据公式(7)，如果选取标准电势 $E_S=1.018\ 6$ V，电阻丝标准化系数 $k=0.200\ 0$ V/m，则可得 $L_{CD}=E_x/k=1.018\ 6\ \text{V}\div 0.200\ 0\ \text{V/m}=5.093\ 0$ m。此时，电阻丝长度为 $L_{CD}=5.093\ 0$ m 上的电压 kL_{CD} 等于标准电势 E_S（即 $E_S=kL_{CD}=1.018\ 6$ V）。如果选取合适的 V_p 数值（可以取 5.0 V、10.0 V 和 15.0 V 等），根据公式(8)可求得获得电流标准化系数 $k=0.200\ 0$ V/m 的对应标准化电阻 R_S 的数值（84.7 Ω、236.0 Ω 和 387.2 Ω）。

3. 电位差计测量未知电动势的原理

经过电流标准化后的电路（即使电流标准化系数 $k=0.200\ 0$ V/m，并保持 V_p 和 R_S 不变），使用 K_2 将待测电动势 E_x 接入电路，在电阻丝 AB 上找到另外两个触点 C' 和 D' 的长度 $L_{C'D'}$ 两端的电压与待测电动势 E_x 相等，即

$$E_x=KL_{C'D'} \tag{9}$$

由公式(5)和公式(9)式，可得到待测电动势 E_x 的表达式为：

$$E_x=E_S\frac{L_{C'D'}}{L_{CD}} \tag{7}$$

本实验的测量准确度由以下因素决定：11.000 m 电阻丝每段长度的准确度和粗细的均匀性；标准电池的准确度；检流计的灵敏度；工作电流的稳定性。用电位差计测电动势具有如下优点：

(1) 准确度高。因为精密电阻 R_{AB} 可以做得很均匀、准确，标准电池的电动势 E_S 准确稳定，检流计很灵敏，电源很稳定，可以作为标准仪器校验。

(2) 灵敏度高。可测量微小电压值和电动势。

(3) 电位补偿原理测电压，补偿回路电流为零，不影响待测电路。用伏特表测电压，被测电路的一部分电流会流过伏特表，从而改变待测电路状态，伏特表内阻越小影响越大。

【实验仪器】

直流电位差计、检流计 G、保护电阻 R_h、电阻箱、直流稳压电源、标准电势、待测电势、单刀开关 K_1、双刀双向开关 K_2、导线。

一、直流电位差计

本实验采用的电位差计如图 4 所示。图中的虚线框代表一块木板，其上装有 11.000 m 长电阻丝，折成 11 段，每段长 1.000 m。1，2，3，…，10 分别为接线柱，C 为粗调接线头，每换一个接线柱，长度改变 1 米或数米。D 为细调，当滑键 D 左右移动时，长度在 1 m 范围内改变，读数可由线上的毫米刻度尺读出。

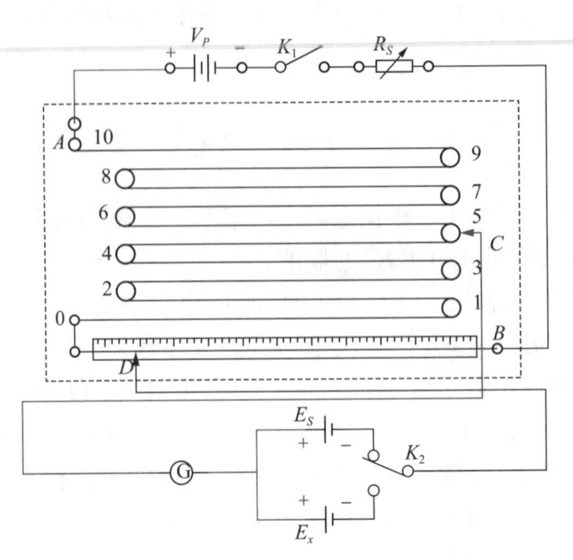

图 4　电位差计接线图

二、直流稳压电源

本实验采用如图 5 所示的三路可编程直流稳压电源(Keithley,2231A－30－3),在本实验中使用其中一个具备 0～30 V 输出的通道即可。该电源的主要功能和技术指标如下:① 独立的开启/关闭(On/Off)控制以及隔离的通道;② 所有通道(CH1、CH2 和 CH3)都可独立编程;③ 通过模拟通道组合,可串联输出电压至 60 V,或并联输出电流至 6 A;④ 高精度输出控制,基本电压测量准确度 0.06% ,基本电流测量准确度 0.2%;⑤ 低噪声线性稳压,波纹和噪声低于 5 mV_{pp};⑥ 具有输出过载和定时器保护功能;⑦ 可通过 USB 适配器与计算机连接。

仪器功能和参数设置过程:① 连接市电供电电缆后,通过电源(Power) 按键开关电源;② 通过输出开关(On/Off)按键选择是否对外供电,当该按键亮灯时电源对外供电,灭灯时停止对外供电;③ 通过“CH1,CH2,CH3”三个按键选择电源的输出参数设置,此时,先通过“V－Set”或“I－Set”两个按键,选择需要调整的“电压”或“电流”参数,再通过右上角的旋钮(旋转编码器)增减所需要设置的“电压”或“电流”参数;④ 如果要对所设置的参数进行保存或读取,可以通过仪器面板的“Save”和“Recall”两个按键实现;⑤ 更多功能设置,请参考该电源操作手册。

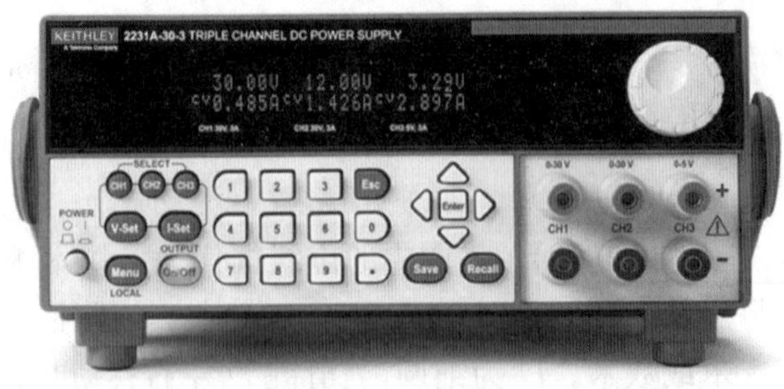

图 5　Keithley 2231A－30－3 直流稳压电源控制面板

三、标准电势和待测电势

标准电势和待测电势为一体机，交流220 V供电。被测电势输出为0～2.1 V，分11挡可设置。标准电势采用恒温控制的精密基准电压芯片，其标准电势 $E_S=1.0186$ V(电势精度达到±0.01%，温度漂移小于±5 ppm/℃，在0～40℃的环境中使用，其输出电势的变化可忽略)。

【实验内容与步骤】

1. 连接线路

参照图4连接线路。此线路中器件较多，接线较为复杂，接线前应先分析一下线路的特点，合理布置好各仪器、器件，然后"分区接线"，先接辅助工作回路，再接补偿电路。

2. 调节工作电流(电流标准化)

(1) 由 $E_S=1.0186$ V，取 $k=0.2000$ V/m。计算 $L_{CD}=E_S/k=5.0930$ m，调节 $CD=5.0930$ m。

(2) 根据十一线电位差计电阻丝的电阻值、工作电源 E(E 一般取5.0 V、10.0 V和15.0 V)和工作电流标准化系数 $k=0.2000$ V/m，计算电阻箱 R_S 可能选取的数值范围。

(3) 取适当数值的保护电阻 R_h(可取0 Ω)，将 K_1 接通，K_2 掷向 E_S 一侧，微调电源 E 和标准电阻 R_S，使检流计G无偏转。此时电阻丝 AB 上的电位差为0.2000 V/m，标准化完成。

3. 测未知电动势

保持电流标准化系数 $k=0.2000$ V/m不变(即 V_P 和 R_S 不变)，使用万用表粗略测试未知电源电动势 E_x，根据公式(7)估算 E_x 所对应的电阻丝长度 L_x(即 $L_{C'D'}$)。然后将 C 插入对应长度的插孔内，滑动滑键 D，使检流计G无偏转。此时，精确记录电阻线长度 L_x，并用公式(7)计算准确的 E_x。重复测量三次(每次都要电流标准化)求 E_x 的平均值。

【注意事项】

1. 标准电势不许通过大于1 mA的电流，不能作电源用。

2. 禁用伏特表或模拟式万用表直接测量标准电池的电动势。

3. 注意补偿电路和测试电路的极性，不可形成串联电路。

4. 选择合适的 V_p 和标准电阻 R_S，直流稳压电源的输出电流不可超过50 mA，否则可能会损坏相关的实验器材。

【数据记录与处理】

室温 $T=$_____℃；标准电动势 $E_S=$_____V；$k=0.2000$ V/m；$L_{CD}=\dfrac{E_S}{k}=$_____m。

表1　实验数据记录表格

次数	1	2	3
V_P(V)			

续 表

次数	1	2	3
$R_S(\Omega)$			
$L_{C'D'}(\mathrm{m})$			
$E_x(\mathrm{V})$			
$\overline{E}_x(\mathrm{V})$			

【问题与讨论】

1. 在图4线路中,闭合K_1,将K_2掷向E_S或E_x后,有时无论怎样调节活动头C和D,电流计的指针总是向一边偏转,试分析可能是哪些原因造成的?

2. 为什么要有调整工作电流这一步骤?

(陈秉岩　刘翠红　骆冠松)

实验 4.2　光电效应及普朗克常数和逸出功测定

1887年,赫兹发现了光电效应现象,以后又经过许多人的研究,总结了一系列实验规律。由于这些规律用经典的电磁理论无法圆满的进行解释,爱因斯坦于1905年应用并发展了普朗克的量子理论,首次提出了"光量子"的概念,并成功的解释了光电效应的全部规律。十年后,密立根用实验证实了爱因斯坦的光量子理论,精确地测定了普朗克常数。爱因斯坦和密立根因在光电效应等方面的杰出贡献,分别于1921年和1923年获得诺贝尔物理学奖。

光电效应通常是指一定频率的光照射在金属表面时会有电子从金属表面逸出的现象。在此类光电效应中,光显示出它的量子性质,所以这种现象对于认识光的本质,具有极其重要的意义。光电效应实验和光量子理论在物理学的发展史中具有重大而深远的意义,利用光电效应制成了许多光电器件,在科学和技术上得到了极其广泛的应用。

【实验目的】

1. 了解光电效应的规律,加深对光的量子性的理解。
2. 测量普朗克常数,验证爱因斯坦光电效应方程。
3. 测量光电管阴极材料的逸出功,掌握测量逸出功的方法。

【实验原理】

用一定频率的光照射到某些金属表面上时,会有电子从金属表面逸出,这种现象叫作光电效应,逸出的电子称为光电子。光电效应的实验规律可归纳如下:

(1) 光电流应和光强成正比;(2) 光电效应存在一个截止频率(阈频率),即当入射光的频率低于某一值比时,不论光的强度如何都没有光电子产生;(3) 光电子的动能和光强度无关,但与入射光的频率成正比;(4)光电效应是瞬时效应,一经光照射,立即产生光电效应。

为了解释光电效应的规律,爱因斯坦提出了"光量子"假设,认为光由光子组成,对于频率为 ν 的光波,每个光子的能量为

$$E=h\nu \tag{1}$$

公式(1)中,h 称为普朗克常量,公认值为 6.626×10^{-34} J·s。

按照爱因斯坦的理论,光电效应实质是光子和电子相碰撞时光子把全部能量传递给电子,电子获得能量后,一部分用来克服金属表面对它的束缚,其余的能量成为电子逸出金属表面后的动能,爱因斯坦提出了著名的光电效应方程:

$$h\nu=\frac{1}{2}mV_0^2+W \tag{2}$$

公式(2)中,$h\nu$ 为光子的能量;W 为电子逸出功;$\frac{1}{2}mV_0^2$ 为光电子获得的初动能。

由公式(2)可知,若光子的能量 $h\nu<W$,即电子吸收光子的能量值仍不足以逸出金属表面则不能产生光电子。产生光电效应的最低频率为 $\nu_0=W/h$,ν_0称为光电效应的截止频率,

不同的金属材料有不同的逸出功 W，对应的截止频率 ν_0 也不相同。由于光强和光量子多少成正比，所以光电流与入射光强也成正比，但是每个电子只能吸收一个光子的能量，因而光电子获得的能量与光强无关，只与光子的频率成正比。

图 1 是密立根建立的实验测量原理。一束频率为 ν 的入射光照射到光电管阴极 K 上，光电子即从阴极 K 中逸出(定义此处势能为 0，光电子动能为 $eU_0=\frac{1}{2}mV_0^2$)。若在阴极 K 和阳极 A 之间外加一个反向电压 U_{KA}，它对光电子起减速作用，随着反向电压 U_{KA} 的加大，到达阳极 A 的电子逐渐减少，这时电流计 G 的读数也将减少，当 U_{KA} 增到某一值 U_0 时，光电流变为零，此时光电子动能为 0，光电子势能为 $eU_0=\frac{1}{2}mV_0^2$，根据能量守恒定律，得到

$$0+eU_0=\frac{1}{2}mV_0^2+0 \tag{3}$$

式中：U_0 为截止电压；eU_0 为光电子克服反向电场所做的功。(3)式表示光电子的初动能全部消耗于克服反向电场所做的功。

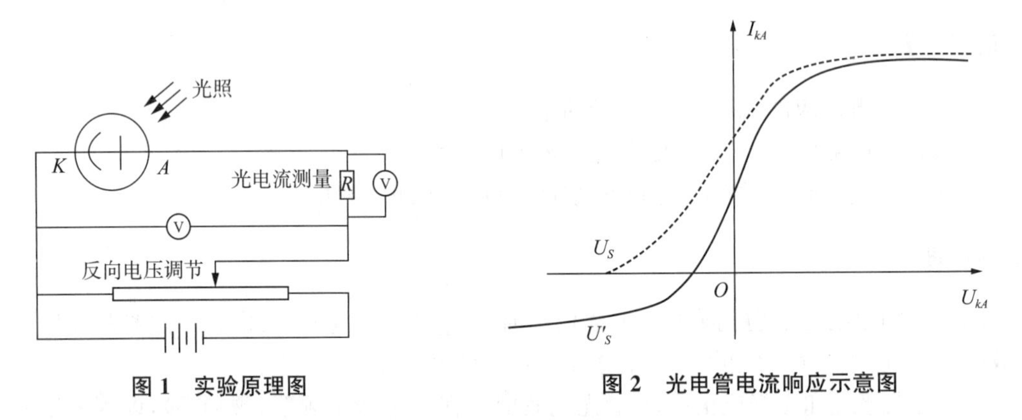

图 1　实验原理图　　**图 2　光电管电流响应示意图**

理想情况下，反向电压 U_{KA} 为零时，阴极发射的光电子因为运动方向随机，只有部分光电子到达阳极，形成光电流 I_{KA}，正向电压 U_{KA} 从 0 逐渐增加时，越来越多的光电子到达阳极，光电流 I_{KA} 逐渐增加，如图 2 所示。当正向电压 U_{KA} 增加到一定程度，把阴极发射的光电子几乎全收集到阳极时，再增加 U_{KA} 时 I_{KA} 不再变化，光电流出现饱和，饱和光电流 I_M 的大小与入射光的强度 P 成正比。反向电压 U_{KA} 从零逐渐增加时，越来越多的光电子到达不了阳极，光电流逐渐减小，当最后一个光电子恰好到达不了阳极时，此时光电流为 0，如图 2 中虚线所示。

在没有光照的情况下，光电管加上电压 U_{KA} 后，也会产生正向或反向的电流，这个电流称为光电管的暗电流。暗电流会随所加电压变化，且反向电压产生的暗电流较大，综合考虑光电流与暗电流，实际测得的电流与电压 U_{KA} 的关系如图 2 中实线所示。

从图 2 实线中精准读取反向截止电压(光电流等于 0、光电管电流不等于 0 时对应的电压)比较困难，这是传统光电效应实验仪测量误差大的主要原因。河海大学光电检测实验室与南京千韵仪器设备有限公司合作研发的 QY_PE1A 型光电效应实验仪，具有光电管暗电流自动补偿功能，实际测得的电流即为光电流，反向截止电压的测量只需要直接读取电流等于 0 时对应的电压值即可(如图 2 中虚线所示)。

将(3)式代入(2)式得

$$h\nu = eU_0 + W \tag{4}$$

公式(4)表明,截止电压 U_0 是频率 ν 的线性函数。对公式(4)进行变换,以入射光频率 ν 作为自变量,截止电压 U_0 作为因变量,可得

$$U_0 = \frac{h}{e}\nu - \frac{W}{e} \tag{5}$$

公式(5)中,用不同频率 ν 的光照射光电管,直接测得对应的反向截止电压 U_0。通过作图法获得 U_0-ν 的关系曲线,根据直线斜率($k=h/e$)和截距($-W/e$),将电子的电荷量 $e=1.602\times10^{-19}$ C 带入,则可以分别获得普朗克常数 h 与阴极材料的逸出功 W。

【实验仪器】

QY_PE1A 型光电效应实验仪由实验仪主体和电压电流仪表箱两部分组成。实验仪主体面板如图 3(左)所示,其中 LED 电源与波长选择区域通过单根手工跳线方式实现波长切换;上方黑色区域为暗盒部分,里面封装有 6 颗单色的 LED 灯珠和光电管(其中,6 颗 LED 的发射光波长分别标注在仪器上。注意不同仪器的 LED 波长稍有不同);中间的 mA 数码显示窗显示 LED 工作电流,LED 光强通过光强度调节旋钮调节流过 LED 的工作电流来实现;右下方的电压调节旋钮用于调节反向截止电压的大小;右上方的光电流、电压接线柱直接与图 3(右)所示的电压电流仪表箱连接,电压电流仪表箱主要是用来测量光电流的大小以及光电管两端电压的大小。

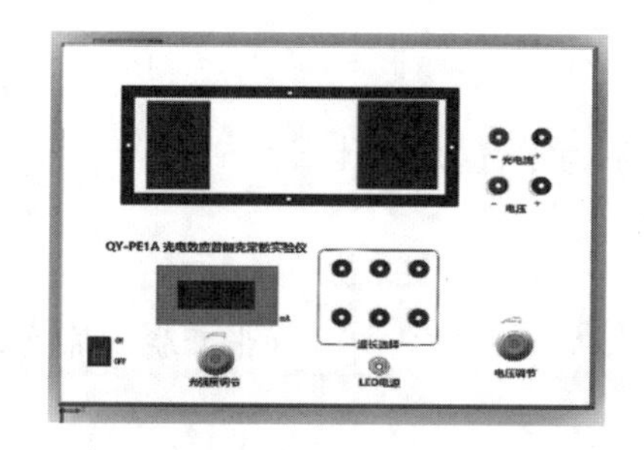

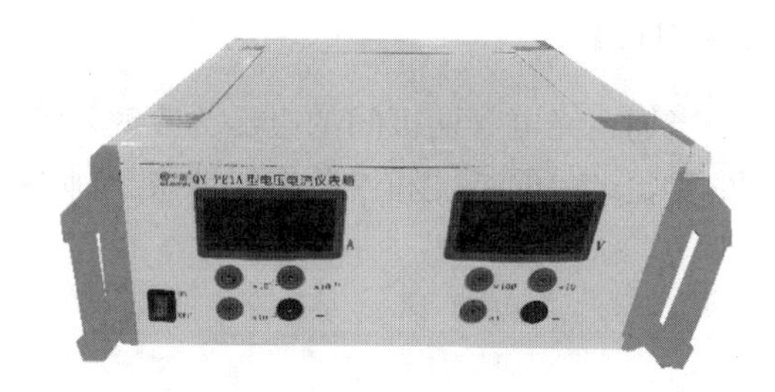

图 3　实验仪主体与仪表箱

【实验内容与步骤】

测量普朗克常数及金属电子逸出功,具体测量步骤如下。

(1) 连接线路,光电流、电压接线柱分别与仪表箱中的电流表、电压电压表相连。

(2) 打开暗盒,观察光源与光电管构造。

(3) 盖上暗盒,打开实验仪和仪表箱的电源。

(4) 将 LED 工作电流设定到 5.00 mA。

(5) 手工跳线选择不同波长的单色光。

(6) 通过旋动“截止电压调节”旋钮改变光电管两端电压大小,当光电流示数为零时,记下仪表箱电压表的示数(电流表显示由－.000 到.000 时的电压),即为截止电压。

(7) 重复步骤(5)～(6),将对应的波长、截止电压测量值等填入表 1(频率可通过波长与

光速的关系直接算出)。

(8) 用作图法求普朗克常数 h 和光电管阴极材料的逸出功 W,并与标准值比较(逸出功可选做)。

(9) 在入射光频率不变时(例如选取某一波长),观察不同入射光强下对应的截止电压是否变化,将数据填入表 2,并简要做出解释。

【数据记录与处理】

表 1　波长与截止电压关系

LED 工作电流:________mA						
波长 λ(nm)						
频率 v_i(10^{14} Hz)						
截止电压 U_i(V)						

表 2　光强与截止电压关系

λ=________nm									
光源工作电流 I(mA)	3.00	3.50	4.00	4.50	5.00	5.50	6.00	6.50	7.00
截止电压 U_i(V)									

截止电压________(是/否)变化。原因:________________________。

【问题与讨论】

1. 当加在光电管两极间的电压为零时,光电流却不为零,这是为什么?
2. 实验结果的精度和误差主要取决于哪些方面?

(张开骁　陈秉岩)

实验 4.3　磁电式电表的改装与校准

电表是用来测量电流或电压的仪器设备。磁电式仪表由于内阻较小(通常小于 2 kΩ)会严重影响被测信号,最小电流响应只能达到 μA 级,最高准确度 1%,不可直接获取数据,已经不能满足各类高精度测量需求。目前的高性能电表,通常是集成高输入阻抗运放、微处理器和高速 ADC 的全数字化电表,其内阻大于 10 GΩ,灵敏度可以测量 fA 级电流,基本准确度可达 0.5%,频率可以响应 DC~GHz,可直接读数或者获取数据。

磁电式仪表由于具有观察方便、无须供电、读数方便、受电磁场影响小等优点,而被广泛应用于电力、工业、农业、教育等多个领域。为了满足多种实际应用需求,经常需要对现有的磁电式电表(表头)进行改装和校准。理工科大学生掌握磁电式电表的改装原理和方法,将为未来掌握各类仪表的设计奠定基础,也可以有效提升自身的工程实践能力和素质。

【实验目的】

1. 掌握磁电式电流表的内阻测量方法。
2. 学会电流表和电压表的改装设计和校准方法。

【实验原理】

未经改装的磁电式电表(电流计)的量程(也称"满度电流/电压")很小,只允许通过微安级或毫安级的电流,只适合测试较小的电流或电压。如果要想测量较大的电流或电压,就必须对小量程的电表进行改装和校准。其改装过程:首先测定表头内阻;再根据实际量程需求,通过并联电阻扩大电流表量程,或串联电阻扩大电压表量程;最后进行校准和标定。

1. 电流计内阻的测定

电流计允许通过的最大电流称为电流计的量程,用 I_g 表示,电流计的线圈有一定内阻,用 R_g 表示,I_g 与 R_g 是两个表示电流计特性的重要参数。测量内阻常用方法有:

(1) 万用表法

使用万用表测量电阻是最直接最简单的方法。为了获得较高精度的表头内阻,通常使用高阻抗高精度数字万用表的欧姆挡测量。由于磁电式万用表的内阻较小,会导致较大的误差,不适合用于测试磁电式表头的内阻。

(2) 半电流法,也称中值法(或半偏法)

测量原理如图 1 所示,当被测电流计接在电路中时,使电流计满偏;再用十进制电阻箱与电流计并联作为分流电阻改变电阻值即改变分流程度;当电流计指针指示到中间值,且总电流强度仍保持不变,显然这时分流电阻值就等于电流计的内阻。

(3) 替代法

测量原理如图 2 所示,当被测电流计接在电路中时,用十进制电阻箱替代它,且改变电阻值;当电路中的电压不变时,且电路中的电流也保持不变,则电阻箱的电阻值即为被测电流计内阻。替代法是一种运用很广的测量方法,具有较高的测量准确度。

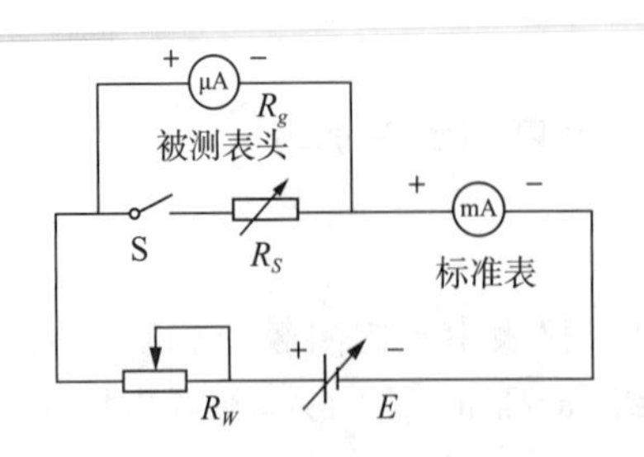

图 1　半电流法测表头内阻

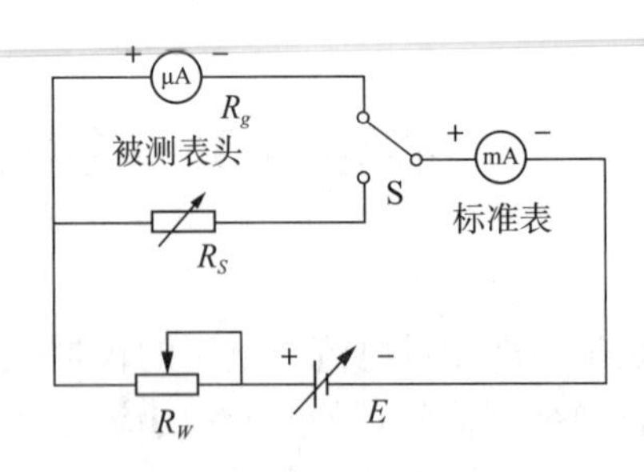

图 2　替代法测表头内阻

2. 改装成大量程的电流表

对于最大量程为 I_g 的电流表，如果待测总电流 I 远大于 I_g，则该电流表直接串入电路系统测试时会烧毁。此时，需要使用一个电阻 R_p 并联到电流表上，保证电流表上分得的电流不超过 I_g，才能用于实际测试。当电流表两端并联一个电阻 R_p 后，流过表头的电流为 I_g，流过并联电阻 R_p 的电流为 I_p，如图 3 所示，并联电阻 R_p 起了分流作用，称为分流电阻。由表头和 R_p 组成了整体可量度较大的电流。

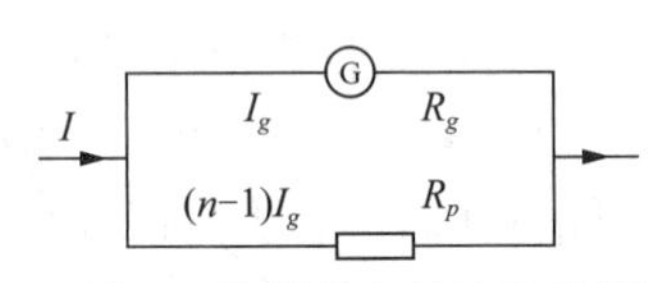

图 3　并联电阻分流电路原理图

若要将量程为 I_g、内阻为 R_g 的电流表的量程扩大 n 倍，改为量程为 I 的电流表，则流过分流电阻 R_p 的电流为

$$I_P = I - I_g = nI_g - I_g = (n-1)I_g \tag{1}$$

据欧姆定律：

$$R_g \cdot I_g = R_p(n-1)I_g \tag{2}$$

则分流电阻为

$$R_p = \frac{R_g}{n-1} \tag{3}$$

3. 改装成大量程的电压表

磁电式电压表，本身实质上是一个电流表。当电流流过磁电式电流表时，由于其内阻的存在，将会在电流表两端产生电压降落。反之，如果对一个电流表两端施加电压，在内部有电流流过，从而使其指针偏转，我们用指针偏转量指示电压值，这就是电压表。

对于最大量程为 I_g 的电流表，如果待测总电压 V 远大于 I_g（对应的电压降落为 $V_g = I_gR_g$），此时，待测电压 V 会烧毁该电流表。通常，由于 R_g 较小（一般小于 2 kΩ），为了避免磁电式电流表上的电流（或电压）过载，需要对其串联一个电阻 R_S，如图 4 所示，磁电式表头内阻 R_g 分配的电压不超过 V_g，串联电阻上分配的电压为 V_s，并且最大待测电压 $V = V_g + V_S$。

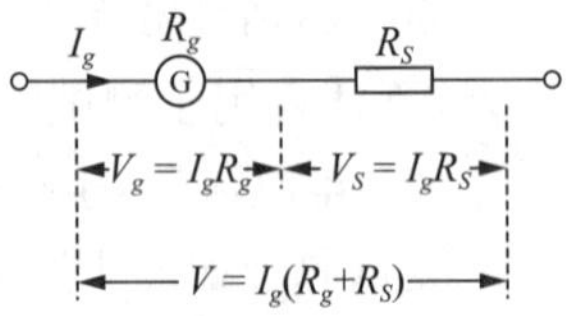

图 4　串联电阻分压电流原理图

如果要将最大电流量程为 I_g、内阻为 R_g 的表头改装为量程为 V 的电压表，则根据欧姆定律，电压为

$$V = I_g(R_g + R_S) \tag{4}$$

则分压电阻为

$$R_S=\frac{V}{I_g}-R_g \tag{5}$$

一个表头可改装成多个量程的电流表或电压表，只需多装几个接头，在每个接头处分别并联或串联适当的电阻就行。使用多量程电表时，应注意每个接头处所标量程的数值，如果超过量程，就可能烧坏电表。

4. 电表的基本误差和校准

电表经过改装或经过长期使用后，必须进行校准。其方法是将待校准的电表和一个准确度等级较高的标准表同时测量一定的电流或电压，分别读出被校准表各个刻度的值 I_{xi} 和标准表所对应的值 I_{Si}，得到各刻度的修正值 $\delta I_{xi}=I_{Si}-I_{xi}$。以 I_x 为横坐标、δI_x 为纵坐标画出电表的校正曲线，两个校准点之间用直线连接，整个图形是折线状，如图 5 所示。以后使用这个电表时，根据校准曲线可以修正电表的读数，得到较准确的结果。由校准曲线找出最大误差 δI_m。

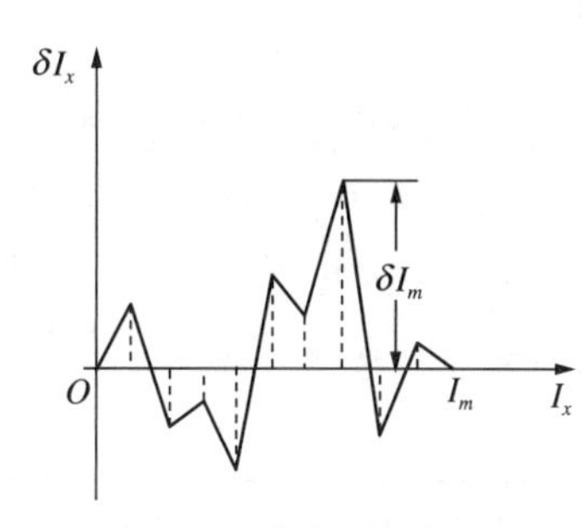

图 5　电表校正曲线

由此可知

$$K\%=\frac{\text{最大绝对误差}}{\text{量程}}\times 100\% \tag{6}$$

由此式可计算出待校准电表的准确度等级 K。

【实验仪器】

ZC1508 型电表改装与校准实验仪、万用表、导线等。ZC1508 型电表改装与校准实验仪集成了 100 μA 的小量程磁电式表头、电阻箱、伏特表、安培表、电键、电源、滑动变阻器等，实验过程中直接调节所需元件参数，并使用导线连接各器件即可。

【实验内容与步骤】

1. 测试表头内阻

本实验中选用的 100 μA 的微安表头，利用替代法和半电流法测量待改装表头的内阻。替代法测得表头内阻 $R_g=$________Ω，半偏法测得表头内阻 $R_g=$________Ω，采用替代法测得的 R_g 进行实验。

2. 电流表扩量程

将最大量程为 100 μA 的电流改装为最大量程为 5.0 mA 的电流表，并校准。计算出的分流电阻值 $R_{A理}=$________Ω，$R_{A实}=$________Ω。

表 1　改装电流表

表头示数(μA)	改装表电流(mA)	标准表读数(mA)			示值误差 ΔI(mA)
		减小时	增大时	平均值	
	1.0				
	2.0				

续 表

表头示数 (μA)	改装表 电流(mA)	标准表读数(mA)			示值误差 ΔI(mA)
		减小时	增大时	平均值	
	3.0				
	4.0				
	5.0				

注:示值误差是指改装表电流和标准表读数的差的绝对值。

3. 将电流表改为电压表

将最大量程为 100 μA 的电流改装为最大量程为 1.5 V 的电压表,并校准。计算出的扩程电阻值 $R_{V理}=$________Ω,$R_{V实}=$________Ω。

表 2 改装电压表

表头示数 (μA)	改装表 电压(V)	标准表读数(V)			示值误差 ΔU(V)
		减小时	增大时	平均值	
	0.3				
	0.6				
	0.9				
	1.2				
	1.5				

注:示值误差是指改装表电压和标准表读数的差的绝对值。

4. 电表的校正曲线和准确度 $K\%$

根据实验数据记录表 1 和表 2,在坐标纸上分别描绘所改装的电流表和电压表的校正曲线,并确定其精度等级 K 值。

【注意事项】

实验前需检查各个电表的零点,连通电路前务必检查电路的连接是否正确,防止短路造成过大电流烧毁仪表设备。

【问题与讨论】

1. 改装后的电表为何要进行校准?怎样校准?

2. 校准电流表时,如果发现改装表的读数相对于标准表的读数都偏高,为了达到标准表的数值,请分析如何调整分流电阻的阻值?

3. 校准电压表量程时,如果发现被校准表的数值与标准表相比偏高,为了达到标准表的数值,请分析如何调整分压电阻的阻值?

(陈秉岩 刘晓红 骆冠松)

实验 4.4　数字万用表的原理和设计

万用表是一种理工科类学习、科研和工作中常用的电子和电气测量设备。理工科大学生应该掌握数字万用表的工作原理，并能设计和调试相应的功能电路。与磁电式万用表相比，数字万用表的工作原理完全不一样，其精度更高、功能更多、技术更复杂。主要的数字万用表品牌有：福禄克(FLUKE)、胜利仪器(VICTOR)、优利德(UNI-T)等。数字万用表的新技术发展方向：自动识别功能、自动换量程、数据存储与通信、万用表与示波器合体，采用低阻抗半导体开关切换功能消除机械损耗。数字万用表采用模数转换器(Analog-to-Digital Converter：ADC)作为测量部件，与指针式万用表相比具有以下特性：

一、数字万用表具有的优良特性

1. 测量功能完备。数字万用表除了具有与模拟式万用表一样的电阻、交直流电压、交直流电流测量功能之外，还具有测量电容容量、电感感量、温度、二极管参数、三极管参数和信号频率等功能。较高挡的数字万用表还具有信号波形显示和存储功能等。

2. 高精确度和高分辨率。数字万用表的测量精度，代表测量值与实际值的接近程度(通常与 ADC 的分辨率密切相关)，数字万用表有多种精度等级。数字万用表的测量精度都优于 0.5%，远高于指针式万用表(磁电式表头，精度为 2.5%)。

数字万用表的分辨率(resolution)是指数字万用表能够测量数值的最小增量，它代表了仪表的灵敏度。通常三位半数字万用表的分辨率可以达到 0.1 mV(或 0.1 μA、0.1 Ω)，远高于指针式万用表。

3. 输入阻抗高。三位半表头的输入阻抗一般为 10 MΩ，四位半表头的输入阻抗大于 100 MΩ，而指针式万用表的输入典型值为 1 kΩ～10 kΩ。

4. 测量速度快。数字万用表测量速度取决于 ADC 的转换速度，三位半和四位半数字万用表的测量速率为 2～4 次/秒，高的可达到每秒上千次。

5. 自动识别极性。指针式万用表采用单向偏转表头，被测极性反向时会反打，极易损坏，而数字万用表能自动识别被测信号的极性，使用非常方便。

6. 全部测量结果实现数字直读。指针式万用表采用刻度表盘，不便于直读，易出错。特别是电阻挡的刻度，既是反向读数(由大到小)又是非线性刻度，还要考虑挡的倍乘。而数字万用表则没有这些问题，换挡时小数点自动显示，所有被测信号都可以直接读数。

7. 自动校零。由于采用了自动调零电路，数字万用表校准后使用时无须调校，比指针万用表使用方便。

8. 抗过载能力强。数字万用表有比较完善的保护电路，具有很强的抗过压、过流的能力。

二、数字万用表具有的弱点

1. 普通数字万用表不具备指针表所具有的可观察到指针的偏转过程，在观察充放电过程时不够方便。不过，中高挡数字万用表已经具有了与模拟表一样的偏转指示功能。

2. 数字万用表的量程转换开关通常与电路板是一体的，触点电流电压容量小，机械强度不够高，寿命较短，使用时间稍微长后容易出现换挡不灵等问题。

3. 通常“V/Ω”挡共用一个表笔插孔，“A”挡单独用一个插孔。使用时应注意调换插孔，否则可能造成仪表损坏。

【实验目的】

1. 掌握数字万用表的工作原理及其特性，了解 ADC 的应用。

2. 掌握实用分压电路、实用电流取样电路、电阻比例电路的设计过程。

【实验原理】

一、数字万用表的基本组成

数字万用表的组成较为复杂，其内部基本功能框图如图 1 所示。信号的模拟-数字转换器(ADC)和译码显示电路是数字测量仪表的核心。

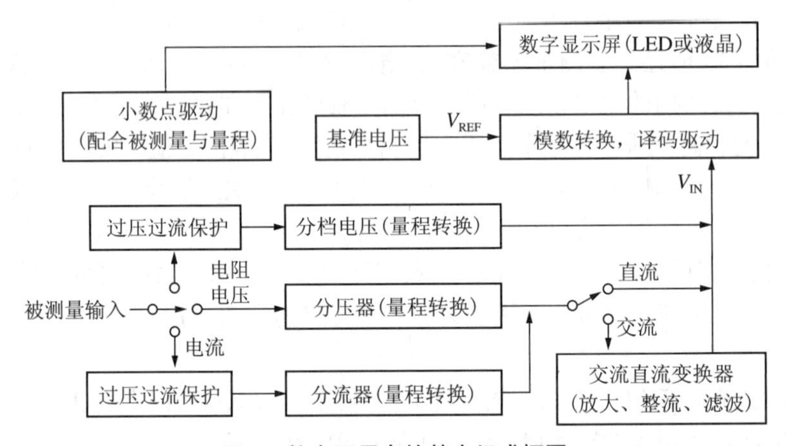

图 1　数字万用表的基本组成框图

除了图 1 所示的基本组成之外，数字万用表通常还有声音报警器电路、二极管检测电路、三极管 h_{FE}测量电路、电容测量电路、温度测量电路、工作电源电压监测与提示电路、自动延时关机电路等。中高挡数字万用表还具有电感测量功能、频率测量功能、信号波形显示与存储功能、计算机通信功能等。本实验只研究数字万用表的基本组成部分。

二、ADC 与数字显示电路

1. ADC 及数字信号采集的基本概念

常见的物理量都是大小随时间连续变化的模拟量(模拟信号)。指针式仪表可以直接对模拟电压、电流进行检测。而要对模拟信号进行数字转换时，需要把模拟电信号(如电压信号等)通过特定的技术(如 ADC 技术)转换成随时间离散变化的一系列用二进制数表示的信号，再通过处理(如 CPU 的采集、处理、存储、显示、传输、打印等)得到直观的数字信号。更多有关模数转换原理可参考电子技术等资料。

2. ADC 分辨率(精度)概念

ADC 将模拟信号转换为数字信号后，满量程转换结果的最大二进制位数称为 ADC 的分辨率，通常未带译码器的 ADC 的分辨率有 8 bit，10 bit，14 bit，16 bit，18 bit，20 bit，22 bit，24 bit 几种。分辨率越高的 ADC 意味着用于测量同一个物理量时可以测到更多的有效数字，也就是说具有更高的测量精度。

数字表头是一种集成了 ADC、译码器和显示器的模拟电压、电流测量装置，其精度通常表示为“$x\frac{z}{y}$位”(读作：x 又 y 分之 z 位)。其中，x 是能显示从 0 到 9 的全数字的位数，y 是满量程时最高位的数字，z 是最高位能显示的最大数字。最高位 z 显示为 0 或 1 则记为 1/2 位(半位)、0～4 则记为 3/4 位、0～5 则记为 4/5、0～6 则记为 5/6。常见的精度及满量程示数有：$3\frac{1}{2}$：1 999 精度 0.5%，$4\frac{1}{2}$：19 999 精度 0.05%，…，$7\frac{1}{2}$：19 999 999 精度 5×10^{-8}；$3\frac{3}{4}$：3 999 精度 2.5×10^{-4}，$4\frac{3}{4}$：39 999 精度 2.5×10^{-5}，$5\frac{3}{4}$：399 999 精度 2.5×10^{-6}；$3\frac{4}{5}$：4 999 精度 2.0×10^{-4}，$4\frac{4}{5}$：49 999 精度 2.0×10^{-5}；$3\frac{5}{6}$：5 999 精度 2.0×10^{-6}等。三位半$\left(3\frac{1}{2}位\right)$表头的精度相当于 11 位的 ADC($2^{11}=2\,048\approx1\,999$)，四位半表头的精度相当于 14 位的 ADC($2^{14}=16\,384\approx19\,999$)。

3. 译码及显示电路

译码及显示电路是把人不容易读懂的数字信号(二进制、十六进制数)转换成人习惯阅读的十进制数的器件或装置。如常用的译码器有驱动共阳极数码管的 74LS47、CD4511 和驱动共阴极数码管的 74LS48，以及驱动液晶显示屏的 CD4055 等，也有在 MCU 内部采用软件实现的程序译码器。

三、数字万用表设计原理

1. 直流电压测量挡电路的设计

在数字表头前连接一级分压电路(分压器)，可以扩展直流电压测量的量程。如图 2(a)所示，U_0 为数字电压表的量程(如 200 mV)，r 为表头内阻(如 10 MΩ)，r_1、r_2 为分压电阻，U_{i0} 为扩展后的量程。

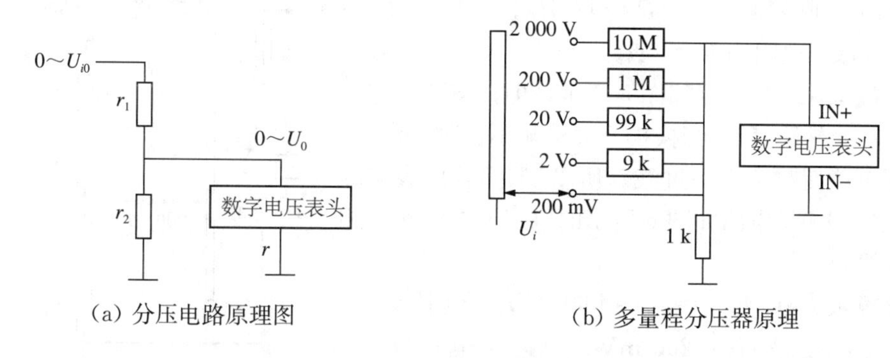

(a) 分压电路原理图　　(b) 多量程分压器原理

图 2　分压电路

由于 $r\gg r_2$，所以分压比为$\frac{U_0}{U_{i0}}=\frac{r_2}{r_1+r_2}$，扩展后的量程为 $U_{i0}=\frac{r_1+r_2}{r_2}U_0$。多量程分压器原理如图 2(b)所示，5 挡量程的分压比分别为 1、0.1、0.01、0.001 和 0.000 1，对应的量程分

别为 2 000 V,200 V,20 V,2 V 和 200 mA。采用图 2(b)的分压电路虽然可以扩展电压表的量程,但在小量程挡明显降低了电压表的输入电阻,这在实际应用中是不希望的。所以,实际数字万用表的直流电压挡采用图 3 所示电路,它能在不降低输入阻抗的情况下,达到同样的分压效果。

例如,其中 200 V 挡的分压比为

$$\frac{R_4+R_5}{R_1+R_2+R_3+R_4+R_5}=\frac{10\ \text{k}\Omega}{10\ \text{M}\Omega}=0.001$$

实际设计时是根据各挡的电压比和总电阻来确定各个分压电阻的。如先确定

$$R_{总}=R_1+R_2+R_3+R_4+R_5=10\ \text{M}\Omega$$

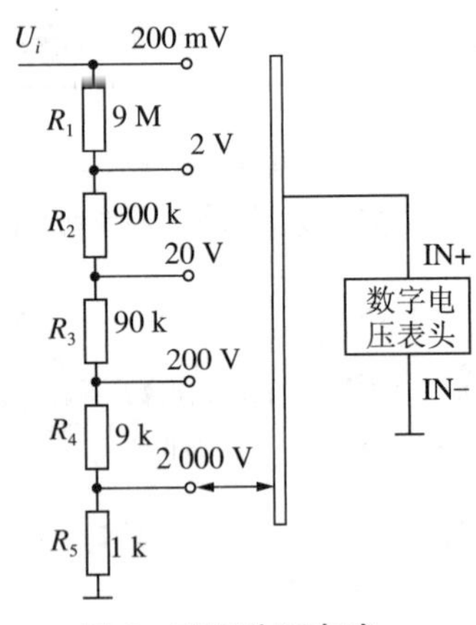

图 3　实用分压电路

再计算 2 000 V 挡的电阻 $R_5=0.000\ 1R_{总}=1\ \text{k}\Omega$。

依次计算各挡电阻。计算得最大量程为 2 000 V,但实际测量中考虑到耐压和安全,规定最高不超过 1 000 V。换量程时,多量程转换开关可以根据挡位自动调整小数点的显示。

2. 直流电流测量挡电路的设计

根据欧姆定律,用合适的取样电阻把待测电流转换为相应的电压,再进行测量。如图 4 所示,由于 $r\gg R$,取样电阻上的电压降为 $U_i=RI_i$,被测电流为 $I_i=U_i/R$。

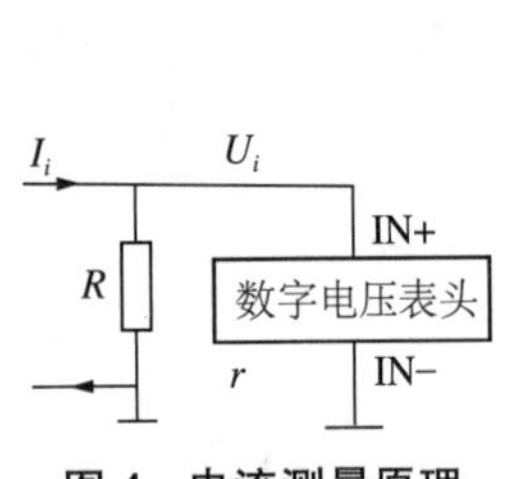

图 4　电流测量原理

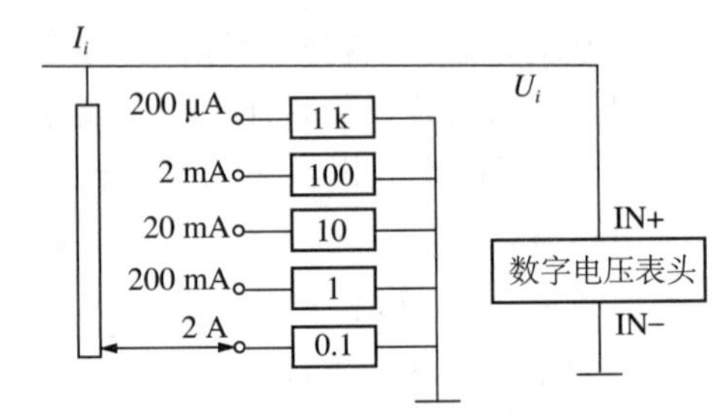

图 5　多量程电流取样电路

数字表头的量程 $U_0=200$ mV,欲使电流挡量程为 I_0,则该挡的取样电阻为 $R=U_0/I_0$,如要求 $I_0=200$ mA,则取样电阻为 $R=1\ \Omega$。

多量程电流取样电路如图 5 所示。但该电路在实际使用中有一个缺陷,就是当换挡开关接触不良时,被测电路的电压可能使数字表头过载。所以,数字万用表实际使用的多量程测量电路如图 6 所示的电流取样电路。相关参数计算过程为:

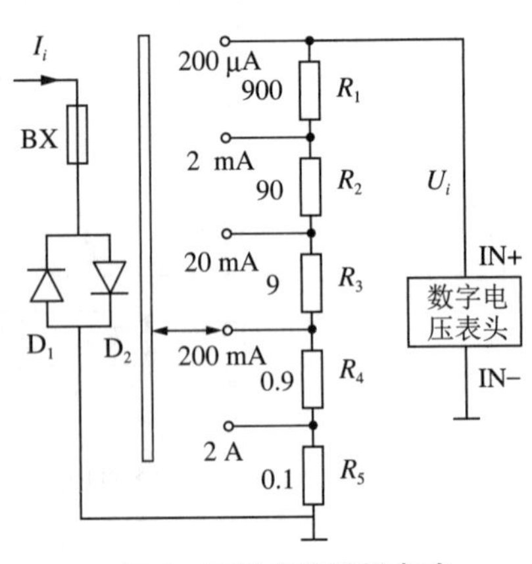

图 6　实用电流取样电路

先计算最大电流 $I_{m5}=2$ A 挡的电流取样电阻 R_5

$$R_5=\frac{U_0}{I_{m5}}=\frac{200\ \text{mV}}{2\ \text{A}}=0.1\ \Omega$$

再计算下一电流挡 $I_{4m}=0.2$ A 的 R_4

$$R_4=\frac{U_0}{I_{m4}}-R_5=\frac{200\ \text{mV}}{0.2\ \text{A}}-0.1=0.9\ \Omega$$

其他各挡计算请同学们在数据处理部分完成。

图 6 中 BX 是 2 A 保险丝，电流过大时会快速熔断，起过流保护作用。两只反向连接且与电流取样电阻并联的二极管 D_1、D_2 为整流二极管，它们起双向限幅过压保护作用。

用 2 A 挡位，若发现电流大于 1 A 时，应不使测量时间超过 20 秒，以免大电流引起较高温度影响测量精度甚至损坏电表。

3. 交流电压、电流测量电路的设计

数字万用表测量交流电压、电流的思想是先把交流电压或电流信号转变成直流信号量，再通过测量直流信号量来确定交流信号的有效值。交流-直流（AC - DC）变换器如图 7 所示。该变换器主要由运算放大器、整流二极管、校准电位器和 RC 滤波器组成。

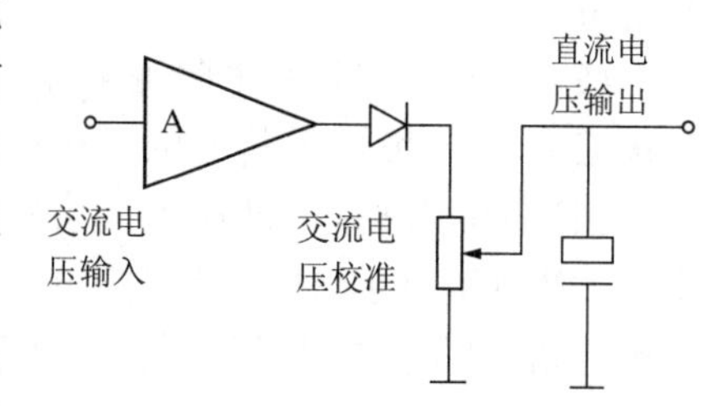

图 7　交流-直流（AC - DC）变换器原理简图

交流信号经过运算放大器组成的电压跟随器（电压峰峰值不变，但电流得到了放大）和放大电路，再使用整流二极管进行半波整流。校准电位器和电容 C 构成的滤波器可以滤除信号经过半波整流后剩余的交流成分和高次谐波。校准电位器的另一个作用是调节被测信号的有效输出值。

同直流电压测量挡类似，出于仪表对耐压和安全的考虑，交流电压挡的最大测量输入电压通常限制为 700 V（有效值），频率范围为 40～400 Hz，有的型号可以达到 1 000 Hz。

4. 电阻测量挡电路的设计

数字万用表中的电阻测量挡采用的是比例法，其电路原理如图 8 所示。由精密稳压管 DZ（通常使用稳压集成模块）提供基准电压，由于数字表头阻抗很高，忽略流入 U_{REF} 和 U_{IN} 端口的电流，流过标准电阻 R_0 和被测电阻 R_x 的电流基本相等。于是，ADC 的参考电压 U_{REF} 和输入电压 U_{IN} 之间有如下关系：

$$\left.\begin{array}{l}U_{REF}=I_0R_0\\U_{IN}=I_0R_x\end{array}\right\}\Rightarrow\frac{U_{REF}}{U_{IN}}=\frac{R_0}{R_x}，即\ R_x=\frac{U_{IN}}{U_{REF}}R_0$$

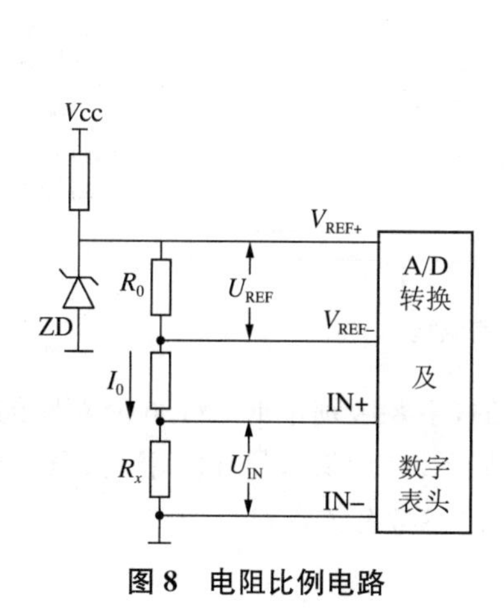

图 8　电阻比例电路

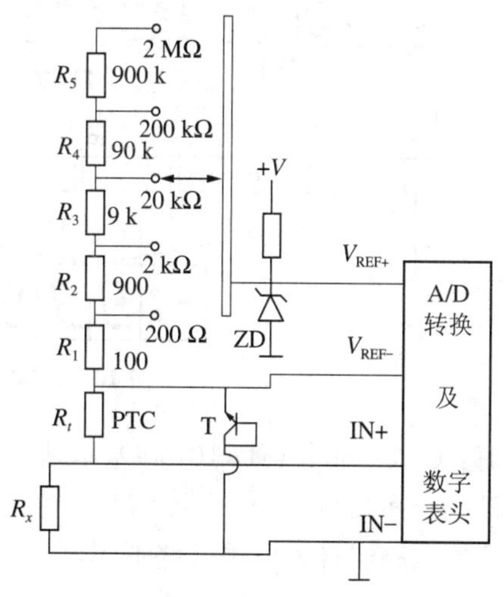

图 9　多量程电阻测量电路

数字表头显示的数据即为电压 U_{IN} 与 U_{REF} 的比值，也是电阻 R_x 与 R_0 的比值。例如，当 $U_{IN}=U_{REF}$ 时显示"1 000"，当 $R_x=0.5R_0$ 时显示"500"，这称为比例读数特性。因此，只用选取不同的标准电阻并适当地对小数点进行定位，就能得到不同的电阻测量挡。

设计例子：对 200 Ω 挡，取 $R_{01}=100\ \Omega$，小数点定位在十位上，当 $R_x=150\ \Omega$ 时，表头就会显示"150.0(Ω)"；对 2 kΩ 挡，取 $R_{02}=1\ \text{k}\Omega$ 小数点定位在千位上，当 R_x 在 0.001 kΩ～1.999 kΩ变化时，相应显示在 0.001 kΩ～1.999 kΩ 变化.其他各挡的计算请同学们在数据处理部分完成。

数字万用表多量程电阻测量各挡电路如图 9 所示。图中有一个由正温度系数(PTC)热敏电阻 R_t 与三极管 T 构成的过压保护电路，以防止误用电阻挡去测量高压时损坏集成电路。当误测高压时，三极管 T 发射极立即击穿，从而限制了输入电压的升高。同时，R_t 随着电流的增加而增加，使 T 的击穿电流不超过允许范围，即 T 处于软击穿状态，不会损坏，一旦解除错误操作，R_t 和 T 都能恢复正常。

【实验仪器】

ZC1509 型数字万用表原理与改装实验仪和标准表 UT55/51。

ZC1509 型数字万用表实验仪的核心是由转换器 ICL7107 构成的三位半数字表头。校准用的标准表 UT55 的核心转换器是 ICL7106。ICL7107/6 电路原理如图 10 所示，由模数转换器(集成 ADC、译码器于一体)、外围电路、LED 显示器构成。该模数转换器包括 2 个测量电压输入端(IN＋和 IN－)、2 个基准电压输入端(V_{REF+} 和 V_{REF-})和 3 个小数点驱动输入端。

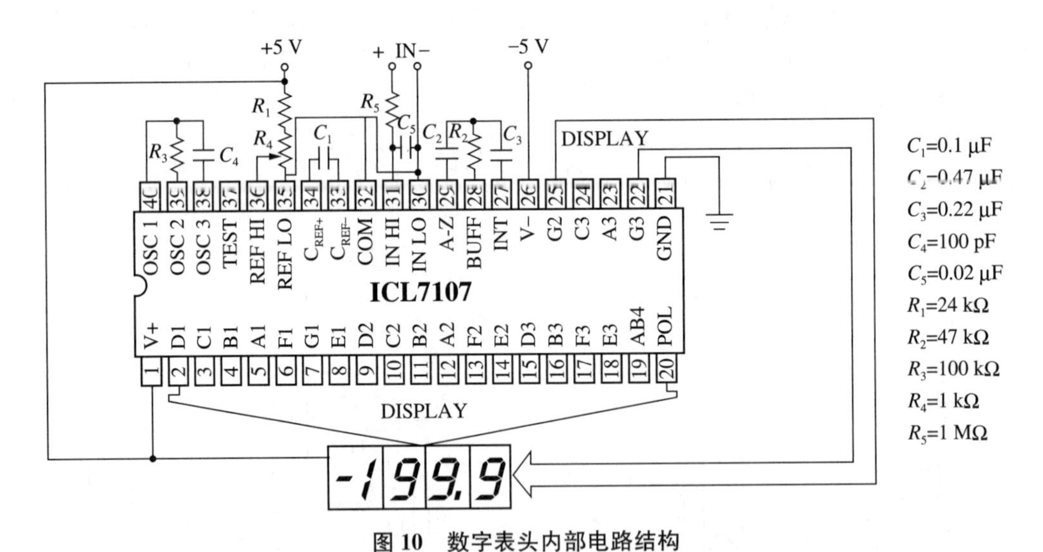

图 10　数字表头内部电路结构

注意：ICL7106 和 ICL7107 在基本功能上是相同的，主要区别是 ICL7106 所对应的显示设备是液晶显示器(LCD)，而 ICL7107 对应的是数码显示器(LED)；另在应用上 ICL7106 和 ICL7107 的电路连接和电源有些不同，使用时应注意(请参考有关资料)。

【实验内容与步骤】

1. 必做内容：多量程直流数字电压表设计与校准

(1) 按照图11所示连接电路，将标准表UT55设置在"DC200 mV"测试功能，红黑表笔分别并联在实验仪的"直流电压电流"输出接线孔上。调节"直流电压电流"输出电压值，UT55测得的电压值为DC150～190.0 mV之间。

(2) 将数字表头的"IN＋"连线连接到9 M端，ZC1509型数字万用实验仪使用过程中，设计电压表和电流时，将参考电压开关设置为"内部参考电源"，此时内部提供100.0 mV的基准源(如果使用UT55测试，示数约为99.9 mV)。

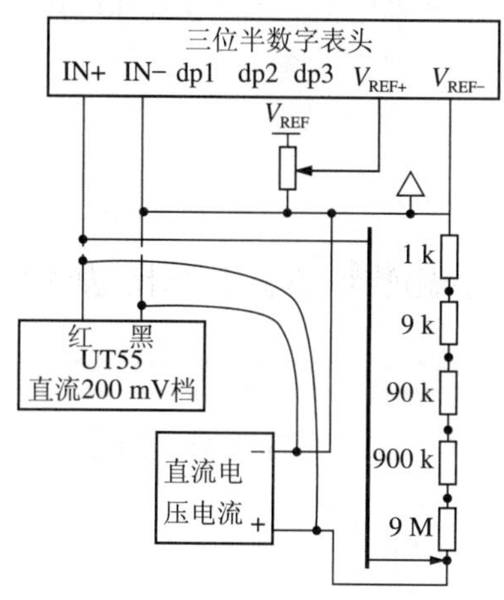

图11　多量程直流数字电压表设计原理图

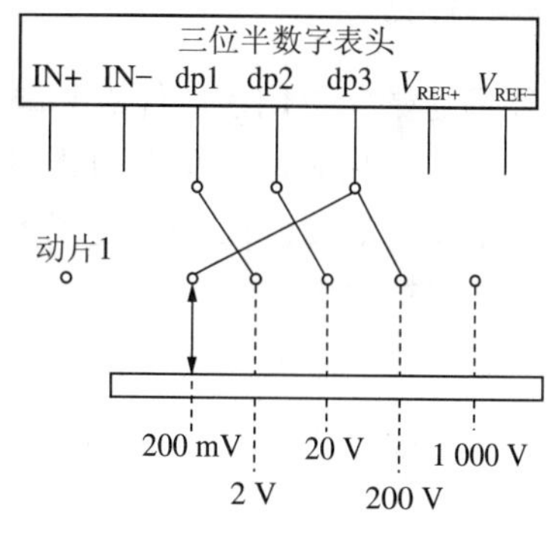

图12　多量程表小数点控制电路

(3) 使用所设计的多量程直流电压表进行测量使用

以上(1)～(2)所完成的实际上是DC200 mV测量挡，如果电路无故障，实际上已经具有了多量程测量功能。换挡时间，只需将"IN＋"的连线分别处于9 M与900 k、900 k与90 k等连接孔即可。

注意：仪器上的"动片2"作为量程转换开关，由于大部分同学不一定知道其内部基本结构，在实验过程中可以不使用，如需要换挡则直接按(3)所述的换挡方法即可；"动片1"作为控制小数点显示连线，在实验中的意义不大，但要求同学们能在即便不使用该功能的情况下也知道小数点处于什么位置。

2. 选做内容：多量程电流表、电阻表、交流电压表、交流电流表的设计由学生自主完成。

【注意事项】

1. 加电前确认接线无误，严禁带电接线和拆线。

2. 如果数字表头无法校准，应重点检查电路连线和极性。

3. 严禁用电流/电阻挡测量电压，以免保护电路过载损坏设备。

4. 选择合适挡位，使测量结果的有效数字位数最多(精度最高，提醒：当表头最高位显示"1或−1"其余不亮时，代表输入超量程。此时，应尽快改用大量程挡测量输入信号；当待测输入量是表头满量程的约75%时，测量精度最高)。

5. 不可强扯接线插头，如果接线插头过紧可稍微旋转后再拔插。

6. 严禁使用除了 AC750V 挡之外的量程和接线孔测试 AC220 V。

【数据记录与处理】

1. 计算直流(或交流)电压表设计中各个电阻的阻值(必做内容)

要求：写出各个电阻阻值的计算过程。

2. 计算直流(或交流)电流表设计中各个电阻的阻值(选做内容)

要求：写出各个电阻阻值的计算过程。

3. 使用所设计的万用表进行实验测量结果记录

使用所设计的数字万用表对直流电压、交流电压、直流电流、交流电流和电阻进行实验测量，并做数据记录。

【问题与讨论】

1. 简述数字万用表的优点和缺点。

2. 假如需要采用实验中的数字表头设计一个数字温度计，该怎样设计？如果需要设计的是一个简易的测谎仪，又该怎样设计？

(陈秉岩　刘翠红　骆冠松)

实验 4.5　扭摆法测定物体转动惯量

转动惯量是表征转动物体惯性大小的物理量，是工程技术中重要的力学参量。转动惯量在旋转动力学中的角色相当于线性动力学中的质量，可理解为一个物体对于旋转运动的惯性，用于建立角动量、角速度、力矩和角加速度等数个量之间的关系。在工程上，保持高速转动机电部件(如车轮、飞轮、电机转子)的转动惯量平衡，是设备可靠运行的重要条件。

【实验目的】

1. 用扭摆测定不同形状刚体的转动惯量。
2. 验证转动惯量平行轴定理。

【实验原理】

转动惯量，是刚体绕轴转动时惯性(回转物体保持其匀速圆周运动或静止的特性)的量度，用字母 I 或 J 表示(kg · m)。对于质量连续分布的刚体，其转动惯量表达式为：

$$J=\int r^2\mathrm{d}m \tag{1}$$

式中：J 是刚体的转动惯量；r 是刚体上距离转轴的距离；m 是刚体的质量元。刚体的转动惯量与刚体的形状、质量分布和转动轴有关。

如果刚体形状规则，质量分布均匀，其绕特定转轴的转动惯量可以直接计算。如果刚体形状复杂、质量分布不均匀，其转动惯量计算复杂，通常采用实验的方法来测定。实际测量转动惯量的仪器有三线摆、扭摆、复摆和特制等。本实验采用扭摆测量刚体的转动惯量。

1. 连接转轴；2. 扭转弹簧；3. 水平仪；4. 样品更换按键；5. 底座。

图 1　扭摆装置

扭摆装置结构如图 1 所示，连接转轴 1 上装有薄片状扭转弹簧 2(扭转系数为 K)。轴的上方可以装上待测物体，将其在水平面内转过一角度 θ 后，在扭转弹簧的恢复力矩 $M=-K\theta$ 作用下物体开始绕垂直轴作往返扭转运动。根据刚体定轴转动定律，弹簧恢复力矩 M、扭转系数 K、转动惯量 J、扭转角度 θ、角加速度 α 和回转时间 t 之间遵循如下公式：

$$M=-K\theta=J\alpha=J\frac{\mathrm{d}^2\theta}{\mathrm{d}t^2} \tag{2}$$

根据胡克定律和转动定律可知，忽略轴承的磨擦阻力矩，在角度较小的情况下，公式(2)中的扭摆转动满足谐振方程：

$$\alpha=\frac{\mathrm{d}^2\theta}{\mathrm{d}t^2}=-\frac{K\theta}{J}=-\omega^2\theta \tag{3}$$

式中：α 为角加速度；J 为转动惯量。此振动的周期为 $T=\frac{2\pi}{\omega}=2\pi\sqrt{J/K}$。如果通过实验测得摆动周期 T，在 J 和 K 中任何一个量已知时即可计算出另一个量。由于每台仪器弹簧的扭转常数 K 是不尽相同的，不可以直接给出，所以我们首先要测出弹簧的扭转常数 K。

本实验先用一个几何形状规则的物体作为参照物体，它的转动惯量可以根据它的质量和几何尺寸用理论公式直接计算得到。若两个刚体绕同一个转轴的转动惯量分别为 J_1 和 J_2，当它们被同轴固定在一起时，则总的转动惯量变为：$J_{总}=J_1+J_2$。

实验中可先测量空载物盘的摆动周期 T_0，它的转动惯量 $J_0=\frac{T_0^2K}{4\pi^2}$，然后将作为参照物体的塑料圆柱体放在载物盘上测出摆动周期 T_1，总转动惯量为 $J_0+J'_1=\frac{T_1^2K}{4\pi^2}$。塑料圆柱体的转动惯量为：

$$J'_1=\frac{(T_1^2-T_0^2)K}{4\pi^2}=\frac{1}{8}mD^2 \tag{4}$$

由参照物体的转动惯量，就可算出本仪器弹簧的 K 值：

$$K=\frac{4\pi^2J'_1}{T_1^2-T_0^2} \tag{5}$$

知道了弹簧的 K 值，要测定其他形状物体的转动惯量，只需将待测物体安放在本仪器顶部的各种夹具上，测定其摆动周期，即可算出该物体绕转动轴的转动惯量。若物体是放在载物盘上，计算其转动惯量时，需减去载物盘的转动惯量：

$$J_0=\frac{J'_1T_0^2}{T_1^2-T_0^2} \tag{6}$$

理论分析证明，若质量为 m 的物体绕质心轴的转动惯量为 J_0 时，当转轴平行移动距离为 X 时，则此物体对新轴线的转动惯量变为

$$J=J_0+mX^2 \tag{7}$$

(7)式称为转动惯量的平行轴定理。即 J 与 X^2 呈线性关系。

【实验仪器】

1. 天平，游标卡尺，米尺。
2. 待测物体：实心塑料圆柱体、空心金属圆筒、实心球、金属细杆(两块金属滑块)。
3. 转动惯量组合测试仪(ZC118 型转动惯量实验仪、ZC12 系列物理实验通用计时装置)。

如图 2 所示，转动惯量组合测试仪主要由主机和光电传感器两部分组成。主机采用新型的单片机作控制系统，用于测量物体转动和摆动的周期。光电传感器主要由红外发射管和红外接收管组成，将光信号转换为脉冲电信号，送入主机工作。

图 2　转动惯量组合测试仪

ZC118型转动惯量实验仪的操作：更换样品时，按压“样品更换按键”即可使样品下端的“套管”与“连接转轴”分离。安装样品时，将样品下端的“管套”套到“连接转轴”上并轻微按压即可。禁止反复手动扭转样品，以免损坏扭转弹簧。

ZC12系列物理实验通用计时装置，用作记录周期设置：按压“功能”→选择“周期”→按压“置数”(设置触发周期数 $n=5\sim10$)；周期测试流程：按压“复位”→按压“执行”(开始测试，触发 n 次后显示“总时间”)。

【实验内容与步骤】

1. 测出塑料圆柱体的外径，金属圆筒的内、外径，实心球直径，金属细杆长度及各物体质量。并根据塑料圆柱体的外径，计算出其转动惯量的理论值 J_1。

2. 调整扭摆基座底角螺丝，使水平仪的气泡位于中心。

3. 测定扭摆弹簧的扭转常数 K，并测定金属圆筒、实心球与金属细长杆的转动惯量，将测量结果与理论值比较，求百分差。

(1) 金属载物盘装在转轴支架上，调整光电探头的位置使载物盘上的挡光杆处于其缺口中央且能遮住发射、接收红外光线的小孔；设定计数器次数，旋转金属载物盘，使弹簧卷扭转的角度在 $50°\sim90°$范围内，然后释放，按下计数器开始按钮，测定其摆动周期 T_0。

(2) 塑料圆柱体垂直固定在金属载物盘上，测定其共同的摆动周期 T_1，计算弹簧的扭转常数 K。

(3) 将金属圆筒垂直固定在载物盘上，测定其共同的摆动周期 T_2；计算金属圆筒的转动惯量(计算时要在系统总的转动惯量中扣除原载物盘的转动惯量)。

(4) 装上实心球，测定摆动周期 T_3；计算实心球的转动惯量(在计算实心球的转动惯量时，应扣除支架的转动惯量)。若支架的尺寸和质量与实心球相比很小，可以忽略。

(5) 装上金属细杆(金属细杆中心必须与转轴重合)，测定摆动周期 T_4；计算金属细杆的转动惯量(在计算金属细杆的转动惯量时，应扣除支架的转动惯量)。

4. 将滑块对称放置在细杆两边的凹槽内，使滑块质心离转轴的距离分别为 50.0 mm，100.0 mm，150.0 mm，200.0 mm，250.0 mm，分别测定摆动周期 T；计算转动惯量，并作出 $J-X^2$ 曲线，验证转动惯量平行轴定理(计算转动惯量时，应扣除金属细杆和支架的转动惯量)。

【注意事项】

1. 样品的“套管”与“连接转轴”进行连接和分离操作，应该配合“样品更换按键”进行分离。禁止反复扭转样品，以免损坏扭转弹簧。

2. 为防止过强光线对光电探头的影响，光电探头不能置放在强光下，实验时采用窗帘遮光，确保计时的准确。

3. 记录周期时，注意受外力作用的那个周期，即第1个周期不应被计入。

4. 实验过程中应保证整个装置水平。

【数据记录与处理】

表 1　测量规则物体对转轴的转动惯量(20 分)

物体名称	质量(kg)	几何尺寸(10^{-3}m)		扭摆周期测量数据		转动惯量理论值(10^{-4}kg·m^2)	转动惯量实验值(10^{-4}kg·m^2)	百分误差
金属载物盘+支架轴	/	/		周期数 n	10	/	$J_0=\frac{J'_1\overline{T}_0^2}{\overline{T}_1^2-\overline{T}_0^2}$ =	/
				总时间 $T_{0,t}$(s)				
				平均周期(s) $\overline{T}_0=T_{0,t}/n$				
塑料圆柱		D_1		周期数 n		$J'_1=\frac{1}{8}m\overline{D}_1^2$ =	/	/
				总时间 $T_{1,t}$(s)				
		$\overline{D}_1$		平均周期(s) $\overline{T}_1=T_{1,t}/n$				
金属圆筒		$D_外$		周期数 n	10	$J'_2=\frac{1}{8}m(\overline{D}_内^2+\overline{D}_外^2)$ =	$K=\frac{4\pi^2J'_1}{\overline{T}_1^2-\overline{T}_0^2}$ = $J_2=\frac{K\overline{T}_2^2}{4\pi^2}-J_0$ =	$E=$　　%
				总时间 $T_{2,t}$(s)				
		$\overline{D}_外$						
		$D_内$						
				平均周期(s) $\overline{T}_2=T_{2,t}/n$				
		$\overline{D}_内$						
实心球		$D_直$		周期数 n	10	$J'_3=\frac{1}{10}m\overline{D}_直^2$ =	$J_3=\frac{K\overline{T}_3^2}{4\pi^2}-J_支$ =	$E=$　　%
				总时间 $T_{3,t}$(s)				
		$\overline{D}_直$		平均周期(s) $\overline{T}_3=T_{3,t}/n$				
金属细杆		L		周期数 n	5	$J'_4=\frac{1}{12}m\overline{L}^2$ =	$J_4=\frac{K\overline{T}_4^2}{4\pi^2}-J_支$ =	$E=$　　%
				总时间 $T_{4,t}$(s)				
		$\overline{L}$		平均周期(s) $\overline{T}_4=T_{4,t}/n$				

附：载物转盘、实心球和金属细杆的支架质量为 42 g，转动半径为 20 mm，在本实验中可忽略其转动惯量对实验结果的影响（即取 $I_{支}=0$）；塑料圆柱的质量为 750.0 g，直径为 100.0 mm；金属圆筒的质量为 690.0 g，外半径和内半径分别为 103.0 mm 和 100.0 mm；实心球的质量为 967.0 g，直径为 125.0 mm；金属细杆的质量为 135.3 g，长度为 610.0 mm。

表 2　滑块质量、高、底面直径记录表（10 分）

m_a(kg)		m_b(kg)		$\overline{m}$(kg)	
L_a($\times 10^{-3}$m)		L_b($\times 10^{-3}$m)		$\overline{L}$($\times 10^{-3}$m)	
D_a($\times 10^{-3}$m)		D_b($\times 10^{-3}$m)		$\overline{D}$($\times 10^{-3}$m)	
滑块总转动惯量 $J_5=2\left(\frac{1}{12}\overline{m}\,\overline{L}^2+\frac{1}{16}\overline{m}\,\overline{D}^2\right)$($\times 10^{-4}$kg·m^2)					

表 3　验证刚体的平行轴定理（10 分）

X($\times 10^{-3}$m)	50.0	100.0	150.0	200.0	250.0
摆动周期数 n	5	5	5	5	5
摆动总时间 $T_{i,t}$(s)					
平均周期 $\overline{T}_i=T_{i,t}/n$(s)					
实验值 $J=K(\overline{T}_i^2-\overline{T}_4^2)/4\pi^2$($\times 10^{-4}$kg·m^2)					
理论值 $J'=J_5+2mX^2$($\times 10^{-4}$kg·m^2)					

注：J_5 为两个滑块 a，b 的总转动惯量。滑块 a 和 b 的质量均为 240.0 g。

【问题与讨论】

1. 扭摆在摆动过程中受到哪些阻尼？它的周期是否会随时间而变？

2. 扭摆的垂直轴上装上不同质量的物体，在不考虑阻尼的情况下对摆动周期大小有什么影响？

3. 如果重物对转轴的分布不是对称的，对实验是否有影响？为什么？

（陈秉岩　骆冠松）

实验 4.6　直流电桥的原理及应用

由电阻、电容、电感等元件组成的四边形测量电路叫电桥(四条边称为桥臂),在电阻、温度、压力、形变等物理量的精确检测方面具有重要地位。直流电桥、交流电桥、比较式电桥都属于常见的电桥。直流电桥按其测量方式可分为平衡电桥和非平衡电桥。平衡电桥是把待测电阻与标准电阻进行比较,通过调节电桥平衡,从而测得待测电阻值,如单臂直流电桥(惠斯登电桥)、双臂直流电桥(开尔文电桥)[1],但它们只能用于测量相对稳定状态的物理量;在工程应用和科学实验中,很多物理量是连续变化的,这就需要用非平衡电桥测量。非平衡电桥是通过测量桥式电路不平衡时的输出电压,再根据输出电压与电阻的函数关系,来测量出电阻值,所以可用于检测引起电阻变化的一些物理量。

本实验包括两个重要的电学原理“基尔霍夫定律[2]”和“戴维南定理[3]”,以及一个重要的数学工具“泰勒级数[4]”。

【实验目的】

1. 掌握惠斯登电桥(直流单臂电桥)测量电阻的原理和方法。
2. 掌握开尔文电桥(直流双臂电桥)测量低值电阻的原理和方法。
3. 掌握非平衡直流电桥测量电阻的原理和方法,了解其工程应用。
4. 学会使用非平衡电桥和热敏电阻设计数字温度计并测量温度。

【实验原理】

一、惠斯通电桥(单臂平衡电桥)

惠斯通电桥由一个待测电阻 R_X 和标准电阻 R,以及两个可调电阻 R_1、R_2 分别分布在四边形的每一个边上构成“桥臂”,一个检流计 G 连接在四边形的一组对角线 BD 上构成“桥”,供电电源 E 加载在另一组对角线上。通过调节 R_1 和 R_2 使电桥平衡,从而测得 R_x。

如图 1,将待测电阻 R_X 和标准电阻 R 并联,因并联电阻两端的电压相等,可得

$$\frac{R_X}{R}=\frac{I_1}{I_2} \tag{1}$$

此时,可通过标准电阻 R 和电流 I_1 和 I_2 获得待测电阻 R_X。为了避免测量电流 I_1 和 I_2,再用另一对标准电阻比 R_2/R_1 来代替这两个电流比,于是设计出如图 2 电路,即为惠斯通电桥。

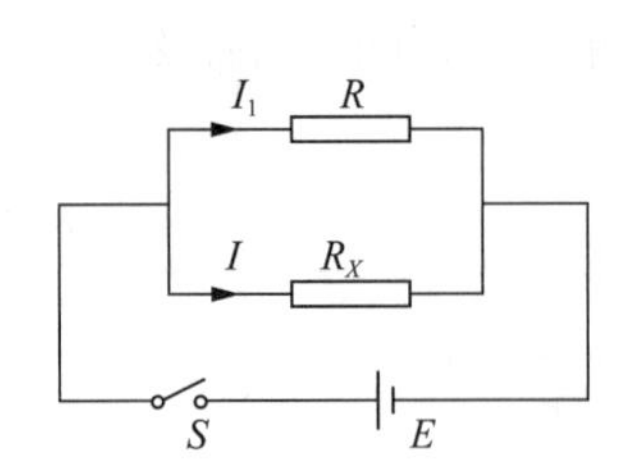

图 1　惠斯通电桥的原理解析

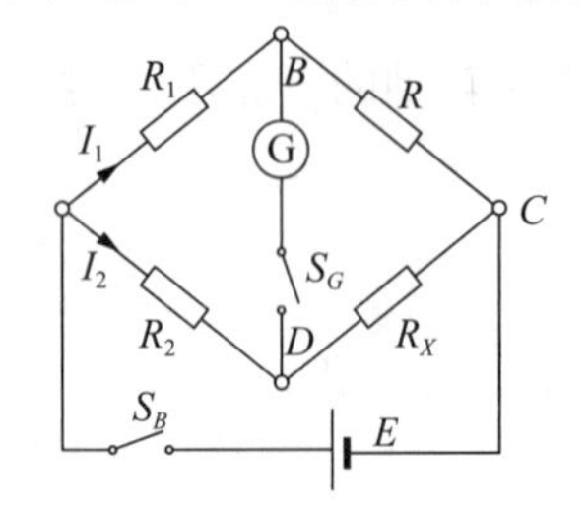

图 2　惠斯通电桥电路

当 B 点和 D 点电位相等时称为电桥平衡(检流计 G 的电流为零,与电流 I_1 和 I_2 的大小无关),以下方程成立

$$\frac{R_2}{R_1}=\frac{I_1}{I_2} \tag{2}$$

根据公式(1)和(2),得待测电阻 R_X 为

$$R_X=\frac{R_2}{R_1}R=kR \tag{3}$$

公式(3)中,定义 $k=R_2/R_1$ 为比率或倍率。调节电桥平衡有两种方法:一是保持标准电阻 R(比较臂)为定值,调节倍率 k;二是保持倍率 k 为定值,调节比较臂 R。

由于比较臂电阻 R 和倍率电阻 R_1、R_2 都采用精密电阻,所以利用电桥平衡原理测电阻的准确度很高,一般优于伏安法测电阻,这也是电桥应用广泛的重要原因。

二、开尔文电桥(双臂平衡电桥)

1. 四端引线法

对于中等阻值的电阻值测量,伏安法最简单,但测量精度较低,惠斯通电桥稍复杂但精度高。对于低值电阻的测量,由于存在导线电阻和接触电阻(统称为 R_j,通常为 $10^{-3}\sim10^{-4}\ \Omega$),一般伏安法和惠斯通电桥都无法精确测量。

如果将待测低值电阻 R_X 两侧的接点分为两个电流接点 C_1 - C_2 和两个电压接点 P_1 - P_2,C_1 - C_2 在 P_1 - P_2 的外侧。如图 3(a)所示,则电压表测量的是 P_1 - P_2 之间一段低值电阻两端的电压,消除了 r_2 和 r_3 对 R_X 测量的影响。这种测量低值电阻或低值电阻两端电压的方法叫作四端引线法,广泛应用于各种测量领域中。例如,研究高温超导材料在临界温度 T_c 的零电阻现象和迈斯纳效应,电动汽车的驱动电流精密检测电阻也采用四端电阻(又称为"四脚开尔文电阻"),其结构如图 3(b)所示。

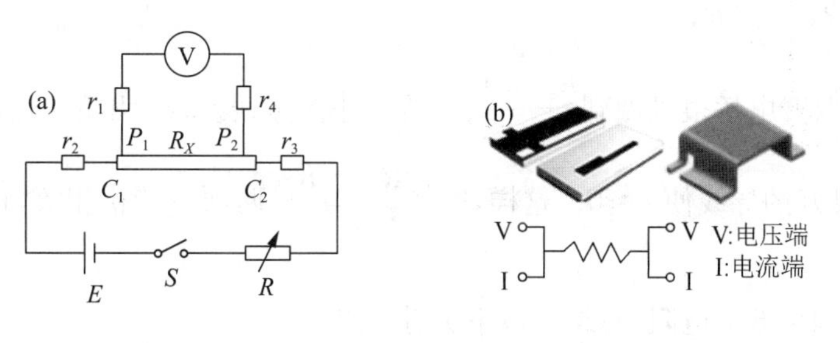

(a) 四端引线法测电阻　　(b) 四脚开尔文电阻

图 3　四端引线法

2. 双臂电桥测量低值电阻

在测量较小的电阻值(如 10 Ω 以下)或高精度测量过程中,为了消除 R_j 的影响,需要改进测量电路。双臂电桥正是把四端引线法和电桥的平衡比较法结合,用于精密测量低值电阻的一种电桥。

图 4 为本实验使用的电路,R_1、R_2、R_{3a}、R_{3b} 为桥臂电阻。R_N 为比较用的标准电阻,R_X 为被测电阻。R_N 和 R_X 采用四端引线连接,电流接点 C_1 和 C_2 位于外侧,电位接点 P_1 和 P_2 位于内侧,r 为 C_{N2} 和 C_{X1} 之间的导线电阻。

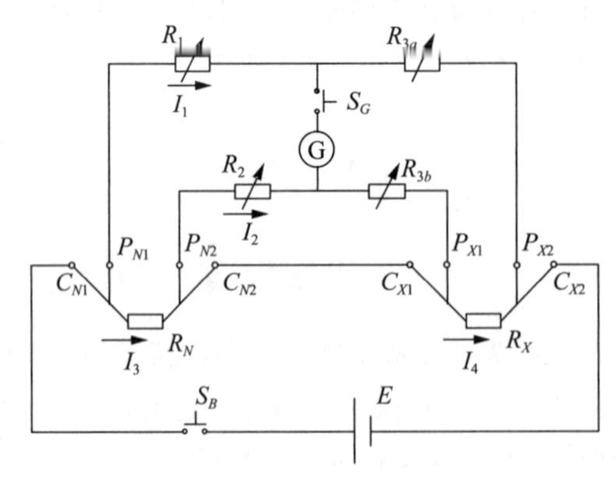

图 4　双臂电桥测低电阻

测量电阻 R_X 时，调节四个桥臂电阻的值，使检流计电流为零，$I_G=0$。这时 $I_3=I_4$，根据基尔霍夫定律，可写出以下三个回路方程组：

$$\begin{cases} I_1R_1=I_3\cdot R_N+I_2R_2 \\ I_1R_{3a}=I_3\cdot R_X+I_2R_{3b} \\ (I_3-I_2)r=I_2(R_2+R_{3b}) \end{cases} \tag{4}$$

求解方程组得：

$$R_X=\frac{R_{3a}}{R_1}R_N+\frac{rR_2}{R_{3a}+R_2+r}\left(\frac{R_{3a}}{R_1}-\frac{R_{3b}}{R_2}\right) \tag{5}$$

此时，待测电阻 R_X 表达式的第一项与单臂电桥相同，第二项称为修正项。为了更方便测量和计算，可调节 $\frac{R_{3a}}{R_1}=\frac{R_{3b}}{R_2}$ 使修正项为零。实际使用时，通常使 $R_1=R_2$，$R_{3a}=R_{3b}=R_3$，则上式变为 $R_X=\frac{R_3}{R_1}R_N$。

由于实际的双臂电桥很难做到 $\frac{R_{3a}}{R_1}\equiv\frac{R_{3b}}{R_2}$，为减小测量误差，$R_X$ 和 R_N 电流接点间应使用较粗的、导电性良好的导线使 $r\approx0$。这样，即使 $\frac{R_{3a}}{R_1}$ 与 $\frac{R_{3b}}{R_2}$ 两项不严格相等，也能使修正项趋于零。

双臂电桥能测量低值电阻，总结为以下关键两点：

(1) 单臂电桥测量小电阻误差大，是因为存在导线电阻和接触电阻，当接触电阻与 R_X 相比不能忽略时，测量结果就会有很大的误差。而双臂电桥电位接点的接线电阻与接触电阻位于 R_1、R_{3a} 和 R_2、R_{3b} 的支路中，实验中设置 R_1、R_2、R_{3a} 和 R_{3b} 都大于 100 Ω，则可忽略接触电阻的影响。

(2) 双臂电桥电流接点的接线电阻与接触电阻，一端包含在电阻 r 里面，而 r 存在于更正项中，对电桥平衡不发生影响；另一端则包含在电源电路中，对测量结果也不会产生影响。当满足 $\frac{R_{3a}}{R_1}=\frac{R_{3b}}{R_2}$ 时，基本消除 r 的影响。

三、非平衡电桥及其应用

非平衡电桥在构成形式上与平衡电桥相似(如图 5)，但测量方法差别很大。平衡电桥是

调节 R_3 使 $I_0=0$，从而得到 $R_X=\frac{R_2}{R_1}R_3$。非平衡电桥则是使 R_1、R_2、R_3 保持不变，通过观测 U_0 随 R_X 的变化规律，再根据 U_0 与 R_X 的函数关系测得 R_X。由于可以检测连续变化的 U_0，所以可以检测连续变化的 R_X，进而可以检测连续变化的非电学物理量，这是诸多传感器的非电学量转换为电学量的重要思想。

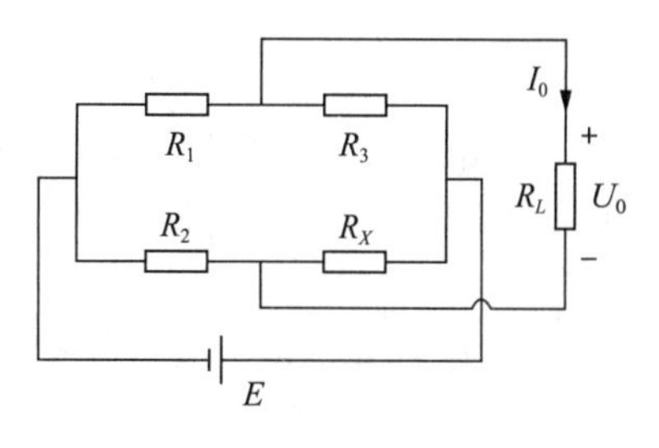

图 5　非平衡电桥的原理

1. 非平衡电桥的桥路形式

等臂电桥：四个桥臂电阻 $R_1=R_2=R_3=R_{X_0}$。其中 R_{X_0} 是 R_X 的初始值，电桥平衡时，$I_0=0$，$U_0=0$；

卧式电桥：也称输出对称电桥，这时桥臂电阻 $R_1=R_3$，$R_2=R_{X_0}$，但 $R_1\neq R_2$；

立式电桥：称电源对称电桥，这时桥臂电阻 $R_1=R_2$，$R_3=R_{X_0}$，但 $R_1\neq R_3$；

比例电桥：桥臂电阻成比例关系，即 $R_1=kR_2$，$R_3=kR_{X_0}$ 或 $R_1=kR_3$，$R_2=kR_{X_0}$，k 为比例系数，这是非平衡电桥的一般形式。

2. 非平衡电桥的输出

非平衡电桥的输出按负载 R_L 的大小分为两种：(1) 负载阻抗 $R_L=\infty$（即 $R_L\gg R_1+R_2+R_3+R_X$），此时称为“非平衡电桥”，例如以高输入阻抗仪表或运算放大器作为负载 R_L；(2) 负载阻抗 R_L 较小，电桥会对 R_L 有较小的功率输出，此时称为“功率电桥”。下述均为 $R_L=\infty$ 的“非平衡电桥”。

根据戴维南定理，图 5 所示的桥路可等效为图 6 所示的二端口网络，电源 E 短路得图 7 所示的等效内阻电路。

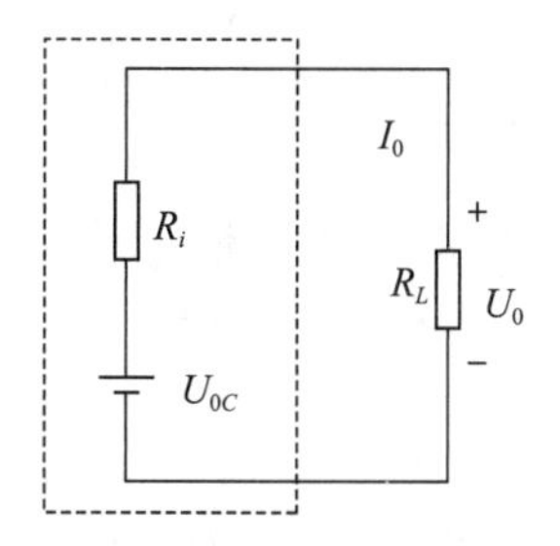

图 6　电桥等效二端网络

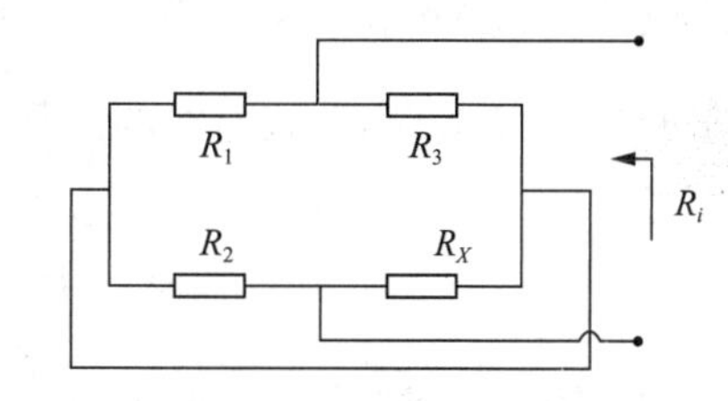

图 7　电桥等效内阻电路

由图 5 可知，当 $R_L=\infty$ 时，电桥的等效电源 U_{0C} 电压值为：

$$U_{0C}=E\left(\frac{R_X}{R_2+R_X}-\frac{R_3}{R_1+R_3}\right) \tag{6}$$

当电源 E 短路时，电桥的等效内阻 R_i 表达式为：

$$R_i=\frac{R_2R_X}{R_2+R_X}+\frac{R_3R_1}{R_1+R_3} \tag{7}$$

根据图 5 电路，得到电桥接有负载 R_L 时输出电压 U_0 的表达式：

$$U_0=\frac{R_L}{R_i+R_L}\left(\frac{R_X}{R_2+R_X}-\frac{R_3}{R_1+R_3}\right)\cdot E \tag{8}$$

电压输出的情况下 $R_L\to\infty$，所以有

$$U_0=\left(\frac{R_X}{R_2+R_X}-\frac{R_3}{R_1+R_3}\right)\cdot E \tag{9}$$

根据公式(8),可进一步分析电桥输出电压和被测电阻值关系。令 $R_X=R_{X_0}+\Delta R$,R_X 为被测电阻,ΔR 为电阻变化量。将公式(8)展开得:

$$U_0=\frac{R_L}{R_i+R_L}\left(\frac{R_{X_0}+\Delta R}{R_2+R_{X_0}+\Delta R}-\frac{R_3}{R_1+R_3}\right)\cdot E=\frac{R_L}{R_i+R_L}\frac{R_1R_{X_0}+R_1\Delta R-R_2R_3}{(R_2+R_{X_0}+\Delta R)(R_1+R_3)}E \tag{10}$$

电桥平衡状态下,R_{X0} 为初始值,$R_1R_{X_0}=R_2R_3$,所以

$$U_0=\frac{R_L}{R_i+R_L}\cdot\frac{\Delta R\cdot R_1}{(R_2+R_{X_0}+\Delta R)(R_1+R_3)}\cdot E \tag{11}$$

当 $R_L=\infty$ 时,

$$U_0=\frac{R_1}{R_1+R_3}\cdot\frac{\Delta R\cdot E}{R_2+R_{X_0}+\Delta R} \tag{12}$$

根据电桥平衡时的 $R_1R_{X0}=R_2R_3$,得 $R_1=\dfrac{R_2\cdot R_3}{R_{X_0}}$,并代入公式(12)有

$$U_0=\frac{R_2}{R_2+R_{X0}}\cdot\frac{E}{\dfrac{R_2+R_{X_0}+\Delta R}{R_2+R_{X_0}}(R_2+R_{X0})}\Delta R=\frac{R_2}{(R_2+R_{X_0})^2}\cdot\frac{E}{1+\dfrac{\Delta R}{R_2+R_{X_0}}}\Delta R \tag{13}$$

公式(12)和(13)是一般形式的非平衡电桥的输出与被测电阻的函数关系。

对于等臂电桥和卧式电桥,公式(13)简化为:

$$U_0=\frac{1}{4}\frac{E}{R_{X_0}}\cdot\frac{1}{1+\dfrac{\Delta R}{2R_{X_0}}}\cdot\Delta R \tag{14}$$

对于立式电桥和比例电桥的输出电压 U_0 与公式(13)相同。

被测电阻的 $\Delta R\ll R_{X0}$ 时,公式(13)的 $\dfrac{\Delta R}{R_2+R_{X_0}}\to 0$,于是公式(13)简化为

$$U_0=\frac{R_2}{(R_2+R_{X_0})^2}\cdot E\cdot\Delta R \tag{15}$$

被测电阻的 $\Delta R\ll R_{X0}$ 时,公式(14)的 $\dfrac{\Delta R}{2R_{X_0}}\to 0$,于是公式(14)简化为

$$U_0=\frac{1}{4}\frac{E}{R_{X_0}}\cdot\Delta R \tag{16}$$

最终可得:当 $\Delta R\ll R_{X0}$ 时,公式(15)和(16)中,U_0 与 ΔR 呈线性关系。

3. 用非平衡电桥测量电阻

将被测电阻(或其他电阻输出型传感器)接入非平衡电桥的 R_X,调节 R_1、R_2 和 R_3 使电桥平衡(电压 $U_0=0$),并确定初始值 R_{X_0}。当被测电阻 R_X 发生变化时,电桥输出电压 $U_0\neq 0$ 并随 R_X 变化。测出电压 U_0 后,可根据公式(13)或(14)得到 ΔR。对于 $\Delta R\ll R_{X_0}$ 情况,可用公式(15)或(16)得到 ΔR 值。

根据测量结果求得 $R_X=R_{X_0}+\Delta R$,并可作 U_0-ΔR 曲线,曲线的斜率就是电桥的测量灵敏度。同时,根据所得曲线也可以由 U_0 得到 ΔR,也就是可根据电桥输出 U_0 获得被测电

阻 R_X 的值。

4. 用非平衡电桥测温度

(1) 用线性电阻测温度

金属电阻随温度的变化，通常可用下式描述：

$$R_X = R_{X_0}(1+\alpha t+\beta t^2) \tag{17}$$

例如铜电阻的 $\alpha = 4.289 \times 10^{-3}/℃$，$\beta = -2.133 \times 10^{-7}/℃$。某种铜电阻传感器 $R_{X_0} = 50\ \Omega$($t=0℃$时)。在温度不是很高的情况下，忽略二次项 βt^2，可将公式(17)线性变化为 $R_X = R_{X_0}(1+\alpha t) = R_{X_0} + \alpha t R_{X_0}$，该公式中 $\Delta R = \alpha R_{X_0}\Delta t$，代入公式(13)得：

$$U_0 = \frac{R_2}{(R_2+R_{X_0})^2} \cdot \frac{E}{1+\dfrac{\alpha R_{X_0} \cdot \Delta t}{R_2+R_{X_0}}} \cdot \alpha R_{X_0} \cdot \Delta t \tag{18}$$

公式(18)中的 $\alpha R_{X0} = \dfrac{R_{X2}-R_{X1}}{t_2-t_1}$，通过测量两个温度 t_1、t_2 对应的 R_{X1} 和 R_{X2} 获得。特殊地，当 $\Delta R \ll R_{X_0}$ 时，公式(18)可简化为：

$$U_0 = -\frac{R_2}{(R_2+R_{X_0})^2} \cdot E \cdot \alpha R_{X_0} \cdot \Delta t \tag{19}$$

公式(19)中，U_0 与 Δt 呈线性关系。

(2) 利用热敏电阻测温度

热敏电阻通常由金属氧化物 Fe_3O_4、$MgCr_2O_4$ 等半导体材料制成，包括负温度系数(Negative Temperature Coefficient: NTC)和正温度系数(Positive Temperature Coefficient: PTC)两种。NTC 电阻值随温度升高而迅速下降，这是因为 NTC 电阻半导体材料内部的自由电子数目随温度的升高快速增加，导电能力随之增加。虽然温度增加导致的原子振动会阻碍电子运动，但对导电性能的影响远小于电子释放。

NTC 电阻的温度特性可以用指数函数描述为：

$$R_T = A e^{\frac{B}{T}} \tag{20}$$

式中：A 是与材料几何形状有关的常数；B 是“开尔文热敏系数”(简称“热敏系数”)，与半导体性质有关；T 为绝对温度。为了求得准确的 A 和 B，可将公式(20)两边取对数：

$$\ln R_T = \ln A + \frac{B}{T} \tag{21}$$

选取不同的温度 T，得到不同的 R_T。再根据公式(21)，使 $T=T_1$ 时有 $\ln R_{T_1} = \ln A + B/T_1$，$T=T_2$ 时有 $\ln R_{T_2} = \ln A + B/T_2$，两式相减后得到热敏系数 B 的表达式：

$$B = \frac{\ln R_{T_1} - \ln R_{T_2}}{1/T_1 - 1/T_2} \tag{22}$$

常用 NTC 热敏电阻的热敏系数 B 为 1 500～5 000 K。将公式(22)代入公式(20)可得：

$$A = R_{T_1} e^{-\frac{B}{T_1}} \tag{23}$$

温度 T 变化导致 R_T 变化，电桥的 U_0 也随之变化，从而建立 U_0 与 T 的函数关系。经标定后，可以用 U_0 测量温度 T，但由于 U_0 与 T 是非线性关系，实际使用不方便。这就需要对 NTC 热敏电阻进行线性化，线性化的方法主要有：串联法、串并联法、非平衡电桥法、用运算放大结合电阻网络进行转换等。在本实验中，采用非平衡电桥法对 NTC 电阻进行线性化。

*5. 非平衡电桥测温的线性化设计

(1) 非线性函数的线性化方法

本小节阐述使用非平衡电桥对NTC电阻进行线性化设计的方法。在图5中,桥臂电阻R_1、R_2、R_3的温度系数很小,R_X连接NTC电阻(即为公式(20)所述的NTC电阻函数$R_X=Ae^{\frac{B}{T}}$),由于电桥负载$R_L=\infty$,根据公式(8)可建立电桥输出电压U_0是温度T的函数:

$$U_0=\left(\frac{R_X}{R_2+R_X}-\frac{R_3}{R_1+R_3}\right)\cdot E=\left(\frac{Ae^{\frac{B}{T}}}{R_2+Ae^{\frac{B}{T}}}-\frac{R_3}{R_1+R_3}\right)\cdot E \tag{24}$$

将U_0在需要测量的温度范围$[T_0, T_2]$的中点温度T_1处,应用泰勒级数展开得:

$$U_0=U_{01}+U_0'(T-T_1)+U_n \tag{25}$$

公式(25)中,U_{01}是不随温度变化的常数项;$U'_0(T-T_1)$是线性项;U_n代表所有的非线性项,它的值越小越好,其表达式为$U_n=\frac{1}{2}U''_0(T-T_1)^2+\sum_{n=3}^{\infty}\frac{1}{n!}U_0^{(n)}(T-T_1)^n$。对公式(25)求解二阶导数并让$U''_0=0$,则可将$U_n$的三次项作为非线性项,$U_n$的四次项数值很小可以忽略不计。

公式(24)中U_0对T的一阶导数为:$U_0'=\left(\frac{R_X}{R_2+R_X}-\frac{R_3}{R_1+R_3}\right)'\cdot E=-\frac{BR_2Ae^{\frac{B}{T}}}{\left(R_2+Ae^{\frac{B}{T}}\right)^2T^2}\cdot E$

公式(24)中U_0对T的二阶导数为:$U_0''=\frac{BR_2Ae^{\frac{B}{T}}}{(R_2+Ae^{\frac{B}{T}})^3T^4}\{R_2(B+2T)-(B-2T)Ae^{\frac{B}{T}}\}\cdot E$

令$U_0''=0$,可得:$R_2(B+2T)-(B-2T)Ae^{\frac{B}{T}}=0$,即$Ae^{\frac{B}{T}}=\frac{B+2T}{B-2T}\cdot R_2$。由于$R_X=Ae^{\frac{B}{T}}$,于是有:

$$R_X=\frac{B+2T}{B-2T}\cdot R_2 \tag{26}$$

根据以上的分析,将(25)改为如下的表达式:

$$U_0=\lambda+m(t-t_1)+n(t-t_1)^3 \tag{27}$$

公式(27)中,t和t_1分别为T和T_1对应的摄氏温度,其线性函数部分为:

$$U_0=\lambda+m(t-t_1) \tag{28}$$

公式(28)中,λ为U_0在温度T_1时的值,即$\lambda=U_0=\left(\frac{R_{XT_1}}{R_2+R_{XT_2}}-\frac{R_3}{R_1+R_3}\right)\cdot E$,将$R_{XT_1}=Ae^{\frac{B}{T_1}}=\frac{B+2T_1}{B-2T_1}R_2$代入可得:

$$\lambda=\left(\frac{B+2T_1}{2B}-\frac{R_3}{R_1+R_3}\right)\cdot E \tag{29}$$

公式(28)式中,m的值为U_0在温度T_1时的值,即$m=U_0'=-\frac{BR_2Ae^{\frac{B}{T_1}}}{\left(R_2+Ae^{\frac{B}{T_1}}\right)^2T_1^2}\cdot E$,将$R_{XT_1}=Ae^{\frac{B}{T_1}}=\frac{B+2T_1}{B-2T_1}R_2$代入可得:

$$m=\left(\frac{4T_1^2-B^2}{4BT_1^2}\right)\cdot E \tag{30}$$

公式(27)的非线性部分为$n(t-t_1)^3$,是实验中物理量的系统误差,这里忽略不计。

(2) 线性化设计过程

根据待测温度范围确定T_1的值(一般中间值)。例如,设计一个测量温度t范围为30.0～50.0℃的数字温度表,则T_1选313.15 K,即$t_1=40.0$℃。NTC电阻的B值由公式(17)求得。

根据非平衡电桥的显示表头,选取适当的λ和m值,可使表头的显示数正好为摄氏温度值。其中,λ为测温范围内的中心温度t_1对应的电压值$U_0=m\cdot t_1$(mV),m就是测温的灵敏度。

确定m值后,E的值由公式(30)可求得:

$$E=\left(\frac{4BT_1^2}{4T_1^2-B^2}\right)\cdot m \tag{31}$$

由公式(26)可得:

$$R_2=\frac{B-2T}{B+2T}\cdot R_X \tag{32}$$

R_2的值可取T_1温度时的R_{XT_1}值计算:

$$R_2=\frac{B-2T_1}{B+2T_1}\cdot R_{XT_1} \tag{33}$$

由公式(29)可得:

$$\frac{R_1}{R_3}=\frac{2BE}{(B+2T_1)E-2B\lambda}-1 \tag{34}$$

这样选定λ值后,就可求得R_1与R_3的比值。选好R_1与R_3的比值后,根据R_1与R_3的阻值可调范围,确定R_1与R_3的值。

【实验仪器】

实验仪器采用“ZC1519多功能电桥实验仪”,该仪器可实现单臂电桥、双臂电桥、非平衡电桥的各种功能,集成了多组精密电阻箱、多组稳压电源和高灵敏度检流计,能完成各种直流电桥的原理和应用实验,如果配置相应的传感器则可以开展工程应用和科学研究实验。其主要技术指标如下:

(1) 作为单臂电桥(惠斯通电桥)使用时,仪器的量程和倍率可自行设定,其误差等级如表1所示。

表1　作为单臂电桥应用的仪器误差(即B类不确定度)

量程倍率k	有效量程(Ω)	仪器误差(%)
$\times10^{-2}$	10～111.11	0.5
$\times10^{-1}$	100～1111.1	0.1
$\times1$	1 k～11.111 k	0.1
$\times10$	10 k～111.11 k	0.1
$\times10^{2}$	100 k～1111.1 k	0.5

(2) 作为双臂电桥(开尔文电桥)使用时,仪器的量程和倍率可自行设定,其误差等级如表 2 所示。

表 2 作为双臂电桥应用的仪器误差(即 B 类不确定度)

标准电阻(Ω)	有效量程(Ω)	$R_1=R_2$(Ω)	仪器误差(%)
10	10~111.110	1 000	0.2
1	1~11.111 0	1 000	0.2
0.1	0.1~1.111 10	1 000	0.5
0.01	0.01~0.111 11	1 000	1

(3) 作为非平衡电桥使用时,有效量程为 10 Ω~11.111 kΩ,电源电压为 0~2 V,仪器误差为 0.5%。

【实验内容与数据处理】

1. 用惠斯通电桥测量电阻

仪器作为"惠斯通电桥测量电阻"时的接线如图 8 所示,其量程倍率通过面板上的电阻 R_1 和 R_2 设置。R_1 由短路插选择,R_2 通过 4 个十进位旋钮开关选择。例如,需要设置倍率 $k=R_2/R_1=1/1$,可选 $R_1=R_2=1\ 000\ \Omega$;需要设置倍率 $k=R_2/R_1=1/10$,则 $R_1=1\ 000\ \Omega$、$R_2=100\ \Omega$。实验步骤如下:

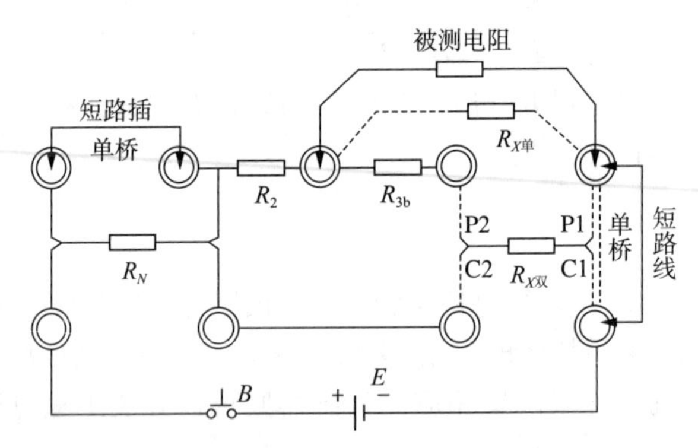

图 8 惠斯通电桥电桥面板接线

(1) 参照图 8,将两处标有"单桥"的虚线两端短路:R_N 上方的"单桥"用短路插连接,P1 和 C1 处的"单桥"用短线连接;将面板左下方的被测电阻 $R_{X单}$ 用连线接入电桥 $R_{X单}$ 位置。

(2) 电源选择开关选择 3 V,灵敏度不够时再选 9 V;检流计置"内接",按下"检流计 G"和"电源 B"开关,调节 R_3(即 R_{3a})各盘电阻,使检流计示数为 0,达到电桥平衡。

(3) 调整电桥的桥臂电阻倍率 k 和标准电阻 R_3 的数值,使电桥平衡并将实验结果填入表 3 中,查询表 1 的 B 类不确定度(相应的仪器误差),并对实验结果进行处理。

表 3　单臂电桥测量电阻实验数据(建议表格)

次数	倍率 $k=R_2/R_1$	比较臂 $R_1(\Omega)$	比较臂 $R_2(\Omega)$	标准电阻 $R_3(\Omega)$	待测电阻 $R_X=\frac{R_2}{R_1}\cdot R_3(\Omega)$
1	1/1 (恒定)				
2	1/10 (恒定)				
3	10/1	10			
4	10/1	100			

根据本教材的“第 1 章 1.2 测量结果的不确定度”，待测电阻平均值$R_{\overline{X}}=$________(Ω)；均方根差 $S=\sqrt{\frac{\sum_{i=1}^{4}(R_{X_i}-\overline{R_X})^2}{4-1}}=$________；A 类不确定度 $u_A=\frac{3.18S}{\sqrt{4}}=$________；在表 1 查找 R_X 对应的仪器误差，即为 B 类不确定度 $u_B=$________；总不确定度 $U=\sqrt{u_A^2+u_B^2}=$________；待测电阻的最终测量结果 $R_X=\overline{R_X}\pm U=$________(Ω)。

2. 双臂电桥测量低值电阻

双臂电桥接线如图 9 所示，测量操作步骤如下：

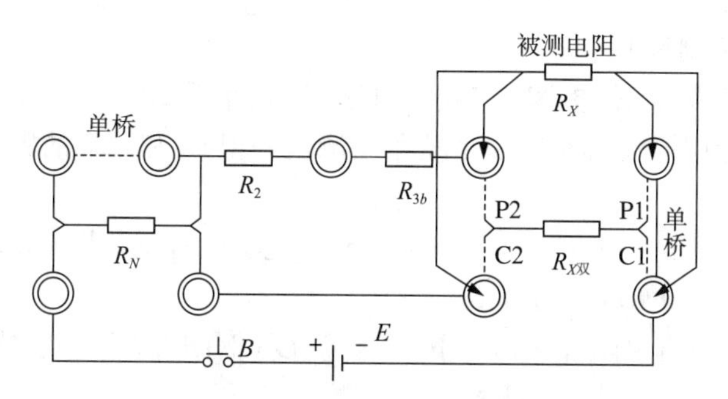

图 9　开尔文电桥面板接线

(1) 拔去两处“单桥”上的短路插和连线，拔去 $R_{X单}$ 连线。根据被测电阻的大小选择合适的标准电阻 R_N 值，标准电阻 R_N 在仪器内部已连线，无须外部接线。

(2) 电源选择开关置“双桥/非平衡”挡；旋到“电源测量”挡，此时表头显示电源电压大小，旋动“电压调节”旋钮可调节电压，调节、测量完成后扳回“双桥/非平衡”挡。

(3) 选择 R_1、R_2 值(双桥使用时，应满足 $R_1=R_2$)，当 R_N 值与被测电阻值在同一数量级，可选择 $R_1=R_2=1\,000\ \Omega$。也可用其他倍率测量，可选 $R_1=R_2=100\ \Omega$ 或 $10\,000\ \Omega$ 等。

(4) 用 4 根短线将面板左下方被测低值电阻 $R_{X双}$ 的四个端子(C1、C2 为电流端子，P1、P2 为电压端子)接入电桥的 $R_{X双}$ 的 C1、C2、P1、P2 端子，检流计置“内接”。

(5) 先按下“检流计 G”开关，再按下“电源 B”开关(持续时间要短，以免被测电阻发热影响测量精度)，调节 R_3(即 R_{3a}/R_{3b})各盘，使电桥平衡。(R_{3a} 和 R_{3b} 为同步等值电阻，$R_{3b}\equiv R_{3a}$)。

(6) 按 $R_X=\frac{R_3}{R_1}R_N$ 计算被测电阻值，将实验结果记录到表 4 中，查询表 2 的 B 类不确定度(相应的仪器误差),并对实验结果进行处理。

表 4　双臂电桥测量低值电阻实验数据

次数 N	标准电阻 $R_N(\Omega)$	比较臂 $R_1=R_2(\Omega)$	电桥平衡时比较臂 $R_3(\Omega)$	待测电阻 $R_X=\frac{R_3}{R_1}\cdot R_N(\Omega)$
1				
2				
3				
4				

根据本教材的"第 1 章 1.2 测量结果的不确定度",待测电阻平均值$\overline{R_X}=$________(Ω);均方根差 $S=\sqrt{\frac{\sum_{i=1}^{4}(R_{Xi}-\overline{R_X})^2}{4-1}}=$________;$A$ 类不确定度 $u_A=\frac{3.18S}{\sqrt{4}}=$________;在表 2 查找 R_X 对应的仪器误差,即为 B 类不确定度 $u_B=$________;总不确定度 $U=\sqrt{u_A^2+u_B^2}=$________;待测电阻的最终测量结果 $R_X=\overline{R_X}\pm U=$________(Ω)。

3. 用非平衡电桥测量铜电阻

选择**"等臂电桥"**或**"卧式电桥"**,将铜电阻 R_X 接到非平衡电桥输入端(图 8 中 $R_{X单}$ 两端相连的 2 mm 小型专用插座),通过改变温度 t,测量一组 U_0 和 ΔR 的数据并记录到表 5 中。实验步骤如下:

(1) 记录初始温度 $t_0=$________℃(室温或其他温度),调节桥臂电阻使得电桥平衡(即 $U_0=0$),测出铜电阻的初始温度阻值 $R_{X0}=$________Ω;

(2) 调节控温仪对铜电阻加热,每间隔一定温度(例如 2.0℃),记录一次温控仪器的温度示数 t 以及对应的电桥输出电压 U_0;

(3) 根据电阻变化率 ΔR 与电桥输出电压 U_0 之间的关联公式 $\Delta R=\frac{4R_{X_0}\cdot U_0}{E-2U_0}$,以及铜电阻随温度变化的公式 $R_X=R_{X_0}+\Delta R$,处理数据并绘制铜电阻的 R_X-t 曲线。

表 5　用等臂电桥或卧式电桥测量铜电阻

实验温度 t(℃)											
电桥输出电压 U_0(mV)											
电阻变化率 $\Delta R(\Omega)$											
铜电阻 $R_X=R_{X_0}+\Delta R$ (Ω)											

根据 R_X-t 曲线,由图求出 $\alpha=\frac{\Delta R}{R\cdot\Delta t}$。忽略公式 $R_X=R_{X_0}(1+\alpha t+\beta t^2)$ 中的二次项 βt^2,得到公式 $R_X=R_{X_0}(1+\frac{\Delta R}{R\cdot\Delta t}\cdot t)$,应用该公式求出某一温度 t________℃时的电阻值

$R_{X_t}=$________Ω。

(4) 用立式电桥或比例电桥，此时电阻变化率 ΔR 与电桥输出电压 U_0 之间的关联公式为 $\Delta R=\dfrac{(R_2+R_{X_0})^2\cdot U_0}{R_2E-(R_2+R_e)U_0}$，重复以上步骤，将实验测试数据填入表 6。

表 6　用立式电桥或比例电桥测量铜电阻

实验温度 t (℃)											
电桥输出电压 U_0(mV)											
电阻变化率 ΔR(Ω)											
铜电阻 $R_X=R_{X_0}+\Delta R$ (Ω)											

将表 5 和表 6 分别得到的 R_X-t 曲线进行对比，分析二者的数据误差原因。

4. 用铜电阻测量温度

根据表 5 或表 6 的实验结果，由公式(18)可得：

$$\Delta t=\frac{(R_2+R_{X_0})^2}{R_2E-(R_2+R_{X_0})U_0}\cdot\frac{U_0}{\alpha R_{X_0}} \tag{35}$$

用**等臂电桥**或**卧式电桥**实验时，公式(35)可简化为：

$$\Delta t=\frac{4}{E-2U_0}\cdot\frac{U_0}{\alpha} \tag{36}$$

由 $\alpha R_{X_0}=\dfrac{R_{X_2}-R_{X_1}}{t_2-t_1}$ 变换后获得 $\alpha=\dfrac{R_{X_2}-R_{X_1}}{(t_2-t_1)R_{X_0}}$，取两个温度 t_1 和 t_2，测得 R_{X_1} 和 R_{X_2} 则可求得α。根据公式(35)和(36)，由电桥输出电压 U_0 求得相应的温度变化量 Δt。将公式(36)带入 $t = t_0+\Delta t$，得 $t=t_0+\dfrac{4}{E-2U_0}\cdot\dfrac{U_0}{\alpha}$，则可由电桥输出电压 U_0 获得被测温度 t。

*5. 用非平衡电桥及热敏电阻测温度

选 2.7 kΩ 的热敏电阻，设计的温度测量范围为 30.0～50.0℃(夏天室温较高时，也可以将设计温度适当提高，例如改为 35.0～55.0℃、40.0～60.0℃)。

在测量温度之前，先要获得热敏电阻的温度特性。为了获得较为准确的电阻测量值，我们可以用单臂电桥测量不同温度下的热敏电阻值。

将热敏电阻接到电桥的 R_X 端(图 8 中 $R_{X单}$ 两端相连的 2 mm 小型专用插座)，用单臂电桥测量，一般取 4～5 位有效数字即可。调节控温仪，使热敏电阻升温。每隔一定温度(如 5.0℃)，测出 R_X，将温度 t 记录到表 7。

表 7　热敏电阻的温度特性

摄氏温度 t(℃)		30.0	35.0	40.0	45.0	50.0	55.0	60.0	
开尔文温度 T(K)									
热敏电阻 R_X									

根据表 5 测得的数据，绘制 $\ln R_T-1/T$ 曲线，并根据公式(22)和(23)求得 $A=$

________和 $B=$________，注意：这里的 $T=(273.15+t)K$。

根据非平衡电桥的表头示数，选择 λ 和 m，由公式(31)可得 m 为负值，相应的 λ 也为负值。如使用4位半数显的2 V表头，可选 m 为 -10 mV/℃，λ 为测温范围的中心值为 -400.0 mV，这样该数字温度计的分辨率为0.01℃。

按公式(32)求得 $E=$________V。调节“电压调节”旋钮，用“电源测量”挡 E 的值，调节电源电压 E 为所需值。保持电位器位置不变，这时非平衡电桥的 E 已调好。

按公式(33)求得 $R_2=$________Ω。按公式(34)求得 $R_1/R_3=$________，根据 R_1、R_3 的阻值范围确定 $R_1=$________Ω(可选100 Ω)，$R_3=$________Ω。

按求得的 R_1、R_2、R_3 值，接好非平衡电桥电路。设定温度 $t=40.0$℃，待温度稳定后，电桥应输出 $U_0=-400$ mV。如果不为 -400 mV，再微调 R_2、R_3 值。最后得 $R_1=$________Ω，$R_2=$________Ω，$R_3=$________Ω。

在30.0～50.0℃的温度测量范围内测量 U_0 与 t 的关系，并做记录。

对 U_0-t 关系作图并直线拟合，检查该温度测量系统的线性和误差。

在30.0～50.0℃温度测量范围内，任意设定加热装置的几个温度点作为未知温度，用该温度计测量这些未知温度，并计算误差。

【问题与讨论】

1. 总结单臂电桥和双臂电桥测量各有什么优缺点？
2. 非平衡电桥与平衡电桥有何异同？

*3. 用非平衡电桥设计热敏电阻温度计有什么特点？所测温度的范围为什么较小？如果要测较宽范围的温度，应该如何设计？

【注释】

[1] 惠斯通(Wheatstone，1802—1875)，英国杰出的实验物理学家。惠斯通电桥是直流平衡单臂电桥(简称单臂电桥)，是一种可以精确测量中等电阻值的仪器；开尔文(Kelvin，1824—1907)英国物理学家、发明家。开尔文电桥是直流平衡双臂电桥(简称双臂电桥)，是一种可以精确测量低电阻值(10 Ω以下)的常用仪器。

[2] 基尔霍夫(Kirchhoff，1824—1887)，德国物理学家。基尔霍夫定律(Kirchhoff laws)是1845年提出的，是电路中电压和电流所遵循的基本规律，是分析和计算较为复杂电路的基础，包括基尔霍夫电流定律(Kirchhoff's Current Law：KCL)和基尔霍夫电压定律(Kirchhoff's Voltage Law：KVL)。基尔霍夫电流定律：电路中任一个节点上，在任一时刻，流入节点的电流之和等于流出节点的电流之和，即该节点的电流代数和为零 $\sum_{k=1}^{n} i_k=0$(n 是电流支路数目，i_k 是进入或离开这节点的电流可以是实数或复数)；基尔霍夫电压定律：在任何一个闭合回路中，各元件上的电压降的代数和等于电动势的代数和，即从一点出发绕回路一周回到该点时，各段电压代数为零 $\sum_{k=1}^{m} u_k=0$(m 是闭合回路的元件数目，u_k 是元件两端的电压可以是实数或复数)。如图10所示。

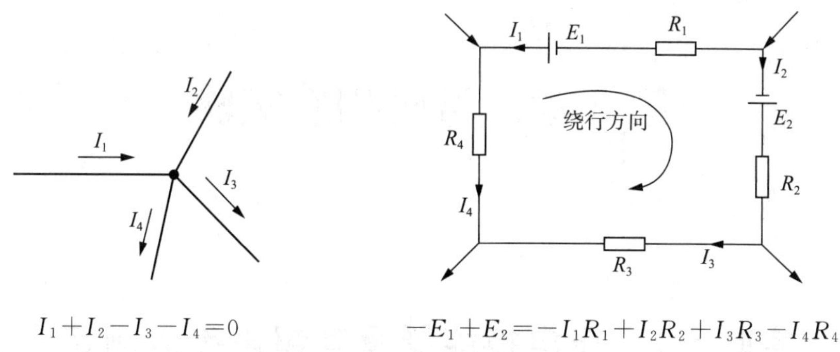

图 10　基尔霍夫电流与电压定律

［3］戴维南(Thévenin，1857—1926)，法国科学家、电信工程师。他研究了基尔霍夫电路定律和欧姆定律后，发现了著名的戴维南定理，用于计算更为复杂电路上的电流。戴维南定理又称等效电压源定律，于 1883 年正式提出，由于早在 1853 年亥姆霍兹也提出过相关思想，所以又称亥姆霍兹一戴维南定理。戴维南定理：含独立电源的线性电阻单口网络 N，就端口特性而言，可以等效为一个电压源和电阻串联的单口网络。电压源的电压等于单口网络在负载开路时的电压 u_{oc}；电阻 R_0 是单口网络内全部独立电源为零值时所得单口网络 N_0 的等效电阻。戴维南定理在单频交流系统中，不仅适用于电阻，也适用于广义的阻抗(电感/电容)，在多电源多回路的复杂电路分析中有重要应用。如图 11 所示。

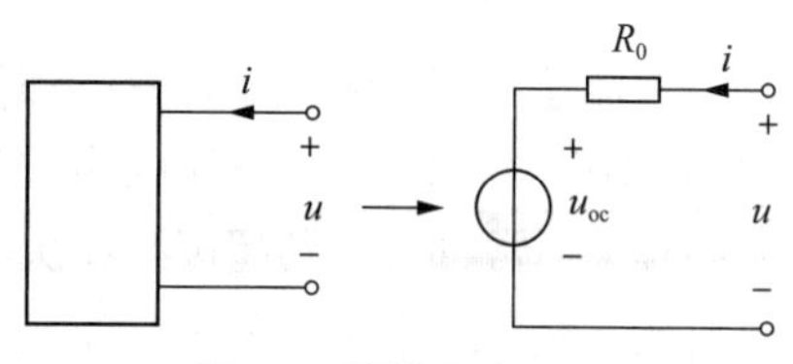

图 11　戴维南定理

［4］泰勒(Brook Taylor，1685—1731)，英国数学家。泰勒级数(Taylor series)于 1715 年发表，泰勒用无限项连加式(级数)来表示一个函数，这些相加的项由函数在某一点的导数求得，泰勒级数在近似计算中有重要作用。泰勒级数：若函数 $f(x)$ 在包含 x_0 的某个开区间 (a,b) 上具有 $(n+1)$ 阶导数，那么对于任一 $x\in(a,b)$，其泰勒展开表达式为

$$f(x)=\frac{f(x_0)}{0!}+\frac{f'(x_0)}{1!}(x-x_0)+\frac{f''(x_0)}{2!}(x-x_0)^2+\cdots+\frac{f^{(n)}(x_0)}{n!}(x-x_0)^n+R_n(x)=P_n(x)+R_n(x)$$

其中，函数 $P_n(x)=\dfrac{f(x_0)}{0!}+\dfrac{f'(x_0)}{1!}(x-x_0)+\dfrac{f''(x_0)}{2!}(x-x_0)^2+\cdots+\dfrac{f^{(n)}(x_0)}{n!}(x-x_0)^n$ 称为 $f(x)$ 的 n 次泰勒多项式，$R_n(x)=\dfrac{f^{(n+1)}(\varepsilon)}{(n+1)!}(x-x_0)^{n+1}$ 称为 $f(x)$ 的 n 阶泰勒余项，$\varepsilon\in(x_0,x)$ 之间的某个值，它是函数 $f(x)$ 与 $P_n(x)$ 的差值，在实验物理学中代表物理量的系统误差。

（陈秉岩　苏　巍　骆冠松）

第5章　科研创新实验

实验5.1　压电换能器及其超声参数测定

声波是一种能在气体、液体和固体中传播的机械波。频率低于20 Hz的声波称为次声波，频率在20 Hz～20 kHz的声波称为可闻波，频率超过20 kHz的声波称为超声波，大部分人的耳朵通常都听不到超声波和次声波。超声波的波长大于光波，小于普通电磁波的波长，超声波比X射线更容易在物质内部传播。超声波具有波长短、易于定向发射等特点，可以广泛应用于无损探伤、诊断、测厚、碎石、处理和焊接等领域。超声技术的详细应用，参见本书8.1节。

【实验目的】

1. 了解超声换能器的工作原理和应用。
2. 学习不同方法测定声速的原理和技术。
3. 测定声波在空气中的传播速度、波长、频率等参数。

【实验原理】

一、压电超声换能器

压电材料是受到压力作用时会在两端面间出现电压的晶体材料。常见的陶瓷、石英、镓酸锂、锗酸锂、锗酸钛等晶体材料均具有这个特性。另外，某些柔性的聚合物薄膜也具有压电特性，如聚偏氟乙烯(PVDF)。

产生压电特性的原理是，当对压电材料施加压力时，材料体内的电偶极矩会因外压力产生微形变而变短，此时压电材料为抵抗这种变化会在材料相对的表面上产生等量正负电荷，以保持原状。这种由于形变而产生电极化的现象称为“正压电效应”。正压电效应实质上是机械能转化为电能的过程；反之，如果在压电材料上施加电场，则会使压电材料产生机械形变。这种效应称为“逆压电效应”，是电能转化为机械能的过程。

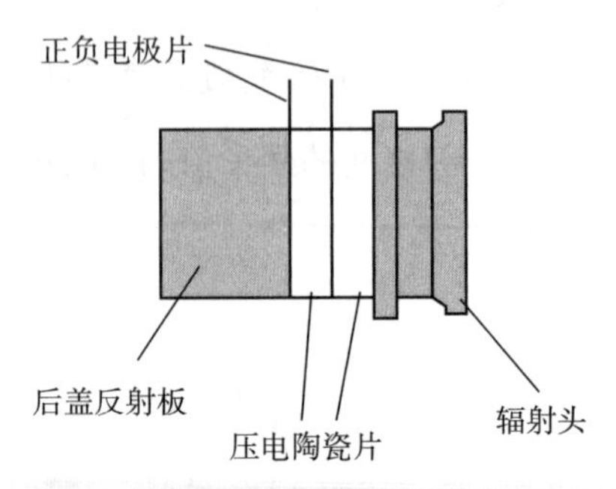

图1　纵向振动压电换能器结构

在本实验中，超声波信号发生和接收装置正是利用陶瓷材料的压电和逆压电效应制成的压电换能器，其基本结构如图1所示。超声波发生装置在其正负电极上施加与其固有工作频率点(约40 kHz)一致的外部电压信号而产生超声波；超声波接收装置在接收到与其固有工作频率一致的超声波作用下产生机械谐振，并在其正负电极上产生与外部作用波频率一致的电信号输出。

二、测量方法

1. 驻波法测超声波长和速度

驻波是两列幅度相等的相干波（能产生干涉的波）在同一直线上沿相反方向传输时，在它们的叠加区域形成的一种特殊的波。当一列波向前传输遇到障碍时，产生的反射波与发射波叠加也会形成驻波。

压电换能器发出的声波近似于平面波，经接收器反射后，声波会在两端面间来回反射并叠加形成驻波，其方程为：

$$y=y_1+y_2=2A\cos(2\pi x/\lambda)\cos\omega t \tag{1}$$

式中：A 为振动波的幅度；ω 为角频率；λ 为波长；y_1为发射波；y_2为反射波。

如图2所示，发射波与反射波叠加形成的驻波，其幅度最大的点称为波腹，幅度最小的点称为波节（波节上的点始终静止不动），驻波上相邻的两个波腹或波节之间的距离为半波长 $\lambda/2$。

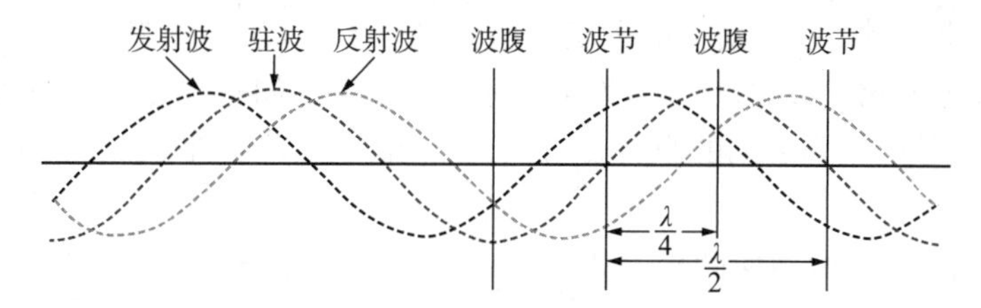

图2　驻波的波腹波节

当发射波与反射波发生共振时，接收器端面近似位于波节处时接收到的声压最大，经接收压电换能器形成的电信号也最强（压电换能器产生的声波是纵波，在介质中传播时，在传播方向上会产生疏密变化，波腹处介质被“拉伸”变疏，波节处被“压缩”变密，所以波节处的声压最大）。如图3所示的声速测试架，将两个压电换能器安装在测试架的S1和S2的位置上，超声波从S1发射在S2反射。当接收换能器的端面移动到某共振位置S2时，如果示波器上出现最强的电信号，继续移动接收器，将再次出现最强的电信号，则两次共振位置之间的距离为 $\lambda/2$，多次测量相邻半波长 $\lambda/2$ 的S2的距离可获得超声波的实际波长 λ。再根据超声波的频率 f，可获得超声波的实际传输速度：

$$v=\lambda\times f \tag{2}$$

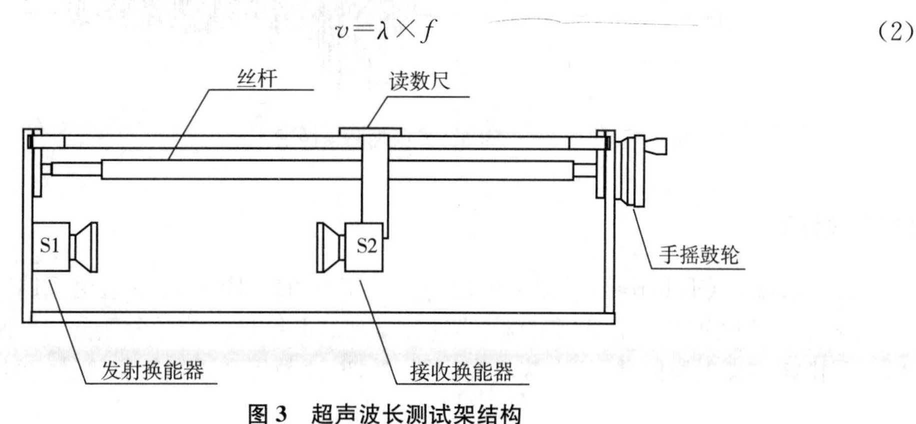

图3　超声波长测试架结构

2. 相位比较(李萨茹图形)法测超声波长和速度

对于发射波 $y_1=A\cos(\omega t-2\pi x/\lambda)$，接收器端面移动 Δx 后，接收到的余弦波与原发射波之间的相位差为 $\theta=2\pi\Delta x/\lambda$。将发射波和接收波输入示波器的 CH1 和 CH2 通道进行振动合成(示波器工作于 $X-Y$ 模式)，则可用李萨茹图形法观测超声波的波长和波速。在如图 4 所示的相位差合成图形中，图 4(a)和 4(c)表示接收换能器移动的距离 Δx 等于半个波长 $\lambda/2$ 的整数倍；图 4(a)和 4(e)表示接收换能器移动的距离 Δx 等于整个波长 λ 的整数倍。

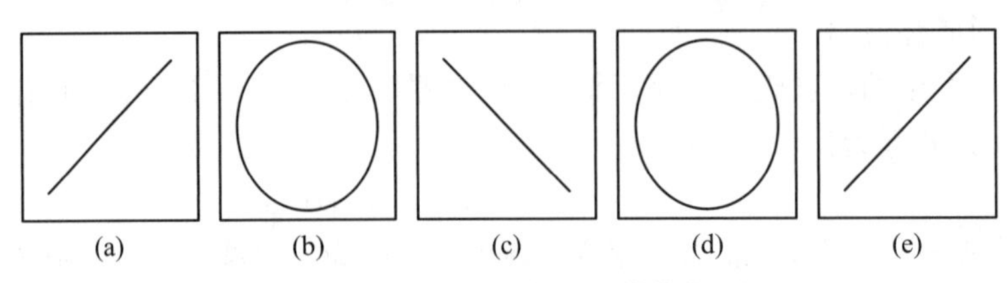

图 4　发射和接收波合成的李萨茹图形

3. 时差法测超声波速度

连续波经脉冲调制后由发射换能器发射至被测介质中，超声波在介质中传播，经过时间 t 后，到达距离 L 处的超声接收换能器，发射和接收波的波形如图 5 所示。由运动定律可知，通过测量换能器发射接收平面之间的距离 L 和时间 t，就可计算出声波在介质中传播的速度：

$$v=L/t \tag{3}$$

在标准状况下，空气中声速的理论值为：

$$v_s=v_0\sqrt{\frac{273.15+T}{273.15}} \tag{4}$$

式中：v_0 为 $T_0=0$℃时的声速，$v_0=331.30\ \mathrm{m/s}$。

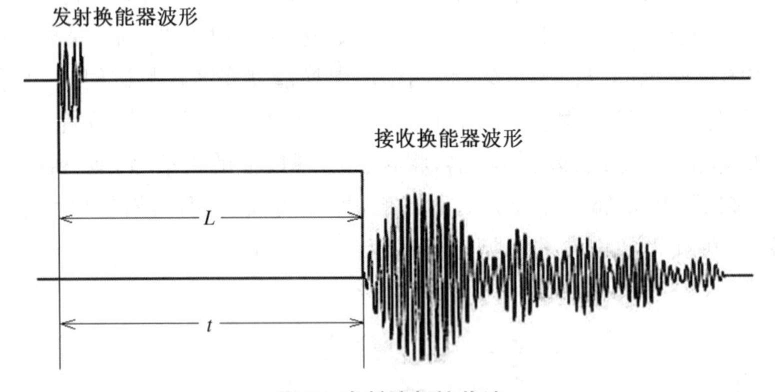

图 5　发射波与接收波

【实验仪器】

数字示波器(Tektronix，TBS1102C 或 TBS1102B - EDU)、双通道 DDS 信号发生器(Tektronix，AFG1022)、压电换能器、声速测试架、同轴电缆、信号分配器。声速测试架如图 3 所示，由超声发射换能器、超声接收换能器、丝杆、读数尺和手摇鼓轮等结构组成。

【注意事项】

1. 用声速测量仪测定波长时，应注意单方向(一般是超声波的传播方向)移动接收器，否则将会产生螺距间隙差(回程误差)，造成读数误差。

2. 当S1和S2的距离≤50 mm时，示波器上看到的波形可能会产生“拖尾”。这是由于发射和接收换能器距离较近时，声波的强度较大，反射波引起的共振在下一个测量周期到来时未能完全衰减而产生的。此时，可通过调大S1和S2的距离，减小“拖尾”得到稳定的测量数据。

3. 由于空气中的超声波衰减较大，在较长距离内测量时，接收波会有明显的衰减。此时，需要调整接收换能器连接的示波器通道的电压放大倍数，使S2移动时获得清晰的波形。

【实验内容与步骤】

一、驻波法测量超声波长和速度

1. 测量装置的连接与设置

如图6所示，连接信号源、测试架和示波器。将数字示波器设置为“YT”模式，同步触发源设置为“CH1”，打开CH1和CH2通道。数字示波器(TBS1102C或TBS1102B-EDU)开机后，通常默认为“YT”模式，并且CH1和CH2通道均开通；也可以通过面板上的“Default Setup”按键，使示波器进入到默认工作状态。并选择合适的CH1和CH2的放大倍数，使信号能在屏幕上完整显示。

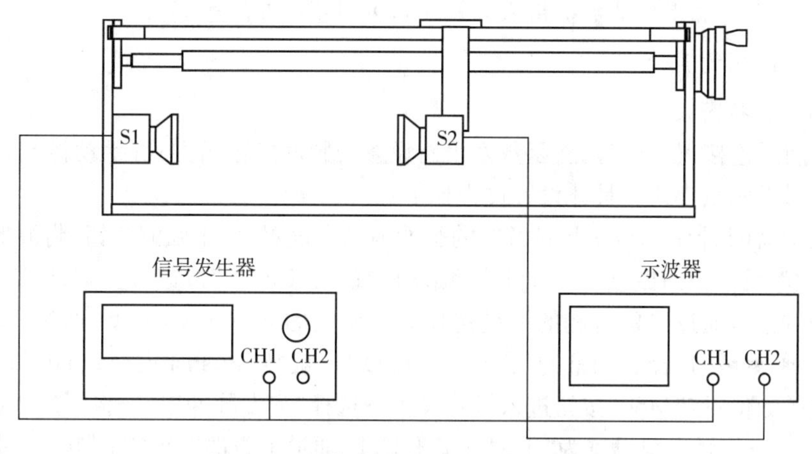

图6　超声波测试仪器设备连接图

2. 测定压电陶瓷换能器的谐振频率

当外加信号源的频率与换能器S1和S2的谐振频率f_r相等时，发生和接收换能器才能较好地进行声能与电能的相互转换，才能获得较好的实验效果。

调节方法：调节信号源输出电压幅度(通常取5～10 V_{pp})，使发射换能器获得合适的激励电压，再调整信号频率(在25 kHz～45 kHz)。当频率调整到某些特定的数值时，信号接收换能器的电压幅度会明显增大。此时，通过微调信号发生器的输出频率，寻找电压幅度为最大值的频率点，此频率即是信号发生器与压电换能器匹配的最佳谐振工作频率点f_r。在实验过程中，应该始终保持信号发生器与超声发射换能器的最佳匹配谐振频率点不变。

3. 超声波长和速度测量

将信号发生器的输出波形设置为连续正弦波方式。转动距离调节鼓轮，观察超声接收换能器输出的电压波形幅度的变化规律，记录电压幅度为最大时的位置 l_i。继续沿单一方向移动接收换能器，待幅度再次到达最大值时，记录下接收换能器此时所处的距离 l_{i+1}。即可求得声波波长：

$$\lambda_i = 2|l_{i+1} - l_i| \tag{5}$$

根据振动波的传输特性，超声波速度可以表达为波长和频率的函数关系：

$$v = \lambda \times f_r \tag{6}$$

二、相位法(李萨茹图形)测量超声波长和速度

按照图 6 连接仪器，将数字示波器设置为"XY"模式。TBS1000C 设置方法：按压"获得(Acquire)"按键→找到屏幕上"-更多-第 1/2 页"旁的按键并按压→XY 显示→选择"开"或"关"设为"YT"或"XY"模式)；TBS1102B - EDU 设置方法：按压 "功能(Utility)"按键→显示(Display)→屏幕上显示"格式"→使用"Multipurpose"旋钮选择并确认为"XY"模式。

将信号发生器设置为连续正弦波输出，选择合适的发射强度(5～10 V_{pp})。连接好线路后，将示波器设置为"XY"模式，显示李萨茹图形。转动鼓轮，移动 S2，使李萨茹图显示的椭圆变为一定角度的一条斜线，记录此时的位置 l_i，继续沿单一方向移动换能器，使波形再次回到前面所说的特定角度的斜线，记录此时的位置 l_{i+1}。此时，可求得超声波的波长为：

$$\lambda_i = 2|l_{i+1} - l_i| \tag{7}$$

再将公式(7)计算得到的数据带入公式(6)，可得超声波的速度。

三、时差法测量声速

1. 仪器工作状态设置

按图 6 所示连接仪器设备，将函数发生器设置为脉冲串输出方式(手动控制)，将示波器设置为单次触发测量模式。具体设置过程如下：

信号发生器(Tektronix，AFG1022)的脉冲串输出设置：按正弦波按钮，将波形设置为正弦波，输出频率设置为谐振频率 f_r；频率/幅度设置：按"Ch1/2"按钮，选中对应通道(有边框的通道代表选中)，通过屏幕右侧的按键选择需要调整的波形频率/幅度，通过"BKSP"面板旁的左右按键"⬅➡"选择要调整的信号频率/幅度位，旋转"Push for Manual Trigger"旋钮设置为想要的数值；按"Mod"按钮进入模式设置→选择"突发脉冲串"→将周期数设置为 1～5 周期(cycles)→将触发源设置为"手动"；按压 CH1 通道上方的"On/Off"按键，使按键上的灯点亮，此时 CH1 信号通道输出正常；用手按压"Push for Manual Trigger"旋钮，输出正弦波脉冲串。

数字示波器单次触发测量设置：将示波器的 CH1 和 CH2 信号通道均打开。信号发生器的输出经信号分配器分成两路，一路接到发射换能器上，另一路接到示波器的 CH1 通道。接收换能器的信号输入示波器的 CH2 通道；在触发面板上按"Trigger"区域的 "Menu"键→按靠近屏幕"信源"右侧的按键，将信源头设为"CH1"(此时，示波器的触发源为 CH1)；按"Single"键，示波器进入单次测量等待状态。此时，如果示波器的触发电平(Level)设置得当，当有信号从示波器的 CH1 和 CH2 通道进入时，CH1 通道的信号启动示波器采样记录。

2. 超声速度测试

在信号发生器上选择合适的正弦波脉冲发射强度（5～10 V_{pp}）和个数（1～5 周期），移动 S2 与 S1 产生一定的距离（≥50 mm），将示波器的 CH1 和 CH2 通道设置合适增益，使显示的波形完整清晰。每次测试前，先将按示波器的“Single”键，再按信号发生器的“Push for Manual Trigger”旋钮。此时，将在示波器上出现图 5 所示的发射换能器和接收换能器的信号。记录测试架上的 S1 和 S2 的距离 L_i，信号源波形和接收换能器波形的时间差 t_i。再将接收换能器 S2 移动一段距离，记录下一组 L_{i+1} 和 t_{i+1}。根据公式(3)依次计算超声传输速度。

【数据记录与处理】

1. 实验初始数据记录

换能器谐振频率 f_r = ________ kHz；实验环境温度 T = ________ ℃，根据公式(4)计算的声速 v_s = ________ m/s。

2. 驻波法测超声波的速度和波长

表 1　驻波法测试数据记录表

<table>
<tr><td>次数</td><td>i</td><td>1</td><td>2</td><td>3</td><td>4</td><td>5</td><td>6</td><td>7</td><td>8</td><td>9</td><td>10</td></tr>
<tr><td>间距
(mm)</td><td>l_i</td><td></td><td></td><td></td><td></td><td></td><td></td><td></td><td></td><td></td><td></td></tr>
<tr><td rowspan="2">波长
(mm)</td><td>$\lambda_i=\frac{2\mid l_{i+5}-l_i\mid}{5}$</td><td colspan="2"></td><td colspan="2"></td><td colspan="2"></td><td colspan="2"></td><td colspan="2"></td></tr>
<tr><td>$\bar{\lambda}=\sum_{i=1}^{5}\frac{\lambda_i}{5}$</td><td colspan="10"></td></tr>
<tr><td>声速
(m/s)</td><td>$v=\bar{\lambda}\times f_r$</td><td colspan="10"></td></tr>
</table>

3. 相位法测超声波的速度和波长

表 2　相位法测试数据记录表

<table>
<tr><td>次数</td><td>i</td><td>1</td><td>2</td><td>3</td><td>4</td><td>5</td><td>6</td><td>7</td><td>8</td><td>9</td><td>10</td></tr>
<tr><td>间距
(mm)</td><td>l_i</td><td></td><td></td><td></td><td></td><td></td><td></td><td></td><td></td><td></td><td></td></tr>
<tr><td rowspan="2">波长
(mm)</td><td>$\lambda_i=\frac{\mid l_{i+5}-l_i\mid}{5}$</td><td></td><td></td><td></td><td></td><td></td><td></td><td></td><td></td><td></td><td></td></tr>
<tr><td>$\bar{\lambda}=\sum_{i=1}^{5}\frac{\lambda_i}{5}$</td><td colspan="10"></td></tr>
<tr><td>声速
(m/s)</td><td>$v=\bar{\lambda}\times f_r$</td><td colspan="10"></td></tr>
</table>

4. 时差法测超声波的速度和波长

表 3　时差法测试数据记录表

<table>
<tr><td colspan="2">次数</td><td>i</td><td>1</td><td>2</td><td>3</td><td>4</td><td>5</td><td>6</td><td>7</td><td>8</td><td>9</td><td>10</td></tr>
<tr><td colspan="2">收发换能器间距(mm)</td><td>l_i</td><td></td><td></td><td></td><td></td><td></td><td></td><td></td><td></td><td></td><td></td></tr>
<tr><td rowspan="3">示波器</td><td>图像间距(格)</td><td>L'</td><td></td><td></td><td></td><td></td><td></td><td></td><td></td><td></td><td></td><td></td></tr>
<tr><td>时间因素(μs/格)</td><td>M</td><td></td><td></td><td></td><td></td><td></td><td></td><td></td><td></td><td></td><td></td></tr>
<tr><td>传输时间(μs)</td><td>$t_i = L' \times M$</td><td></td><td></td><td></td><td></td><td></td><td></td><td></td><td></td><td></td><td></td></tr>
<tr><td rowspan="2" colspan="2">声速(m/s)</td><td>$v_i = \frac{l_{i+5} - l_i}{t_{i+5} - t_i}$</td><td colspan="2"></td><td colspan="2"></td><td colspan="2"></td><td colspan="2"></td><td colspan="2"></td></tr>
<tr><td>$\overline{v} = \sum_{i=1}^{5} \frac{v_i}{5}$</td><td colspan="10"></td></tr>
</table>

5. 将三种方法计算出的声速与理论值比较，计算百分差，并分析误差产生的原因。

【问题与讨论】

1. 声速测量中的驻波法、相位比较法、时差法有何异同？
2. 声音在不同介质中传播有何区别？声速为什么会不同？
3. 为什么换能器要在谐振频率下进行声速测定，如何找到谐振频率点？
4. 接收信号的“拖尾”现象是如何产生的？如何消除“拖尾”？

【科研创新参考】

超声相控阵成像系统设计是根据时差法测试原理（图 7），使用多通道 DDS 信号强产生具有特定时差的换能器驱动信号（如 3～4 个通道）；使用多通道示波器分别采样相控阵单元中的各超声换能器的信号，在不同信号发送时差下对比反射信号的时差，并合成信号，分析成像原理（参考文献：陈秉岩，陈可，朱昌平，等. 收发一体超声探头介质分层特性探测系统，ZL 201810055335.1. 2020.08.04 授权）。

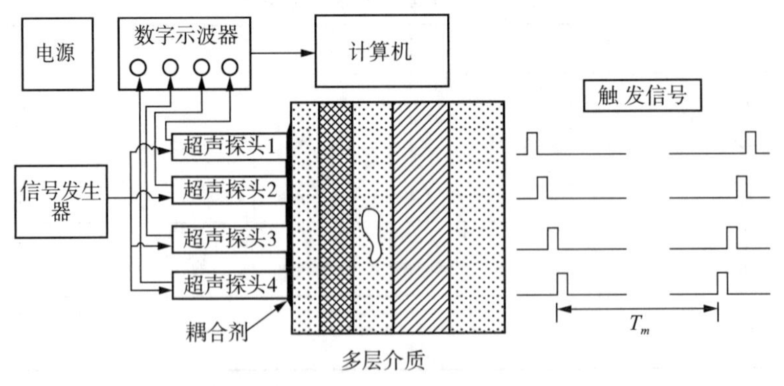

图 7　时差法测试原理示意

关键技术问题：(1) 时差信号的产生与同步采集；(2) 反射时差信号的合成与分析；(3) 换能器阵列设计与技术实现。

（陈秉岩）

实验 5.2　太阳电池伏安特性曲线的测定

太阳能是一种清洁新能源，对太阳能的充分利用可以解决人类日趋增长的能源需求问题。太阳电池的特性研究是 21 世纪的热门课题，越来越多的新太阳电池材料被发现或应用。在普通物理实验中开设太阳电池特性实验，能增进我们对太阳电池的了解，结合科研、应用实际，具有一定的新颖性和实用价值，也有益于激发学生的学习兴趣。

【实验目的】

1. 了解太阳电池的基本工作原理。
2. 掌握太阳电池伏安特性曲线的实验测量方法。
3. 学会从太阳电池伏安特性曲线中判断太阳电池性能的方法。

【实验原理】

太阳电池能够吸收光的能量，并将所吸收的光的能量转化为电能。

太阳电池的基本结构是一种 PN 结，P 和 N 分别表示两种不同类型的半导体材料，其中 P 型材料中含有大量可以自由移动的带正电的粒子(空穴)，N 型材料中含有大量可以自由移动的带负电的粒子(电子)。P 型材料和 N 型材料一起形成的结构就叫作 PN 结。在 PN 结的界面附近，P 型材料中大量的空穴将向 N 型材料中扩散，同样 N 型材料中大量的电子将向 P 型材料中扩散，扩散的结果就是在本为电中性的 PN 结界面附近处产生了内建电场。P 型材料一侧由于少了部分空穴而带负电，N 型材料一侧由于少了部分电子而带正电，如图 1 所示。内建电场的产生抑制了空穴、电子的进一步扩散，最终二者达到一个动态的平衡。

当光照射 PN 结时，会在材料中产生可自由移动的电子、空穴(为什么？请同学们自己思考)，然后在内建电场的作用下，电子向 N 型材料一侧定向运动，空穴向 P 型材料一侧定向运动，当把 P 型材料和 N 型材料的两端用导线连在一起的时候，形成电流输出，这个过程通常称作光伏效应，如图 2 所示。

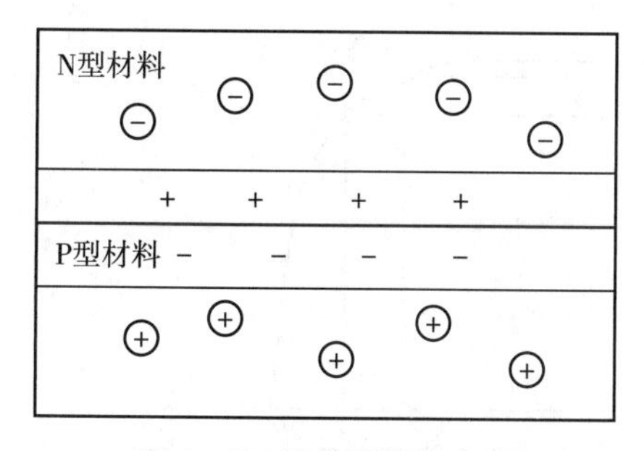

图 1　PN 结的结构示意图

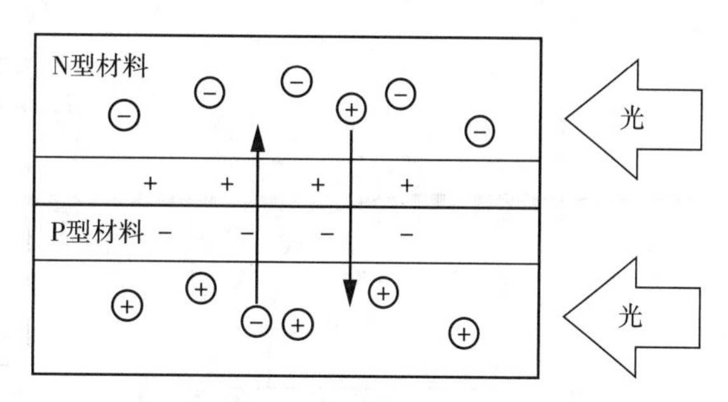

图 2　光照下 PN 结特性

太阳电池接上负载后，随着负载阻值的变化，其输出特性一般可用如图 3 所示的电流—电压曲线来表示，称为太阳电池的伏安特性曲线。由太阳电池的伏安特性曲线，可以得到描述太阳电池的四个本征参数：开路电压 V_{oc}、短路电流 I_{sc}、填充因子 FF、转换效率 η。

(1) 开路电压 V_{oc}

当太阳电池两端接通负载电阻 R_L 后，通过负载电阻的电流可表示为：

$$I = I_F - I_L = I_S[\exp(qV/kT) - 1] - I_L \tag{1}$$

式中：I_F 为 $p-n$ 结正向电流，$I_F = I_S\left(e^{\frac{qV}{kT}} - 1\right)$；$I_L$ 为光生电流；I_S 为反向饱和电流。

若外电路的电流为零，即外电路开路时，由(1)式可得开路电压 V_{oc}：

$$V_{oc} = \frac{kT}{q}\ln\left(\frac{I_L}{I_S} + 1\right) \tag{2}$$

开路电压 V_{oc} 是太阳电池的一个很重要的参数，提高开路电压 V_{oc} 有助于电池的转换效率的提高。影响开路电压 V_{oc} 的主要因素有：吸收层的禁带宽度 E_g、电池内部的并联电阻 R_{sh}、温度等。

(2) 短路电流 I_{sc}

如果将太阳电池短路($V=0$)，由式 $I_F = I_S\left(e^{\frac{qV}{kT}} - 1\right)$ 可知 $I_F = 0$，这时所得的电流为短路电流 I_{sc}。显然，短路电流等于光生电流，即：

$$I_{sc} = I_L \tag{3}$$

影响短路电流的主要因素有：吸收层的禁带宽度 E_g、电池内部的串联电阻 R_s 等。

(3) 填充因子 FF

在太阳电池的伏安特性曲线任一工作点上的输出功率等于该点所对应的矩形面积，如图 4 所示，其中只有一点是最大输出功率，称为最佳工作点，该点的电流电压分别称为最佳工作电压 V_{op} 和最佳工作电流 I_{op}。填充因子定义为：

$$FF = V_{op} \cdot I_{op} / (V_{oc} \cdot I_{sc}) = P_{\max} / (V_{oc} \cdot I_{sc}) \tag{4}$$

它表示了最大的输出功率点所对应的矩形面积在 V_{oc} 和 I_{sc} 所组成的矩形面积中所占的百分比。特性好的太阳电池就是能获得较大输出功率的太阳能电池，也就是 V_{oc}、I_{sc} 和 FF 乘积较大的电池，对于有合适效率的电池，该值一般在 0.70～0.85 范围内。FF 为太阳电池的重要表征参数，FF 越大输出的功率越高。FF 取决于入射光强、材料的禁带宽度、理想系数、串联电阻和并联电阻等因素。

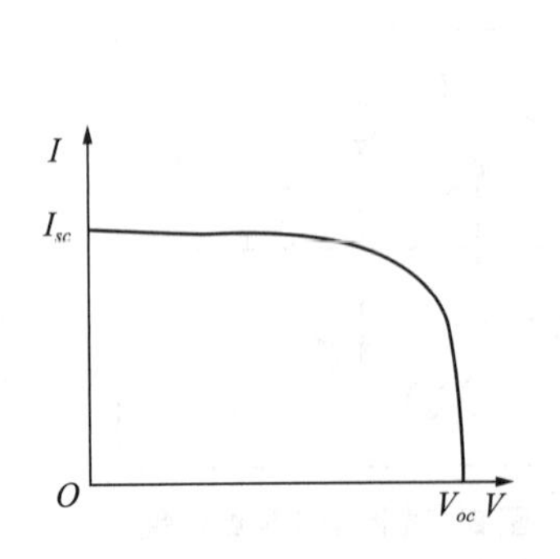

图 3　太阳电池的伏安特性曲线

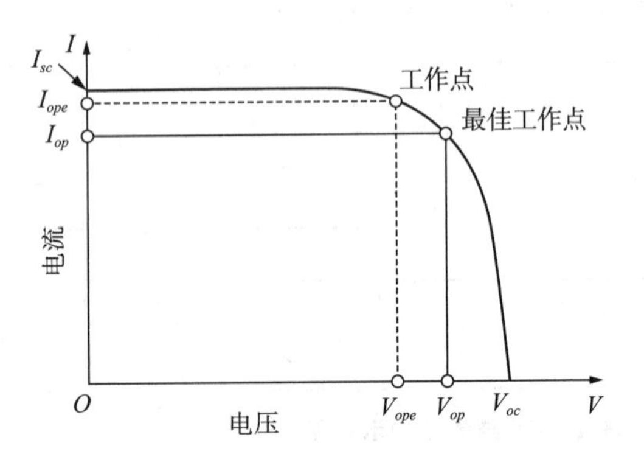

图 4　太阳电池的 I－V 特性和工作点

(4) 太阳电池的能量转换效率 η

太阳电池的能量转换效率表示入射太阳光能量有多少能转换为有效的电能。即:

$$\begin{aligned}\eta &= (\text{太阳电池的输出功率}/\text{入射的太阳光功率})\times 100\% \\ &= (V_{op} \cdot I_{op})/(P_{in} \cdot S)\times 100\% \\ &= (V_{oc} \cdot I_{sc} \cdot FF)/(P_{in} \cdot S)\end{aligned} \tag{5}$$

式中:P_{in}是入射光的能量密度;S 为太阳能电池的面积,当 S 是整个太阳电池的面积时,η 称为实际转换效率,当 S 是指电池的有效发电面积时,η 称为本征转换效率。

转换效率 η 是评估太阳电池性能好坏的非常重要的一个参数,它受开路电压 V_{oc}、短路电流 I_{sc}和填充因子 FF 的影响。

【实验仪器】

QY - SE - II 型太阳能电池实验仪,包含模拟光源、太阳能电池装置(含温度显示等)、可调负载装置、电压表、电流表、接线若干等组件。

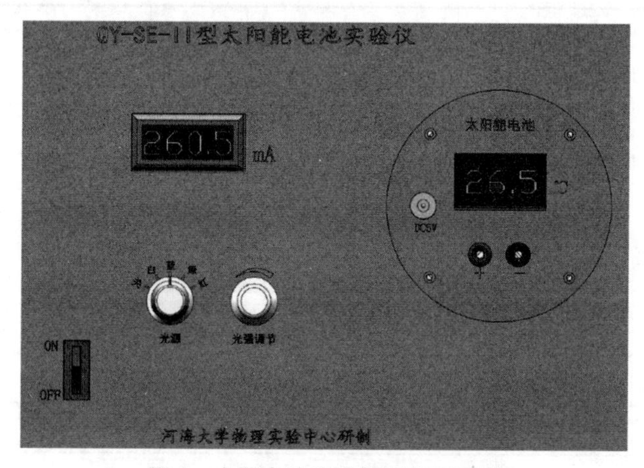

图 5 太阳电池实验仪面板示意图

【实验内容与步骤】

1. 实验前先检查仪器设备、配件等是否完好。

2. 连接测量线路,如图 6 所示。将可调负载、电流表、太阳电池三者串联,可调负载、电压表两者并联。

3. 打开实验仪电源开关。

4. 旋转光源旋钮,选择白光(模拟太阳光)作为待测光源。

5. 旋转光强调节旋钮,将光源工作电流调至 200 mA。

6. 观察太阳电池的温度变化情况,温度稳定后,开始下一步实验。

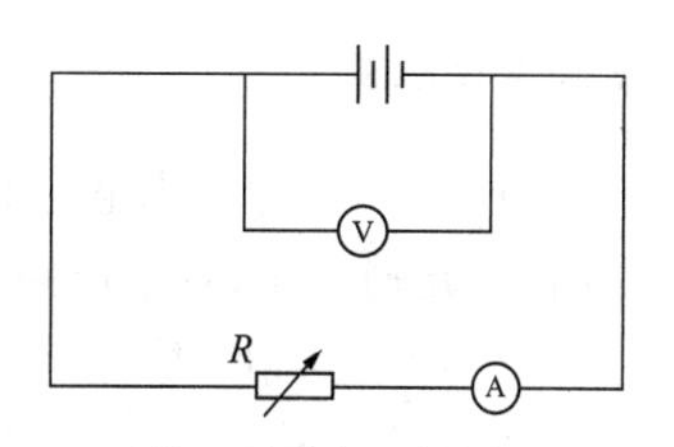

图 6 测量示意图

7. 改变可调负载阻值大小,将对应的电压表、电流表测量值记录到表 1(要求数据不少于 15 组,最佳工作点附近适当多测几组,开路电压、短路电流必测)。

8. 根据电压、电流测量值计算出输出功率,作输出功率与电压关系图,得到最大输出功率,并在图上标注出最大输出功率与对应的电压值。

9. 作电流与电压的伏安特性曲线图,并在图上标注出开路电压、短路电流、最佳工作点位置与对应的最佳工作电压、最佳工作电流。

10. 根据仪器标定的 $P_{in} \cdot S$ 值,计算太阳电池的能量转换效率。

11. 旋转光源旋钮,重新选择其他光源作为待测光源,重复步骤 5~9,研究不同光源对太阳电池本征参数的影响(此部分为选做内容)。

【注意事项】

1. 在整个测量过程中,不要移动光源和太阳电池的位置。
2. 测量时,注意保护眼睛,不要长时间直视强光而对眼睛造成伤害。

【数据记录与处理】

表 1 实验数据记录

序号	1	2	3	4	5	6	7	8	9	10
电压										
电流										
输出功率										
短路电流=________mA; 开路电压=________V										
序号	11	12	13	14	15	16	17	18	19	20
电压										
电流										
输出功率										

【问题与讨论】

1. 多个太阳电池的连接方式(单联、串联、并联)对伏安特性曲线有何影响?
2. 在实际应用中如何保证得到太阳电池的最佳工作状态?

【实验拓展】

1. 选择一种太阳电池的连接方式,接好电路后,通过改变光源距离等方法改变太阳电池接收的光强大小,观察电路中电流和电压的变化。
2. 同学间相互协作,研究 2 块或多块太阳电池并联、串联的输出特性。
3. 研究环境温度变化对太阳电池特性的影响等。

(张开骁)

实验5.3 电工新技术的电参数测试

1. 电工新技术基本概念

电工理论与新技术(简称“电工新技术”),是主要从事电磁现象的基础理论研究及新技术的开发与应用,电磁能量和电磁信息的处理,电磁能量的控制与利用以及与电磁相关而衍生的各类高新技术。电工新技术包括:超导与强磁体技术(强磁场和磁悬浮技术)、脉冲功率技术、电磁兼容技术、无损检测与探伤技术、新型电源技术、低温等离子体技术、环保电工技术、生物电工技术、电加工技术、高电压大电流脉冲放电效应及应用、微机电系统、磁流体技术、太空电气系统、大系统的近代网络理论与智能算法应用技术等。

电气参数,是电路系统体现出的电磁参数以及电磁能量转化为其他物理量的参数,通常指电路系统在线性或非线性电能激励条件下体现出来的阻抗、电压、电流、频率等物理特性,以及在此基础上产生的电磁能量、发光、发热、机械振动等其他特征参数。电工新技术领域的电气参数通常具有如下特点:极限电压(极大和/或极小)、极限电流(极大和/或极小)、极限能量(极大和/或极小)、非线性、瞬变、偶发。

电气参数测试(或称为“电气参数诊断”),是通过特定的测试方法和一系列特定的仪器设备,有效获取并进一步处理电路系统电气参数的过程。在电工新技术研究领域,传统的电学测试仪器设备(如电压表、电流表、欧姆表等)已经不能满足实际测试要求,常用的测试仪器设备有:电参数测试仪(单相/三相电力分析仪)、数字存储示波器、高压电压探头、高频电流探头、数字电桥、网络分析仪、静电放电测试仪、电磁干扰/电磁兼容测试仪、电磁屏蔽室等设备。

2. 常用电气参数测试设备

(1) 数字电桥,专门用于测试和分析电子和电气元件基本电学参数的仪器,主要测试对象为:电感L、电容C和电阻R,以及电感L、电容C和电阻R任意组合的电路网络参数(包括元器件的L、C、R寄生参数)。常用的仪器有:固纬LCR测试仪(GW Instek, LCR8110G)、同惠LCR精密数字电桥(Tonghui, TH2829A)等设备。其中,LCR8110G具有10 MHz的测试带宽,属于高端LCR测试仪;TH2829A的测试带宽为300 kHz,属于中高挡LCR测试仪。以上两款仪器,通过特定的软件还可以与PC机构成压电换能器参数分析仪。注意该两款仪器只能在元器件不通电的条件下使用,严格禁止将设备连接到通电的电路系统(特别是高压电路系统)中。

(2) 电参数测试仪,专门用于测试用电设备在市电供电输入端的运行参数,这些参数通常包括:电压、电流、功率、频率、功率因素、谐波总量、各次谐波分量等参数。常用的仪器设备有:单相交流功率分析仪(Tektronix, PA1000)、数字电参数测试仪(Qingzhi, 8793F)、四通道多相AC/DC功率分析仪(Tektronix, PA3000)等。

应用领域:电源和UPS、LED驱动器/灯光、无线充电、消费电子、家用设备、计算机和IT设备、变流器和变压器、电池充电器等领域的电源、能量、备用电源和谐波测量。

(3) 数字存储示波器(Digital Storage Oscilloscopes: DSO),是在示波器中以数字编码的形式来储存信号。DSO有别于一般的模拟示波器,它是将采集到的模拟电压信号转换为数字信号，由内部微机进行分析、处理、存储、显示或打印等操作。这类示波器通常具有程控和遥控能力，通过 USB 或 GPIB 接口还可将数据传输到计算机等外部设备进行分析处理。

DSO 的工作过程可分为存储和显示两个阶段。存储阶段，先对被测模拟信号进行采样和量化，经模拟数字转换器(analog to digital converter：ADC)转换成数字信号，依次存入随机存取存储器(random-access memory：RAM)，当采样频率足够高时，可以实现信号的不失真存储。显示阶段，以合适的频率把信息从 RAM 中按原顺序读出，经数字模拟转换器(digital to analog converter：DAC)转换和低通滤波器(low-pass filter：LPF)后送至显示器即可显示还原后的波形。

在电工新技术领域，由于待测信号具有极限电压(极大和/或极小)、极限电流(极大和/或极小)、瞬变和偶发等特性，被测的电压和电流数值会远超过示波器的测试范围。此时，需要使用高压电源探头、高频电流探头等设备对被测信号进行处理后，再使用数字示波器进行测试。常用的数字示波器有：泰克公司的 MDO3054 四通道三合混合域示波器、TPS2024B 四通道隔离示波器等。

(4) 高压电压探头，是一种专门用于将高电压信号进行衰减，以满足数字示波器测试输入范围的设备。使用高压电压探头，可以将数字示波器的电压测试范围扩展到最高 100 kV 甚至更高。高压电压探头分为无源高压衰减探头和有源差分衰减探头两种类型。

无源高压探头采用非隔离降压衰减技术，常见的设备有：Tektronix 的 P5100A 和 P6015A，Pintech 的 P6039A ，North Star 的 PVM 便携式宽带高压探头等。其中，P5100A 适合最大 2.5 kV 测量场合，带宽 500 MHz；P6015A 适合 2.5 kV 以上大容量、高性能的电压测量，可测直流/脉冲电压高达 20/40 kV，带宽 75 MHz；PVM－5 可测最大直流/脉冲电压 60/100 kV，带宽 80 MHz。

有源高压差分探头采用绝缘隔离衰减技术，常用的设备有：Tektronix 的 P5150、P5122 和 TPP0850，Pintech 的 PT-5240，North Star 的 CIC 高压差分探头等。其中，CIC 高压差分探头是全球顶级高压差分探头，具有超高精度，高共模抑制比。应用于高电压、核物理、高能物理、航空航天等领域。可提供 75 MHz～120 MHz 带宽，有效值/峰值高达 20/30 kV，精度可达 0.1%。

(5) 高频电流探头，是一种专门将直流、交流或脉冲式电流转换为电压，以满足示波器测试输入范围的设备。主要的电流探头品牌有：Danisense、Pearson、Tektronix 和 Pintech。

Danisense 电流传感器，可以提供 DC-300 kHz 的测试频率范围，低于 1 ppm 的低噪声信号输出；静电屏蔽效果好，可有效抑制初级回路的 dV/dt 耦合；电流测试范围可达 10 kA rms。

Pearson 脉冲电流互感器，提供覆盖电流量程从 10 mA～100 kA，频率带宽 DC－250 MHz 的测试解决方案。例如，Pearson PWB 电流互感器可以满足上百万安培电流的带电粒子束和主要馈电线故障中的上千安培电流，其脉冲电流检测的上升沿时间可以足够短到2 ns，可以与示波器、频谱分析仪、电源分析仪、数字电压计、ADC 以及其他各种测试仪器相连接。

(6) 可编程净化电源，是将来自市电的交流电源经过 AC→DC→AC 变换，可根据实际需求设定输出纯净的直流或正弦波电压，并且电压和频率在一定范围内可调的电源系统。理想的可编程净化电源系统，其特点是频率稳定、电压稳定、内阻等于零、电压波形为纯正弦波(无失真)或恒定常数(直流)。应用领域：科研、教育、产品研发/测试等领域中，提供高品质多样化的稳定供电。

以可编程交流/直流电源（GW Instek，GKP2302）为例，其特性如下：① 功率容量为3 kVA，单相AC100－230 V。② 输出模式AC和AC＋DC，信号源包括内部(INT)、外部(EXT)、内部＋外部(ADD)、VCA和同步信号(SYNC)。③ 任意波功率输出，频率：40～550 Hz（AC模式），1～550 Hz（AC＋DC模式），频率分辨率为0.1 Hz。④ 测量功能：电压、电流、功率、频率、功率因数、波峰因数(crest factor ：CF)和谐报电流。⑤ 具有记忆和恢复功能，可以对设置进行存储和调用。

3. 电源匹配与电气参数测试

(1)电源与负载的阻抗匹配原理

在所有使用电源对负载供电的研究领域，人们必须具备一些外部电路的基本知识和外部电路的参数分析方法。通常将负载阻抗表达式如下[1]：

$$Z_D = R_D + iX_D \tag{1}$$

公式(1)中，R_D是电阻，X_D是电抗。

图1是运用戴维南(Thevenin)等效电路描述的电源与负载Z_D连接的示意图。

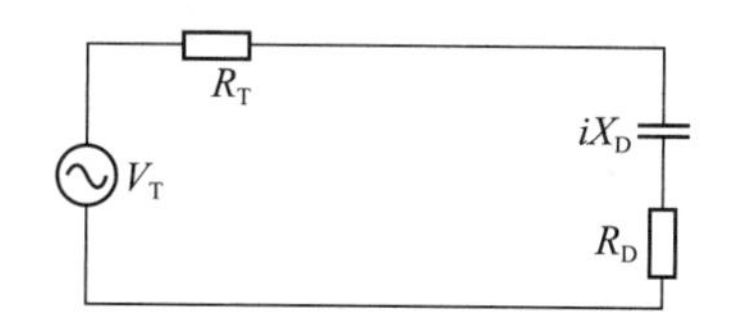

图1　电源与负载链接的等效电路

如果理想电压源的电压复幅度为V_T，内阻为R_T，则电压源与等负载串联时的复电压V_{rf}和复电流I_{rf}方程为：

$$I_{rf} = \frac{V_T}{R_T + R_D + iX_D} \tag{2}$$

$$V_{rf} = I_{rf}(R_D + iX_D) \tag{3}$$

在图1中，从电源流进负载的平均功率表达式为：

$$\bar{P} = \frac{1}{2} R_e (V_{rf} I_{rf}^*) \tag{4}$$

将公式(2)取共轭复数后，与公式(3)一起代入公式(4)可得电源流进负载的平均功率表达式：

$$\bar{P} = \frac{1}{2} \mid V_T \mid^2 \frac{R_D}{(R_T + R_D)^2 + X_D^2} \tag{5}$$

当电源参数V_T和R_T给定时，对方程(5)求R_D和X_D的一阶偏导数，并令偏导数为零时，可得电源传输功率为最大值。求解方程可得$X_D = 0$，$R_D = R_T$。此时，电源与负载之间实现了匹配，电源传输给负载的功率最大。其表达式为：

$$\bar{P}_{max} = \frac{1}{8} \frac{\mid V_T \mid^2}{R_T^2} \tag{6}$$

为了得到电源的最大传输功率，需要对电源与负载(负载)之间进行电路匹配和参数优化，以获得电源和负载之间的理想工作状态。

(2) 用电设备市电供电参数测量

用电设备与市电相连接，通常需要实时获得市电与设备连接点的各类电力参数，例如：

电压、电流、功率、频率、功率因素、谐波总量、各次谐波分量等参数。常用的电参数测试仪有：单相交流功率分析仪(Tektronix, PA1000)、数字电参数测试仪(Qingzhi, 8793F)、四通道多相 AC/DC 功率分析仪(Tektronix, PA3000)等。

由于大部分电源未使用功率因数校正(active power factor correction: APFC)技术，输入供电电压(通常为 AC220 V 或 AC380 V)的波动，会影响公式(5)的 V_T(使用 APFC 技术的除外)，从而影响电源对负载输出的功率值。另一方面，来自电网的谐波含量的大小，也会影响电源输送到负载上的功率。上述输入电压波动和谐波含量，会影响电源对负载的供电功率，这些影响可以通过实验进行验证。实验方法如下[2]：

例如，在文献[3]实验研究方案中，使用自耦调压变压器改变等离子体高压激励电源(Corona Lab., PG－3000)的输入电压，使用数字电参数测试仪(Qingzhi, 8793F)测试高压等离子体激励电源的输入端电压和谐波含量，在相同放电功率下测试谐波含量，并以相同的处理时间降解苯酚溶液，实验结果如图 2 所示。

测试过程中，将等离子体电源(PG－3000)输入端的功率恒定为 300 W，通过自耦变压器将输入电压从 AC175 V 增加到 AC250 V，并在对应的电压参数下处理苯酚溶液 5.0 分钟。图 2(a)中，谐波含量先从 79.5%增加到 86.8%再下降到 80.5%，并在 AC220 V 处达到谐波含量最大值 86.8%；图 2(b)中，苯酚降解效率总体上与电源的输入电压呈现线性增长关系，但在 AC220 V 附近呈现显著的下降趋势。这种现象可以解释为，自耦变压器在 AC220 V 附近的输出触点上没有电感，输入端过高的谐波含量降低了电源的有功功率；自耦调压变压器偏离 AC220 V 的输出触点，由于电感的滤波作用，有效降低了谐波干扰。

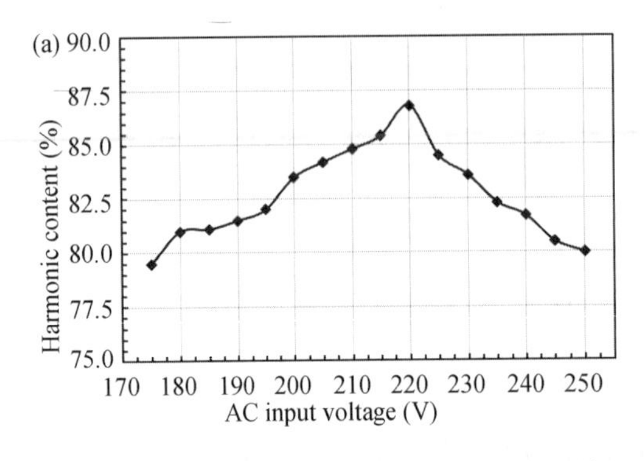

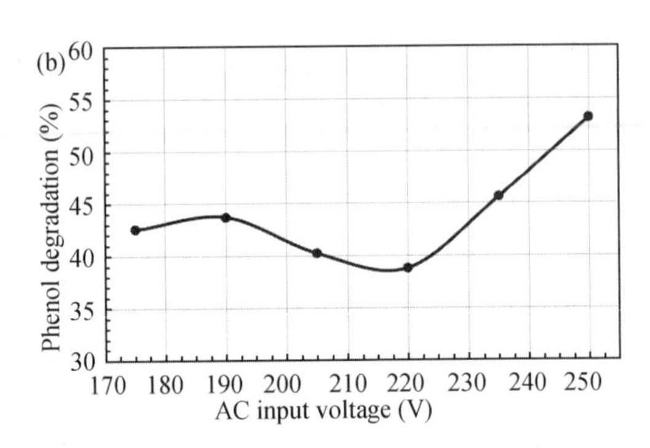

图 2　输入电压影响电源供电特性(a. 影响谐波含量；b. 影响苯酚降解效率)

另外，等离子体电源工作过程中，会在市电接口输入端产生谐波，并与来自电网的谐波相互叠加，从而降低电源对放电反应器的供电效率。为了消除谐波影响，在实际应用中应该对等离子体电源进行适当的技术改进。其方法为：第一，增加 APFC 功能，降低电网谐波分量，改进供电和用电质量。这种方法比较适合于供电参数相对固定的实际应用领域。第二，在等离子体电源与电网连接之间使用可编程净化交流电源改进供电和用电质量，这种方法适合于需要随时改变和观测供电参量变化的应用基础研究场合。

(3) 特种电源输出参数测试方法

交流市电的电压和频率都比较低(AC220 V 或 380 V，频率约 50 Hz)，测试相对比较容易，但在高电压、脉冲功率和放电等离子体等领域，其电源设备输出参数通常具有如下特殊性：脉冲式或交流形式的电压和电流输出，电压范围很宽(从几十伏到几万伏)，电流范围很大(从几毫安到几千安)，电压电流波形参数复杂(通常不能用特定的函数表达)。特别是产生大气压低温等离子体的激励电源，其输出电压往往高达几千甚至几万伏，电压/电流波形呈现脉冲式分布。对于这些复杂的放电系统，其电气参数很难使用常规仪器设备进行定性和定量分析。在实际研究中，通常使用高压电压探头、高频电流探头和数字示波器等设备进行分析[1],[5~7]。

以大气压放电等离子体为例，其放电脉冲能量是不连续的，每个脉冲总能量可以由相应的电流和电压的乘积积分获得[1],[5],[6]：

$$E(t)=\int_0^t u(t)i(t)\mathrm{d}t \tag{7}$$

公式(7)中，$u(t)$是放电反应器上的供电电压方程，$i(t)$是放电反应器上的供电电流方程，t 是电流从零上升到最大值再下降到零的时间。

当用高压电压探头、高频电流探头和数字示波器等设备测得放电频率为 f，且放电脉冲的平均能量 $E(t)$时，可以得到电源到反应器的放电功率表达式：

$$P=E(t)\cdot f \tag{8}$$

通常情况下，$u(t)$和 $i(t)$是非常复杂的函数，很难通过积分计算得到 $E(t)$。为了获得准确的供电能量，常用的功率测量方法有：功率表法(适合低频)、瞬时功率法(适合波形相对简单的情形)和电压-电荷 Lissajous(李萨茹)图形法(适合波形噪声较高的情形)。下面以瞬时功率法和电压-电荷李萨茹图形法为例进行阐述：

① 电压-电流瞬时功率法

对于电压和电流波形相对简单的情况(即噪声信号干扰较小的情况)，可以采用瞬时功率法计算供电能量。例如，图 3 所示为电弧放电类型的大气压等离子体射流(atmospheric pressure plasma jet：APPJ)的电压电流波形[4]，先使用高压电压探头、高频电流探头和数字示波器获取如图 3(a)所示的电压和电流数据，再将电压和电流相乘得到如图 3(b)所示的功率谱图，最后通过时域上的放电功率谱的半峰全宽(full-width at half-maximum：FWHM)法计算单个供电周期的能量(mJ)。

图 3(b)中，一个供电周期的能量等于前半周期的能量峰值(2 875 W)与其半峰值(1 437.5 W)所占的时间(7.40 μs)的乘积(2 875 W×7.40 μs=21.3 mJ)，以及后半周期的能量峰值(2 250 W)与其半峰值(1 125 W)所占的时间(7.30 μs)的乘积(2 250 W×7.30 μs=16.4 mJ)的总和(21.3 mJ+16.4 mJ=37.7 mJ)。

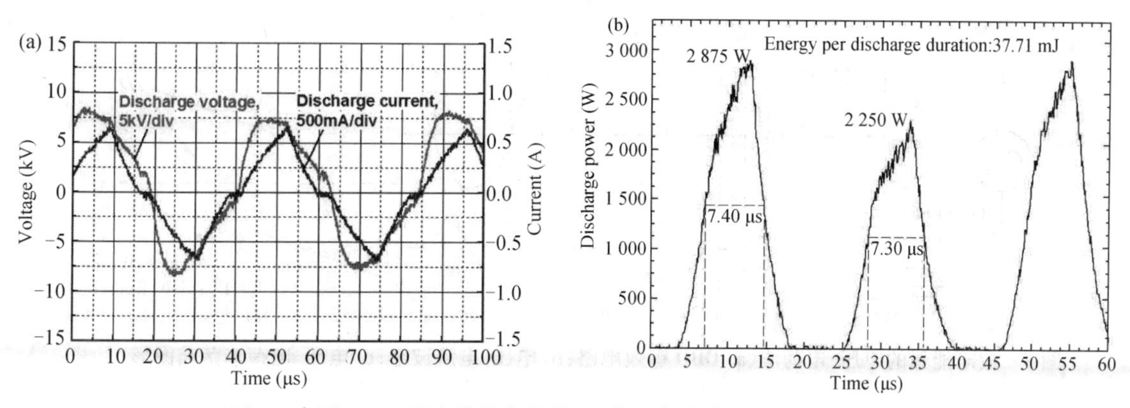

图 3　电弧 APPJ 反应器的电参数(a. 电压电流波形；b. 能量波形)

② 电压-电荷李萨茹图形法

在如图 4 所示的介质阻挡放电(dielectric barrier discharge：DBD)的典型电压和电流波形中，电流波形上存在随时间变化不确定的多重微击穿放电[8],[9~11]。由于多重微电流噪声信号干扰的存在，很难使用瞬时功率法测试供电能量。对于这类放电的能量计算，通常有采用电压-电荷 Lissajous(李萨茹)图形法，则可以获得较高的准确度。其核心思想是使用一个积分电容 C_a 对多重微电流噪声信号进行滤波和平滑处理，然后再根据供电电压和电流积分电容上的电荷电压换算电源的供电能量。在此，以电压-电荷李萨茹图形法介绍 DBD 放电能量的测试。

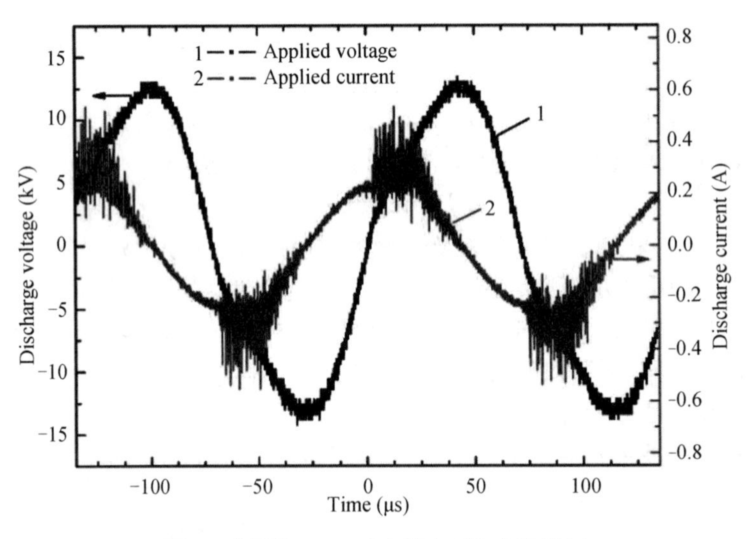

图 4　典型的 DBD 反应器电压和电流波形

图 5(a)所示的 DBD 放电能量测试等效电路中，C_d 是介质电容、C_g 是气隙电容、C_a 是积分电容、C 是 DBD 反应器的总电容。多重微电流经 C_a 积分后转为电荷量，示波器通过测试电容 C_a 两端的电压，确定供电电荷量；图 5(b)是 DBD 反应器的电压和电流波形示意图，在一个供电周期中，微放电发生在 CD 和 AB 阶段，其中 BC 和 DA 阶段代表放电间隔；图5(c)是 DBD 反应器的典型电压-电荷李萨茹图形。李萨茹图形是平行四边形，其面积表示一个周期的放电能量。

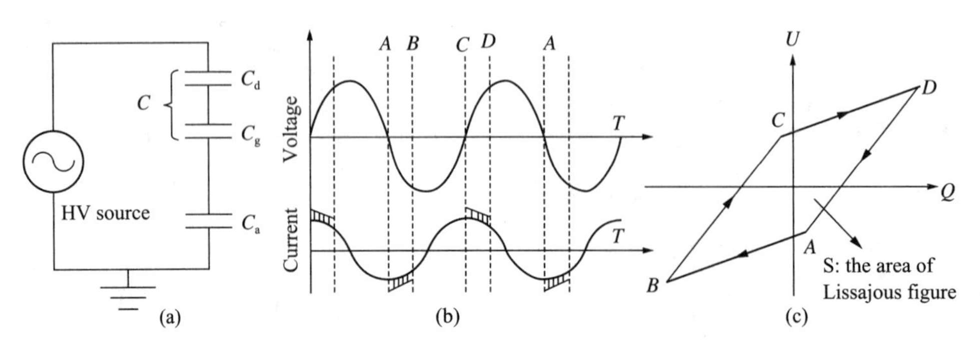

图 5　放电能量的电压-电荷法(a. DBD 等效电路；b. 电压-电流波形；c. 电压-电荷李萨茹图形)[8],[9]

在多重微击穿放电过程中，电流 $i(t)$ 与积分电容 C_a 上累积电荷量 Q 的关系为：

$$i(t)=\frac{\mathrm{d}Q}{\mathrm{d}t} \tag{9}$$

多重微放电在积分电容 C_a 上累积电荷产生的电压 $u_a(t)$ 表达式为：

$$Q=C_a u_a(t) \tag{10}$$

将公式(10)代入(9)可得到 *DBD* 回路的电流表达式：

$$i(t)=C_a\frac{\mathrm{d}u_a(t)}{\mathrm{d}t} \tag{11}$$

将公式(11)代入(7)，可得到 DBD 反应器的放电能量表达式为：

$$E=\int_0^{t_d}u(t)i(t)\mathrm{d}t=\int_0^{t_d}u(t)C_a\mathrm{d}u_a(t)=C_aS \tag{12}$$

公式(12)中的 S 代表李萨茹图形总面积，t_d 是高压交流电源激励 DBD 反应器的一个供电电流周期的时间。在图 2.8(c)所示的平行四边形中，DBD 反应器的等效电容总容量 C、介质电容 C_d、气隙电容 C_g 与积分电容 C_a 之间的关系如下[8],[9]：

$$C=\frac{u_{xD}-u_{xA}}{u_{yD}-u_{yA}}C_a \tag{13}$$

$$C_d=\frac{u_{xC}-u_{xD}}{u_{yC}-u_{yD}}C_a \tag{14}$$

$$C_g=\frac{CC_d}{C_d-C} \tag{15}$$

公式(13)和(14)中，u_{xA} 和 u_{yA} 是图 2.8(c)中的李萨茹图形的 A 点的坐标值，u_{xC} 和 u_{yC} 是 C 点的坐标值，u_{xD} 和 u_{yD} 是 D 点的坐标值。

使用公式(12)，可以求得一个供电周期内的 DBD 能量，对多个供电周期的能量求和可得总放电能量；根据电压-电荷李萨茹图形的边角点坐标，利用公式(13)～(15)可以求得 *DBD* 反应器的总体等效电容、气隙电容和介质电容等参数。

持续放电时间 T 内，在放电反应器上消耗的总能量表达式如下：

$$E_T=\sum_{i=1}^{n}E_i \tag{16}$$

公式(16)中，i 是持续放电时间 T 内的放电周期个数，i 的最大值为 $n=T/t_d$。

(4) 特种电源输的转换效率评估

通过前述"(2)用电设备市电供电参数测量"和"(3)特种电源输出参数测试方法"两种方法，可以分别获得特种电源输入端消耗的能量(输入端功率 P_{in} 与运行时间 T_t 的乘积)和输出端向放电反应器注入的能量(E_T)，则可以进一步获得激励电源驱动负载的效率表达式[2]：

$$\eta=\frac{E_T}{P_{in}\times T_t} \tag{17}$$

公式(17)除了可以评价高压激励电源的能量转换效率，还可以进一步评价高压电源输出端与负载匹配性能的好坏。

4. 创新研究课题引导

(1) 以日光灯电子镇流器为例，测试功率电子设备的如下电气参数：

① 使用电力分析仪测试输入端的电压、电流、功率、频率、功率因数、各次谐波含量等。

② 使用高压电压探头、高频电流探头和数字存储示波器，测试输出端（与负载连接端）的电压、电流和功率特性。

③ 计算分析功率电子设备的转换效率。

④ 根据被测功率电子设备的工作原理，深入研究降低谐波和提升效率的方法和技术。

（2）参照上述（1）的测试研究方案，面向其他电工新技术开展研究。例如：笔记本电源适配器、LED驱动电源、ICP光源电子镇流器、伺服电机驱动器、放电等离子体电源等。

【参考文献】

[1] 迈克尔・A. 力伯曼，阿伦・J. 里登伯格.等离子体放电原理与材料处理[M].蒲以康 等，译. 北京：科学出版社，2007.

[2] 陈秉岩. 气液两相放电活性物质产生特性及其能效约束机理研究[D]. 南京：河海大学，2016.

[3] Chen B, Zhu C, Fei J, et al. Water Content Effect on Oxides Yield in Gas and Liquid Phase Using DBD Arrays in Mist Spray[J]. Plasma Science and Technology, 2016, 18 (1): 41 - 50.

[4] Juntao F, Bingyan C, Changping Z, et al. Yield of Ozone, Nitrite Nitrogen and Hydrogen Peroxide Versus Discharge Parameter Using APPJ Under Water [J]. Plasma Science & Technology, 2016, 18 (3): 278 - 286.

[5] 孙冰. 液相放电等离子体及其应用[M]. 北京：科学出版社，2013.

[6] 赵青，刘述章，童洪辉. 等离子体技术及应用[M]. 北京：国防工业出版社，2009.

[7] H. Bluhm. 脉冲功率系统的原理与应用[M].江伟华，张弛，译. 北京：清华大学出版社，2008.

[8] Kogelschatz U. Dielectric-Barrier Discharges: Their History, Discharge Physics, and Industrial Applications[J]. Plasma Chemistry and Plasma Processing, 2003, 23(1): 1 - 46.

[9] Chen B, Gan Y, Liu C, et al. Evaluation of Photoelectric Characteristics of a Volume DBD Excited by Power Density Modulation[J]. IEEE Transactions on Plasma Science, 2019, 47: 837 - 846.

[10] Abdelaziz A A, Seto T, Abdel-Salam M, et al. Influence of applied voltage waveforms on the performance of surface dielectric barrier discharge reactor for decomposition of naphthalene[J]. Journal of Physics D Applied Physics, 2015, 48(19): 195 - 201.

[11] 郝艳捧，刘耀阁，郑彬. 大气压下氦气介质阻挡辉光放电过程的 Lissajous 图形分析[J]. 高电压技术，2012，38(5)：1024—1034.

（陈秉岩　费峻涛　朱昌平　甘育麟）

实验 5.4　放电等离子体的光谱诊断

1. 等离子体的基本概念

等离子体(plasma)是处在非约束态的带电粒子组成的多粒子体系[光子、电子、基态(和激发态)原子/分子、正离子和负离子]。等离子体由大量电荷数近似相等的正、负带电粒子组成非束缚态的宏观体系,是物质除了固态、液态和气态之外的第四种聚集形态。等离子体中的正负粒子总是成对出现,所以等离子体总体上呈现准电中性[1~3]。宇宙中 99.9%以上的物质以等离子体的形态存在(如太阳热核反应、闪电、星际云等),地球上自然存在的等离子体非常少(主要存在于南北极光区域和雷电放电区域),地球上的大部分等离子体均为人造等离子体(通过热核反应、激光核聚变或者放电产生等离子体是主要技术手段)。

放电等离子体(discharge plasma)是在两组电极上施加足够高的电压,在电极间形成强电场作用下(高达 30 kV/cm),气体产生流光放电和局部电离的现象。通常情况下,在大气压条件下的放电,电压增长率 dV/dt 越大,越容易在短时间内造成放电间隙的过压,从而使放电间隙产生较高约化电场。较高约化电场进一步导致较高的有效电子温度,而电子温度越高,电离效率就越高,最终导致更高的电子产生效率[4]。等离子体具有如下的许多独特的物理和化学性质[1],[3]:

(1) 具有能量,等离子体中的电子、离子和粒子具有动能。等离子体内的电子在振荡或者外加电场作用下会产生运动而具有动能,具有动能的电子会与其他电子、离子和中性粒子发生碰撞,从而产生激发、退激发、分解等反应。另一方面,粒子之间的相互碰撞产生的等离子体在宏观上具有一定的热力学温度。

(2) 具有导电和介电性。等离子体作为带电粒子的集合体,具有类似金属的导电性能,从整体上看是一个导电流体。另一方面,电场作用到等离子体上会由于极化作用而产生介电特性。不同强度的交变电场作用,等离子体的电导率和介电常数均会随之改变。

(3) 具有化学活性。等离子体内由于存在大量光子、具有动能的电子、离子基团(如羟基自由基、氧原子自由基等),具有很强的化学活性,容易发生化学反应。由于等离子体所具有的化学活性,被广泛应用于生物医药、环境保护、材料处理等领域。

(4) 具有发光特性。等离子体内由于电子碰撞导致原子(或分子)的电子能级发生跃迁而发光,等离子体辐射出的光波范围覆盖可见光、紫外线(Ultraviolet: UV)和 X 射线。来自等离子体辐射的电磁波,一方面能有效激活某些反应体系,可作为光源和材料表面改性等应用。另一方面,这些电磁波包含了丰富的信息,可用于分析等离子体的物种成分、电子密度、电子温度等参数。

2. 等离子体的光谱诊断

(1) 等离子体诊断常见方法

在等离子体的研究和应用过程中,获得放电等离子体的物体成分、电子密度、电子温度等物理参数非常重要。等离子体诊断的常用方法主要有五种:光谱法、探针法、动态热电偶法、微波和激光法[5]。

光谱法在研究低温等离子体时很重要,原子谱线法测量等离子体温度以及谱线反转法测量电子激发温度是常见的两种,至于测量转动温度,振动温度或振动-转动温度都得用分子谱线法[5];探针法(Langmuir 探针法)[6],仅适合于低气压放电等离子体的参数诊断,不适合诊断较高气压(超过 100 Pa)的放电等离子体参数;动态热电偶法[5],适用于测量 4 000℃以下的高温气流的温度,但是难于获得等离子体的物体成分、电子密度、电子温度等参数;微波法[5],[7],根据电磁波在等离子体中传播具有截止现象,通过调整等离子体的入射微波束的频率使其出现截止临界状态,此时通过等离子体中微波色散关系计算等离子体密度,是测量等离子体密度的一种重要方法;激光法[8],应用光与物质相互作用时产生的移相、共振吸收受激发射和粒子对光的散射特性测试等离子体的物体成分、电子密度和电子温度。

当等离子体的电子密度在 $10^{13} \sim 10^{15}$ cm^{-3}、电子温度在 $10^3 \sim 10^5$ K 范围内时,采用等离子体的常规诊断技术都不适用,此时通常采用激光诊断法。

(2) 光学发射光谱法和光谱仪

光学发射光谱法(optical emission spectrometry: OES),是通过采集和分析来自发光体的光谱信号,根据发光物质原子或分子从激发态到退激发态发出光子的频率和强度,推断发光物质的成分和状态的光谱分析方法。OES 法属于一种对被测对象无干扰的非接触式的检测方法,既可以检测稳态又可以检测瞬态,常规的 OES 属于定性半定量分析。

在等离子体中存在大量激发态粒子,有些激发态粒子(分子或原子)在退激发的过程中,由于电子从较高能级跃迁到较低能级的过程中会发射光子,所发射的光子能量与该粒子的种类和跃迁的能级有关,所以通过探测这些光子的光谱,可以判断等离子体中存在的物质种类及所处的状态[5],[6]。许多研究通过发射光谱法研究了等离子体中活性粒子种类及其浓度与外部物理参数(放电类型、反应器结构、激励电源参数、放电区域的中性粒子成分等)之间的关系。

OES 诊断等离子体的参数主要包括:活性粒子成分、活性粒子相对浓度、电子密度和温度等。OES 法适合于诊断局部热力学平衡等离子体,通常用于诊断电子密度在 $10^{14} \sim 10^{18}$ cm^{-3}的等离子体。较高电子密度(10^{26} cm^{-3})的等离子体,对可见光甚至紫外线都不透明,无法使用 OES 法诊断其内部深层特性[5]。

发光光谱仪是专门用于采集发射光谱的仪器设备,是 OES 的必备仪器设备。光谱仪被广泛应用于发射光谱分析、拉曼光谱分析、红外光谱分析等仪器设备中,其应用领域涵盖医药检测、光源辐射分析、环境监控、医学分析、化学分析、物理材料研究、生物检测、考古等。

光谱仪的主要供应商有海洋光学(Ocean Optics)、玻色智能科技(Boson Technologies)、爱万提斯(Avantes)、先锋科技(Titan Electro-Optics)等。

海洋光学的光谱仪主要有如下的几个系列:Ocean FX, USB, HR, QE Pro, STS, Maya2000 Pro, NIRQuest, Flame-NIR, Ventana, Jaz, Torus。例如,QE Pro 作为科研级的光谱仪,提供的主要技术指标为 185~1 100 nm (依赖光栅选择),量子效率为 95%(峰值),积分时间为 8 ms~60 min,动态范围为 85 000 : 1,信噪比为 1 000 : 1,分辨率为 0.14~7.7 nm (依赖光栅和入射孔径),USB 2.0 接口供电和通信;中挡配置的 Maya 2000 Pro,提供的主要技术指标为 165~1 100 nm (依赖光栅选择),量子效率为 75%(峰值),积分时间为 7.5 ms~5 s,动态范围为 15 000 : 1,信噪比为 450 : 1,最高分辨率为 0.035 nm (依赖光栅和入射孔径),USB 2.0 接口供电和通信。

（3）等离子体温度的 OES 诊断法

运用 OES 法诊断等离子体的温度，具有快捷简便的特性。采用等离子体局部热平衡近似可以获得等离子体温度。选取同一元素或离子的一对谱线 λ_1 和 λ_2，其强度分别为 I_1 和 I_2，则有[9~12]：

$$\frac{I_1}{I_2}=\frac{A_1 g_1 \lambda_2}{A_2 g_2 \lambda_1}\exp\left(-\frac{E_1-E_2}{kT_{\mathrm{exc}}}\right) \tag{1}$$

式中：g_i 为相应谱线 λ_i 上能级的权重；E_i 为相应谱线上能级的激发能；A_i 为跃迁概率；T_{exc} 为电子激发温度。这些数据可以通过计算或文献查阅获取。

双原子分子带系发射光谱中的谱带强度公式：

$$I_{v'v''}=hc\nu_{v'v''}A_{v'v''}N_{v'v''} \tag{2}$$

式中：v' 和 v'' 分别为上下态振动量子数；h 为普朗克常数；c 为光速；$A_{v'v''}$ 为跃迁概率；$N_{v'v''}$ 为上态粒子数。

取局部热平衡近似，上态粒子数满足玻耳兹曼分布：

$$N_{v'v''}=N_0 e^{-E_{v'}/kT_v} \tag{3}$$

对公式(3)两边取对数，则可近似求得分子的振动温度 T_v 为：

$$\ln B=C_0-\frac{E_{v'}}{kT_v} \tag{4}$$

公式(4)中，$B=\dfrac{I_{v'v''}}{\nu_{v'v''}A_{v'v''}}$。另外，为了确定放电等离子体的振动温度和转动温度，还可以使用光谱模拟软件 Lifbase 与实验测试结果进一步对比分析[13]。

3. 等离子体光谱诊断实例

图1是 APPJ 工作在空气中（线1）和水下（线2）的发射光谱相对强度对比图。该图先使用光谱仪（Ocean optic，Maya 2000Pro）采集来自空气中和水中的 APPJ 的光谱数据，再根据原子/分子光谱法确定各个谱线所对应的原子/分子成分或状态。光谱分析表明，放电区域存在非常强烈的 N_2 光谱（337.1 nm），以及 OH 光谱带（306.2～320 nm，$A^2\Sigma\rightarrow X^2\Pi$）、氢原子 Hα 光谱（656.1 nm）、氧原子光谱 O（777.2 nm）和 O（844.6 nm）等自由基成分[14~16]。

为了确定放电等离子体的振动温度和转动温度，使用观测到的 ON（A－X）光谱频带进行分析，使用光谱模拟软件 Lifbase 与实验测试结果进一步对比分析。例如，对图1所示的结果，选用 200～275 nm 范围的 NO 谱线，使用 Lifbase 对比分析，获得了图2所示的 APPJ 光谱的实验测试数据与仿真数据对比，并获得了振动温度和转动温度分别为 $T_{\mathrm{vib}}=4\,100$ K 和 $T_{\mathrm{rot}}=330$ K。

4. 创新研究课题引导

（1）以日光灯、钠灯或 HID 光源为研究对象，测试发光装置的如下光谱参数：

① 使用发射光谱仪测试发光装置的光谱特性。

② 根据研究对象，查阅文献分析发光物质的能态。

③ 根据实验5.3中电参数测试方法，使用电力分析仪测试发光装置驱动电源的输入功率，使用高压电压探头、高频电流探头和数字存储示波器测试驱动电源的输出功率。

④ 使用实验5.3中净化电源对光源系统供电，研究不同供电电压、波形和频率的光谱相对强度，分析供电参数影响发光效率的原理。

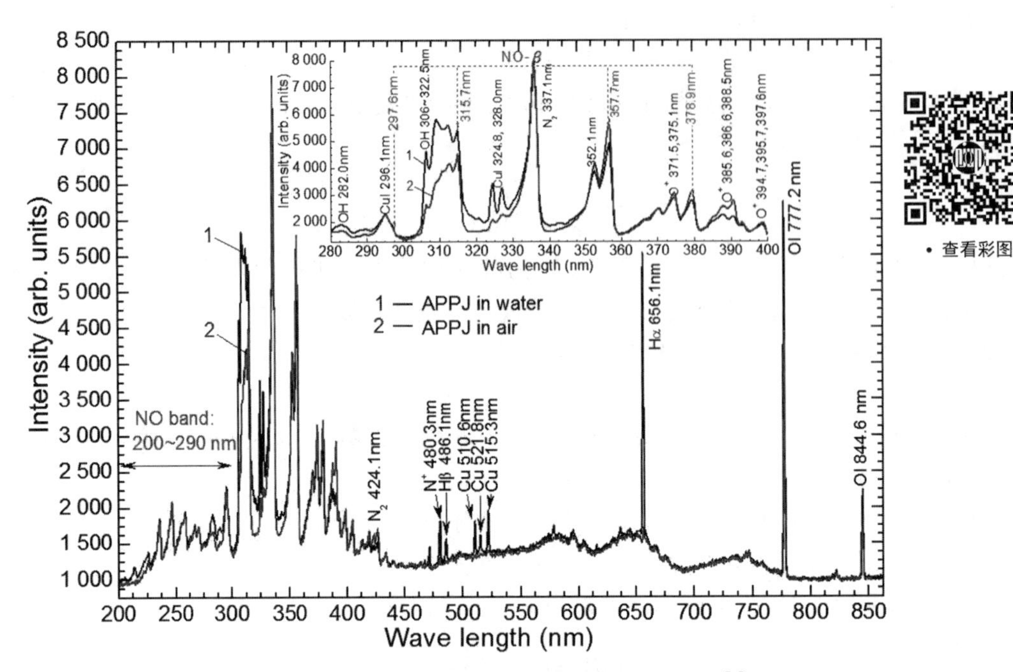

• 查看彩图

图 1　空气中和水下 APPJ 的光谱对比图[1]

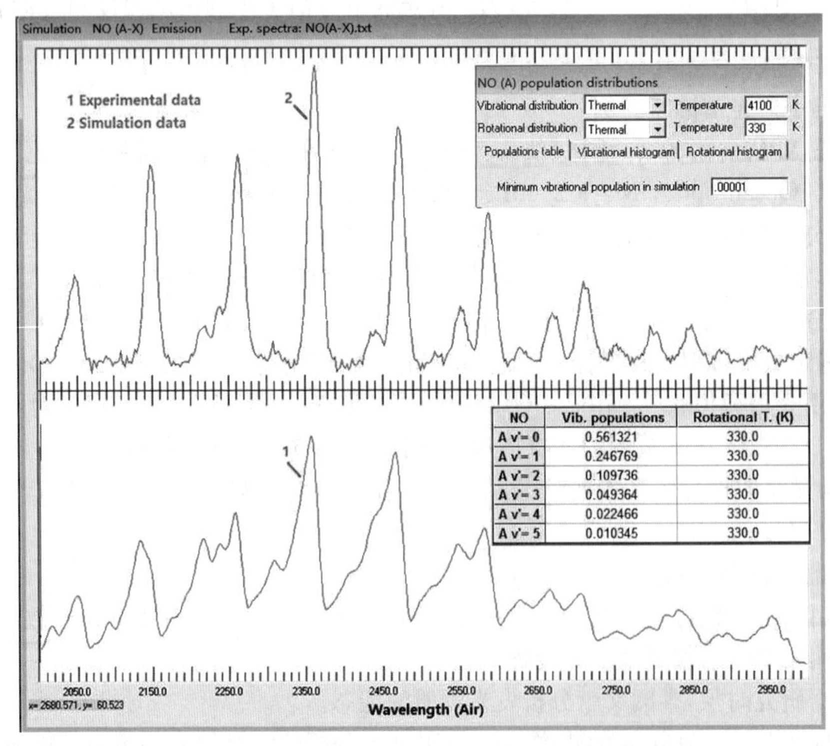

NO	Vib. populations	Rotational T. (K)
A v'= 0	0.561321	330.0
A v'= 1	0.246769	330.0
A v'= 2	0.109736	330.0
A v'= 3	0.049364	330.0
A v'= 4	0.022466	330.0
A v'= 5	0.010345	330.0

图 2　等离子体振动和转动温度的光谱实验与仿真数据对比[1]

（2）面向其他光谱诊断领域开展研究。例如，各类放电等离子体光谱、臭氧发生器的光谱、紫外或者激光诱导材料发射荧光光谱等。

【参考文献】

[1] 陈秉岩. 气液两相放电活性物质产生特性及其能效约束机理研究[D].南京:河海大学,2016.

[2] 邵涛，严萍. 大气压气体放电及其等离子体应用[M]. 北京:科学出版社,2015.

[3] 赵青，刘述章，童洪辉.等离子体技术及应用[M]. 北京:国防工业出版社,2009.

[4] 卢新培，严萍，任春生，等. 大气压脉冲放电等离子体的研究现状与展望[J].中国科学，2011，41(7)：801-815.

[5] 梁曦东，邱爱慈，孙才新，等. 中国电气工程大典，第1卷.现代电气工程基础，第9篇. 电工新技术[M]. 北京:中国电力出版社,2009.

[6] 裴学凯. 大气压低温等离子体射流源及其关键活性粒子诊断的研究[D]. 武汉:华中科技大学，2010.

[7] 徐龙道. 物理学词典[M]. 北京：科学出版社,2004.

[8] Bruggeman P, Cunge G, Sadeghi N. Absolute OH density measurements by broadband UV absorption in diffuse atmospheric-pressure He-H_2O RF glow discharges[J]. Plasma Sources Science & Technology, 2012, 21(3):513-519.

[9] 王洪昌.介质阻挡放电去除气态混合VOCs的研究[D].大连:大连理工大学,2010.

[10] Dermeval C J, Luiz G B, Cláudio J R. Determination of liquefied petroleum flame temperatures using emission spectroscopy [J]. Journal of the Brazilian Chemical Society, 2008, 19(7): 1326-1335.

[11] 董丽芳，王玉妍，高瑞玲，等. 中等pd值介质阻挡放电中等离子体温度研究[J]. 光谱学与光谱分析,2007，27(11)：2175—2177.

[12] 刘忠伟，陈强，王正铎，等. 大气压射流等离子体中O及OH自由基的发射光谱在线诊断[J]. 强激光与粒子束,2010，22(10)：2461—2464.

[13] Izarra C D. UV OH spectrum used as molecular pyrometer[J]. Journal of Physics D Applied Physics, 2000, 33(14): 1697-1704.

[14] Peng Z M, Ding Y J, Yang Q S, et al. Emission spectra of OH radical ($A^2\sum^+ \rightarrow X^2\Pi_r$) and its application on high temperature gas[J]. Acta Physica Sinica, 2011, 60(5): 053302.1-10.

[15] Li X Y, Lin Z X, Liu Y, et al. Spectroscopic study on the behaviors of the laser-induced air plasma[J].Acta Photonica Sinica, 2004, 24(8):1051-1056.

[16] Jiang P C, Wang W C, Zhang S, et al. An uniform DBD plasma excited by bipolar nanosecond pulse using wire-cylinder electrode configuration in atmospheric air [J]. Spectrochimica Acta Part A Molecular & Biomolecular Spectroscopy, 2014, 122:107-112.

（陈秉岩　何　湘　朱昌平　费峻涛）

实验 5.5　放电活性成分与反应调控

1. 放电活性成分及特性

(1) 活性成分的概念

活性成分(active/reactive species)是本身具有一定的物理或化学能,容易与其他物质发生反应的成分。例如,具有动能的带电粒子、光子、冲击波、自由基、离子、激发态的原子/分子等都属于活性成分。最常见的两类活性成分是活性氧成分(reactive oxygen species: ROS)和活性氮成分(reactive nitrogen species: RNS),其中 ROS 是具有化学活性的含氧化学成分,例如过氧化物(如 H_2O_2 和 O_2^{2-} 等)、超氧化物(如 $O_2^{\cdot -}$ 和 O_2^- 等)、羟基自由基(·OH)和单态氧($^1O_2$)等[1]。这些粒子相当微小,由于核外存在未配对的自由电子,具有非常强的化学反应活性;RNS 通常由一氧化氮自由基(·NO)和超氧化物($O_2^{\cdot -}$)发生反应生成的含氮化学成分。RNS 与 ROS 共同作用,容易破坏生物体的细胞,引起消化应激[2]。

在大气压条件下的放电等离子体,其放电活性成分主要包括:电子碰撞、紫外线(UV)、冲击波、羟基自由基(·OH)、氧原子自由基(·O)、臭氧(O_3)、双氧水(H_2O_2)、氮氧化物(NO_x)和过氧自由基(·HO_2)等。在放电等离子体的环境、生物、医学、材料、能源等应用领域,这些活性物质的成分和剂量,通常扮演着极其重要的角色[3~7]。放电等离子体由于具有很多独特的特性而受到国内外学术界的广泛关注,图 1 为大气压放电等离子体基本特征及典型应用领域示意图[5]。

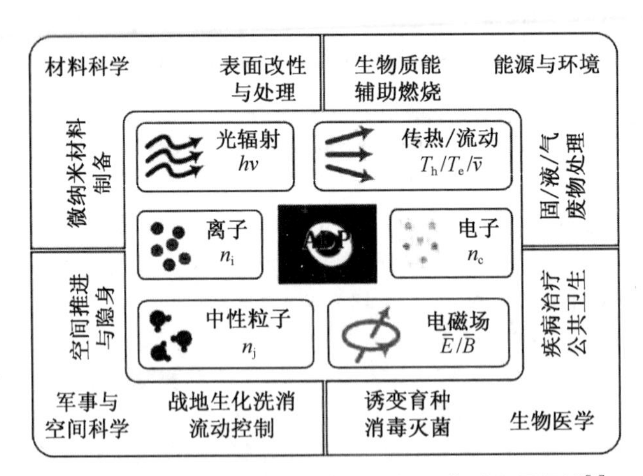

图 1　大气压放电等离子体基本特征及典型应用领域[5]

放电的产生和发展过程中,带电粒子、光子、激波和中性粒子之间发生碰撞等相互作用,碰撞动能转换成被碰撞粒子的内能激发、离解或电离的条件,是碰撞粒子的动能必须大于或等于被碰撞粒子的激发、离解或电离的能量,主要反应如表 1 所示。

表 1　放电等离子体中的电子、原子或分子之间的主要反应 [8],[9]

反应类型		反应过程	序号
电子/分子反应	激发	$e + A_2 \rightarrow A_2^* + e$	(R1)
	解离(离解)	$e + A_2 \rightarrow 2A + e$	(R2)
	附着	$e + A_2 \rightarrow A_2^*$	(R3)
	解离附着	$e + A_2 \rightarrow A^- + A$	(R4)
	电离	$e + A_2 \rightarrow A_2^+ + 2e$	(R5)
	解离电离	$e + A_2 \rightarrow A^* + A^- + 2e$	(R6)
	复合	$e + A_2^* \rightarrow A_2$	(R7)
	离脱	$e + A_2^* \rightarrow A_2 + 2e$	(R8)
光子/分子反应	激发	$h\nu + A_2 \rightarrow A_2^*$	(R9)
	分解	$h\nu + A_2 \rightarrow 2A^+ + 2e$	(R10)
	电离	$h\nu + A_2 \rightarrow A_2^+ + 2e$	(R11)
分解反应	光子的	$h\nu + AB \rightarrow A\cdot + B\cdot$	(R12)
	电子的	$e + AB \rightarrow A + B + e$	(R13)
	原子的	$A^* + B_2 \rightarrow AB + B$	(R14)
	潘宁解离	$M^* + A_2 \rightarrow 2A + M$	(R15)
	潘宁电离	$M^* + A_2 \rightarrow A_2^+ + M + e$	(R16)
分子/原子反应	电荷转移	$A^* + B \rightarrow B_2^* + A$	(R17)
	离子复合	$A^+ + B^- \rightarrow AB$	(R18)
	中性复合	$A + B + M \rightarrow AB + M$	(R19)
	原子剥离	$A^* + B_2^- \rightarrow AB + B$	(R20)
合成反应	电子的	$e + A \rightarrow A^* + e$	(R21)
	原子的	$A^* + B \rightarrow AB$	(R22)
		$A + B \rightarrow AB$	(R23)

(2) 活性成分的能量

各种活性成分与其他物质发生物理和化学作用时，均需要一定的能量。主要的活性成分及其物理和化学反应能量描述如下。

① 光子能量

光是一种电磁波，具有波粒二相性，光子的能量与光波长成反比。光子与物质相互作用，会产生一系列物理和化学过程。光子能量与波长遵从 Plank-Einstein 关系式[10~13]：

$$E = h\nu = \frac{hc}{\lambda} \tag{1}$$

公式(1)中，h 为普朗克常数，ν 为频率，c 为光速，λ 为光波长。

只有在光作用下才进行的化学反应称为光化学反应，紫外光解是最重要的反应之一。

Plank-Einstein 光子能量公式定义了光化学反应的摩尔光子能量公式[10~13]：

$$E_m = N_A h\nu = 6.022 \times 10^{23} h\nu (\text{J} \cdot \text{mol}^{-1}) \tag{2}$$

由公式(1)可知，光子的波长越短，其能量越大，越能引起化学反应。波长在 150～400 nm的紫外线的能量很大，波长在 400～800 nm 的可见光的能量适中，波长大于 800 nm 的红外光的能量较低不易引起化学反应(能引发化学反应的波长一般小于 800 nm)。根据公式(2)，可计算得到 1 mol 特定波长的光子的能量。例如，$\lambda=400$ nm 的光量子能量 $E_m=299.1$ kJ·mol^{-1}，$\lambda=700$ nm 的光量子能量 $E_m=170.9$ kJ·mol^{-1}。由于物质的化学键能量通常大于 164 kJ·mol^{-1}，所以当光线的 $\lambda>700$ nm 时，不容易产生光化学反应。

② 电子能量

处于电场中的电子，由于受到电场力的作用产生运动而具有的能量，其能量大小通常用电子伏特(eV)表示。1 eV 定义为移动 1 个电子[所带电量为$-1.602\ 176\ 620\ 8(98)\times 10^{-19}$ C]经过 1 伏特的电位差后所获得或消失的总能量。

电子伏特与国际标准单位的能量(J)换算关系：1 eV$=1.602\ 176\ 620\ 8(98)\times10^{-19}$ J$\approx 1.6\times10^{-19}$ J。

在某些领域，如等离子体物理学，使用电子伏特作为温度单位是方便的。此时，热力学温度(凯尔文)是通过波尔兹曼常数 k_B 定义的(根据约化单位：$k_B T=0.025\ 852$ eV，$T=300$ K)，即[14]：

$$\frac{1}{k_B} = \frac{1.602\ 176\ 53(14) \times 10^{-19}\ \text{J/eV}}{1.380\ 650\ 5(24) \times 10^{-23}\ \text{J/K}} = 11\ 604.505(20)\ \text{K/eV} \tag{3}$$

根据公式(3)可知，低温等离子体区域的电子能量通常为 0～10 eV，则对应的温度为 $0\sim10^5$ K；磁约束聚变等离子体的电子能量约为 15 keV，对应的温度约为 17 MK。

当我们取普朗克常数 $h=6.626\ 070\ 040(81)\times10^{-34}$ J·s 或 $h=4.135\ 667\ 516(25)\times 10^{-15}$ eV·s 时[15]，根据公式(1)的光子的能量 E、频率 ν 和波长 λ 之间的 Plank-Einstein 关系为：

$$E = h\nu = \frac{hc}{\lambda} = \frac{(4.135\ 667\ 516 \times 10^{-15}\ \text{eV} \cdot \text{s})(299\ 792\ 458\ \text{m/s})}{\lambda}$$

对该公式进一步简化后可得电子伏特 eV 与波长 λ 之间的关系[14]：

$$E(\text{eV}) = 4.135\ 667\ 516 \times 10^{-15}\ \text{eV} \cdot \text{s} \cdot \nu = \frac{1\ 239.841\ 93\ \text{eV} \cdot \text{nm}}{\lambda(\text{nm})} \tag{4}$$

根据公式(4)可知，对于一个波长为 532 nm(绿色光)的光子，具有的电子能量近似为 2.33 eV；同样地，一个具有 1 eV 能量的电子对应的红外光子的波长为 1 239.8 nm 或者频率为 241.8 THz。根据公式(2)，可进一步获得电子伏特与光波长和摩尔光子能量的关系[14~16]：

$$1\ \text{eV} = 8\ 065.544\ 005(49)\ \text{cm}^{-1} = 1\ 239.841\ 974\ \text{nm} = 96.483\ 060\ \text{kJ/mol}$$

大气放电等离子体的电子能量通常为 0～10 eV，对应的摩尔光子能量为 0～964.8 kJ/mol。也就是说，在电子与物质相互作用过程中，如果能通过适当的手段获得更高能量和密度的电子束，则可以获得更好的作用效果。

③ 氧化还原反应

氧化还原反应 (redox reaction，reduction-oxidation reaction)是一种元素的氧化态被改变的化学反应，氧化还原反应的实质是电子的转移或共用电子对的偏移。通常情况下，电子被剥离的化学反应称为被氧化，被添加电子的化学反应称为被还原。用简单的语言表述为氧化反应是由分子、原子或离子引起的电子损失或氧化态增加的反应；还原反应是由分子、原子或离子引起的电子增加或氧化态减少的反应。

活性物质之间以及活性物质与其他物质之间存在着复杂的物理和化学转化过程。不同的活性物质具有不同的氧化电位，表 2 给出了主要活性物质的氧化电位。在放电环境中，最值得关注的活性物质是羟基自由基（Hydroxyl radical：·OH）、原子氧（Atomic Oxygen：·O）、臭氧（Ozone：O_3）、过氧化氢（Hydrogen peroxide：H_2O_2）和过氧自由基（Perhydroxyl radical：·HO_2）等。

另外，如果放电发生在气液两相流环境中（如水处理应用的气液两相放电），将会产生水合电子（hydrated electron，用 e_{aq} 表示）。水合电子通常由 1 个电子及其周围的 4 个（6 个或 8 个）水分子包围组成，水合电子的寿命非常短，化学性质十分活泼，是极强的还原剂（−2.87 V）。除了氖和氦等个别物质外，水合电子几乎能与任何元素及化合物发生还原反应。

表 2 主要活性物质的氧化电位[12]，[17]

活性物质（Active species）	氧化电位（Oxidation potential/V）
氟（Florine：F）	3.03
羟基自由基（Hydroxyl radical：·OH）	2.80
原子氧（Atomic Oxygen：·O）	2.42
臭氧（Ozone：O_3）	2.07
过氧化氢（Hydrogen peroxide：H_2O_2）	1.78
过氧自由基（Perhydroxyl radical：·HO_2）	1.70
高锰酸钾（Permanganate：$HMnO_4$）	1.68
次溴酸（Hypobromous acid：HBrO）	1.59
二氧化氯（Chlorine dioxide：ClO_2）	1.57
次氯酸（Hypoclorous acid：HClO）	1.49
氯气（Chlorine：Cl_2）	1.36

不同的活性物质之间的氧化电位虽然相差不大，但是在实际的化学反应过程中，其反应速率系数相差非常大。表 3 是臭氧和羟基自由基氧化有机物的反应速率系数，可以发现，羟基自由基和臭氧的氧化电位虽然只差 0.73 V，但是二者与有机物的反应速率系数相差 10^9 倍。所以在放电等离子体的环境等应用领域，高效产生和利用羟基自由基非常关键。

表 3 臭氧和羟基自由基氧化有机物的反应速率系数对比[12]

有机化合物（Organic compounds）	反应速率系数（Rate constant）k（M·s^{-1}）	
	O_3	·OH
苯（Benzene）	2	7.8×10^9
甲苯（Toluene）	14	7.8×10^9

续表

有机化合物(Organic compounds)	反应速率系数(Rate constant)k($M \cdot s^{-1}$)	
	O_3	$\cdot OH$
氯苯(Cl-benzene)	0.75	4.0×10^9
三氯乙烯(3 - Cl-ethylene)	17	4.0×10^9
四氯乙烯(4 - Cl-ethylene)	<0.1	1.7×10^9
正丁醇(n-Butanol)	0.6	4.6×10^9
叔丁醇(t-Butanol)	0.03	0.4×10^9

2. 放电反动力学基础

(1) 反应的硬球碰撞理论

气相或者气液两相放电的反应速率,可以使用物理学的硬球碰撞理论(hard-sphere collision theory)进行解释。图 2 是硬球碰撞理论模型的示意图,如果 A、B 分子的直径为 d_A和 d_B,则 A、B 分子的碰撞截面积 σ 和碰撞截面直径 d_{AB}的表达式为[18],[19]:

$$\sigma = \pi d_{AB}^2, \quad d_{AB} = \frac{1}{2}(d_A + d_B) \tag{5}$$

根据牛顿力学,A、B 两个分子构成的运动系统的能量表达式:

$$E = E_g + E_r = \frac{1}{2}(m_A + m_B)u_g^2 + \frac{1}{2}uu_r^2 \tag{6}$$

式中:E_g为 A、B 两分子在空间上的整体运动动能(对化学反应无贡献);E_r为 A、B 两分子的相对运动动能,E_r大于反应临界能时产生化学反应。

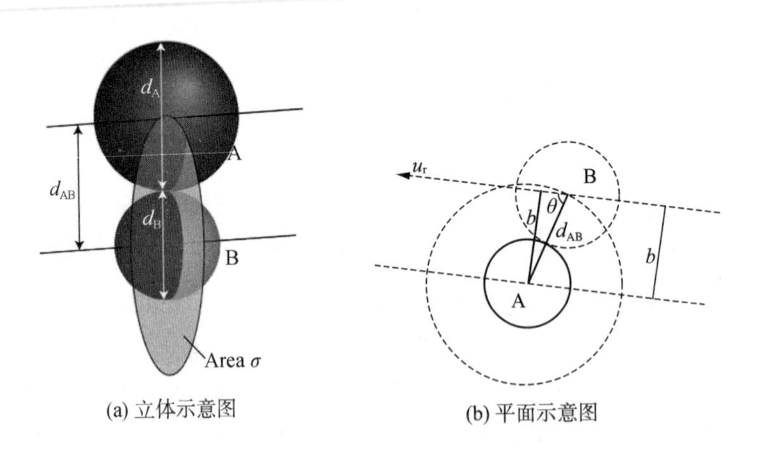

(a) 立体示意图　　(b) 平面示意图

图 2　硬球碰撞理论模型示意图

如果使用 V_A和 V_B分别代表反应物 A 和 B 的体积,N_A和 N_B分别代表 A 和 B 的分子数量。于是,A 和 B 的分子密度分别为 $n_A = N_A/V_A$和 $n_B = N_B/V_B$,单位时间内 A 和 B 分子可能发生碰撞的频率 Z_A正比于碰撞截面积、相对运动速度和单位体积分子数,即:

$$Z_A = \pi d_{AB}^2 u_r n_A n_B \tag{7}$$

根据分子运动理论,由麦克斯韦速率分布函数可得 A、B 分子的相对运动速率:

$$u_r = \sqrt{\frac{8RT}{\pi u}} \tag{8}$$

公式(8)中，R 为摩尔气体常数(对于理想气体 $R=8.314\ 510 \pm 0.000\ 070\ \mathrm{J \cdot mol^{-1} \cdot k^{-1}}$)，$T$ 为热力学温度，u 为 A 和 B 分子的摩尔折合质量，其表达式：

$$u = \frac{M_A M_B}{M_A + M_B} \tag{9}$$

公式(9)中，M_A、M_B分别为 A 和 B 分子的摩尔质量。

将反应器内单位体积 L 中的分子数换算成物质的量浓度，即$[A]=N_A/L$，$[B]=N_B/L$。代入碰撞频率公式可得 A、B 分子的碰撞频率：

$$Z_{AB} = \pi d_{AB}^2 L^2 \left(\frac{8RT}{\pi u}\right)^{1/2} [A][B] \tag{10}$$

两个分子的整体运动动能 E_g对反应无贡献，相对动能 E_r可以衡量相互趋近时的能量大小，是决定碰撞是否有效的参数。碰撞的相对动能 $E_r > E_c$(临界能量)时，才有可能发生反应，此时的碰撞频率定义为有效碰撞频率 Z_{AB}^*，将 Z_{AB}^*与总碰撞频率 Z_{AB}的比值定义为有效碰撞率 q。根据波尔兹曼(Boltzmann)分子能量分布的近似公式得：

$$q = \frac{Z_{AB}^*}{Z_{AB}} = \exp\left(\frac{-E_c}{RT}\right) \tag{11}$$

公式(11)中，$E \geqslant E_c$的碰撞频率为有效碰撞频率 Z_{AB}^*，其表达式为：

$$Z_{AB}^* = \pi d_{AB}^2 L^2 \left(\frac{8RT}{\pi u}\right)^{\frac{1}{2}} e^{-\frac{E_c}{RT}} [A][B] \tag{12}$$

假设每次有效碰撞均发生反应，则 A、B 构成的双分子反应生成产物的反应速率为：

$$r = -\frac{dn_A}{dt} = Z_{AB}^* = \pi d_{AB}^2 L^2 \left(\frac{8RT}{\pi u}\right)^{\frac{1}{2}} e^{-\frac{E_c}{RT}} [A][B] \tag{13}$$

根据之前所定义的物质的量浓度 $[A]=n_A/L$ ，取微分并整理得 $dn_A = d[A] \cdot L$。于是将反应速率改用物质的浓度变化表示为：

$$r = -\frac{d[A]}{dt} = -\frac{dn_A}{dt} \times \frac{1}{L} = \frac{Z_{AB}^*}{L} = \pi d_{AB}^2 L \left(\frac{8RT}{\pi u}\right)^{\frac{1}{2}} e^{-\frac{E_c}{RT}} [A][B] \tag{14}$$

根据质量作用定律，气相放电中的一个活性物质分子 A 和一个反应物分子 B(可以处于气相中或者是液相壁面上)构成的基元双分子反应生成产物的阿累尼乌斯速率方程为：

$$r = -\frac{d[A]}{dt} = k[A][B] \tag{15}$$

当放电反应系统处于稳定放电状态时，活性物质 A 的成分及产率相对恒定，可以认为活性物质 A 的浓度[A]是一个常数。此时，反应速率方程仅仅与待处理物质 B 的浓度[B]相关：

$$r = k[A][B] = k'[B]\ ,\ k' = k[A] \tag{16}$$

将公式(15)与公式(13)和(14)对比，可得碰撞理论的反应速率系数表达式：

$$k = \pi d_{AB}^2 L \left(\frac{8RT}{\pi u}\right)^{\frac{1}{2}} \exp\left(\frac{-E_c}{RT}\right) \tag{17}$$

先对公式(17)两边分别取对数，然后对温度 T 求导，得：

$$\frac{\mathrm{dln}k}{\mathrm{d}T}=\frac{\mathrm{dln}\left[\pi d_{\mathrm{AB}}^{2}L\left(\frac{8RT}{\pi u}\right)^{\frac{1}{2}}\exp\left(\frac{-E_{\mathrm{c}}}{RT}\right)\right]}{\mathrm{d}T}=\frac{0.5RT+E_{\mathrm{c}}}{RT^{2}} \tag{18}$$

由非活化分子转变为活化分子所需要的能量称为活化能 E_a，单位为 $\mathrm{J\cdot mol^{-1}}$。根据阿累尼乌斯活化能的定义式：

$$E_{\mathrm{a}}=RT^{2}\frac{\mathrm{dln}k}{\mathrm{d}T} \tag{19}$$

按照活化能定义，将公式(19)和(18)联立，可得硬球模型的活化能表达式：

$$E_{\mathrm{a}}=E_{\mathrm{c}}+\frac{RT}{2} \tag{20}$$

公式(20)表明，硬球碰撞理论模型推导出的活化能与温度有关，并且反应临界能阈值 E_c 比活化能 E_a 小 $0.5RT$。在温度不高时，活化能 E_a 具有较大的数值（一般为 40～400 $\mathrm{kJ\cdot mol^{-1}}$），则 E_a 与 E_c 相差不大，可以忽略温度项，此时反应中 $E_a\approx E_c$。

将公式(20)代入反应速率系数方程(15)得：

$$k=\pi d_{\mathrm{AB}}^{2}L\left(\frac{8RT}{\pi u}\right)^{\frac{1}{2}}\exp\left(-\frac{E_{\mathrm{a}}-0.5RT}{RT}\right)=\pi d_{\mathrm{AB}}^{2}L\left(\frac{8\mathrm{e}RT}{\pi u}\right)^{\frac{1}{2}}\exp\left(\frac{-E_{\mathrm{a}}}{RT}\right) \tag{22}$$

将公式(22)与阿累尼乌斯公式(15)比较，得反应速率系数的指前因子 A 表达式：

$$A=\pi d_{\mathrm{AB}}^{2}L\left(\frac{8\mathrm{e}RT}{\pi u}\right)^{\frac{1}{2}} \tag{23}$$

公式(23)表明，基于碰撞理论的阿累尼乌斯公式的指前因子 A 与温度相关，但在温度变化范围不大的反应中，可以忽略温度的影响。

(2) 扩散传质与反应速率提升

如果反应的活化能较小（如含 OH、O，酸碱中和等反应），则反应速率受到扩散过程控制，称为扩展控制反应(diffusion-controlled reaction)。气相或气液两相放电的活性成分 A 与有毒害分子 B 反应生成产物 P 的反应速率，由反应碰撞遭遇对浓度[AB]决定，反应机理和速率 r 分别为：

$$\mathrm{A}+\mathrm{B}\xleftrightarrow{k_{d-},k_{d+}}[\mathrm{AB}]\xrightarrow{k_r}\mathrm{P} \tag{24}$$

$$r=\mathrm{d}[\mathrm{P}]/\mathrm{d}t=k_{d+}k_{r}(k_{d-}+k_{r})^{-1}[\mathrm{A}][\mathrm{B}] \tag{25}$$

反应速率 r 由正向扩散速率系数 k_{d+} 和反应速率系数 k_r 共同决定。由于 k_r 通常为常数，根据 Stokes-Einstein 扩散理论，增加气相或气液两相流的相对运动速度、微流动和湍流，将促进反应物之间的碰撞概率和正向扩散速率系数 k_{d+}。在公式(14)中，如果物质间的反应速率大于扩散和传质速率，则可以通过持续增加扩散与传质速率提升放电反应速率和处理效率[4]。这可以在放电等离子体处理含甲醛气体的应用研究中获得证实[3]。

(3) 活化能改变与反应速率提升

如果持续增加反应物之间的扩散与传质速率，当扩散与传质速率超过反应速率时，进一步增加扩散与传质速率已经不能对反应速率产生贡献。此时，需要通过改变反应系统的活化能 E_a 才能获得更高的反应速率。通常情况下，如果反应活化能较大，介质黏度较小，则反应速率受到活化过程控制，称为活化控制反应(activation-controlled reaction)。

通过特定的方法（如使用催化剂、改变溶液 pH、提升电子能量、增加紫外光谱强度）有效降低反应阈能，是提升反应速率最有效的手段之一[4],[18],[20]。假设加入催化剂前后的反应速率系数分别为 k_c 和 k，在催化剂作用下的反应速率提升倍率为 m，则根据反应阈能与活化能关系的阿累尼乌斯表达式(15)的指前因子 A 的表达式(23)，可得使用催化剂的反应速率提升倍率：

$$m=\frac{k_c}{k}=\frac{A_c\exp\left(-\frac{E_{ac}}{RT}\right)}{A\exp\left(-\frac{E_a}{RT}\right)} \tag{26}$$

假设公式(26)中的指前因子均为公式(23)表述的 $A=A_c=\pi d_{AB}^2L\left(\frac{8RTe}{\pi u}\right)^{\frac{1}{2}}$，即指前因子不受催化剂的影响，是一个与活化能无关的常数，则公式(26)可以改写为：

$$m=\exp\left(\frac{E_a-E_{ac}}{RT}\right) \tag{27}$$

由此可见，加入催化剂后的反应速率倍率 m 随活化能的差值 E_a-E_{ac} 呈现指数级变化，反应速率变化显著。因此，对于气相或者气液两相放电反应系统，可以通过使用催化剂、改变溶液 pH、提升电子能量、增加紫外光谱强度等手段降低反应系统的活化能，从而有效提升放电反应速率和处理效率[4]。这可以在放电等离子体与催化协同处理苯的应用研究中获得证实[20]。

3. 放电能量效率评估

(1) 物质质量变化的能量效率

由于放电反应需要消耗电能，如何通过各类物理参数的控制，在放电反应中获得最大的能量利用率是放电等离子体实际应用的关键，更是国内外研究的热点。可以使用能量效率(Energy efficiency ratio：EER)评估放电反应速率及其能量利用率。

能量效率定义为反应物消耗或生成物增加的质量与该变量放电反应器总消耗电能的比值（单位 $mg\cdot J^{-1}$），其表达式为：

$$E_{er}=\frac{\Delta m}{E_T}=\frac{(c_0-c_1)V}{E_t} \tag{28}$$

公式(28)中，Δm 是被测对象的质量改变量，E_T 是放电反应器消耗的总电能（可以通过实验 5.3 的公式(16)获得），c_0 和 c_1 为被测对象在液体或气体中的初始浓度和处理后的浓度，V 为含有被测对象的液体或气体的体积。

(2) 相对光量子产生的能量效率

由于放电活性成分相对浓度与其相对光谱强度成正比，所以相对光量子产率评估放电效果的基本思想是先分别测试特性活性成分（如羟基自由基、氧原子自由基、激发态氮气分子）的相对光谱强度 I 和放电反应器消耗的总能量 E_T，再取二者的比值评估放电效果，即

$$E_{er}=\frac{I}{E_T} \tag{29}$$

公式(29)中，I 为被测活性成分的相对光谱强度，通过实验 5.4 所述的 OES 法获得（例如 ·OH 的光谱波长范围是 306～320 nm）；E_T 是放电反应器消耗的总电能，通过实验 5.3 的公式(16)获得。

在实际操作中，通过控制变量法开展平行实验，改变不同的物理参数控制变量（反应器

供电电气参数:电压、功率密度、放电重复频率、电压波形,气体流速,使用不同催化剂等),可以获得公式(28)和(29)的EER最大值所对应的物理参数范围,这些物理参数范围即可认为是放电反应的优化调控参数范围。

4. 创新研究课题引导

阅读文献[3]的介质阻挡放电(DBD)处理含甲醛气体的研究方案,开展如下研究:

(1) 应用实验5.3和5.4的方法,通过改变放电反应器供电电压、能量密度、气体流速等物理参数,研究放电区域的活性成分(如·O或激发态N_2)光量子产生能量效率,分析影响反应速率的扩散和活化控制物理参量,获得最优化控参数。

(2) 在放电反应区内,研究放电等离子体与催化剂(例如,二氧化钛)协同提升空气净化和杀菌的效率。研究在反应器排气口使用特定催化剂(例如,二氧化锰负载钯MnO_2-Pd)清除放电产生的O_3和NO_x等环境污染气体,达到安全排放的目的。

(3) 在上述(1)和(2)的研究基础上,设计一套使用微处理器(MCU)、传感器、功率电子等技术协同调控DBD空气净化的系统。

【参考文献】

[1] Hayyan M, Hashim M A, Alnashef I M. Superoxide Ion: Generation and Chemical Implications [J].Chemical Reviews, 2017, 116(5):3029-3085.

[2] N Iovine. Reactive nitrogen species contribute to innate host defense against Campylobacter jejuni [J]. Infection and Immunity, 2008, 76 (3): 986-993.

[3] Chen B, Gao X, Chen K, et al. Regulation characteristics of oxide generation and formaldehyde removal by using volume DBD reactor[J].Plasma Science and Technology, 2018, 20 (2):11-15.

[4] Chen B, Zhu C, Fei J, et al. Reaction kinetics of phenols and p-nitrophenols in flowing aerated aqueous solutions generated by a discharge plasma jet[J]. Journal of Hazardous Materials, 2019, 363(5): 55-63.

[5] 邵涛,严萍. 大气压气体放电及其等离子体应用[M]. 北京:科学出版社,2015.

[6] 孔刚玉,刘定新. 气体等离子体与水溶液的相互作用研究——意义、挑战与新进展[J]. 高电压技术,2014,40 (10):2956—2965.

[7] 李和平. 大气压放电等离子体研究进展综述[J]. 高电压技术,2016,42(12):3697-3728.

[8] 陈秉岩,刘昌裕,万良淏,等.正负电晕放电改性白松木表面形貌和润湿特性[J].高电压技术,2021,47(3):786—795.

[9] Sakiyama Y, Graves D B, Chang H W, et al. Plasma chemistry model of surface microdischarge in humid air and dynamics of reactive neutral species[J]. Journal of Physics D Applied Physics, 2012, 45(42): 425-201.

[10] 王洪昌. 介质阻挡放电去除气态混合VOCs的研究[D]. 大连:大连理工大学,2010.

[11] Shih K Y, Locke B R. Optical and Electrical Diagnostics of the Effects of Conductivity on Liquid Phase Electrical Discharge[J].IEEE Transactions on Plasma Science, 2011, 39(3):883-892.

[12] Legrini O, Oliveros E, Braun A M. Photochemical processes for water treatment[J].Chemical Reviews, 1993, 93(2):671-698.

[13] L. C, Babu,P, et al. HBGS (hydrate based gas separation) process for carbon dioxide capture employing an unstirred reactor with cyclopentane[J]. Energy, 2013, 63: 252-259.

[14] Sun B, Sato M, Clements J S. Optical study of active species produced by a pulsed streamer coro-

na discharge in water[J]. Journal of Electrostatics，1997，39(3)：189－202.

[15] 何杰，邵国泉，刘传芳，等. 物理化学[M]，北京：化学工业出版社，2012.

[16] 汪志诚. 热力学·统计物理.第2版[M]. 北京：高等教育出版社，1980.

[17] N. Jiang. Plasma-catalytic degradation of benzene over Ag-Ce bimetallic oxide catalysts using hybrid surface/packed-bed discharge plasmas[J].Applied Catalysis B Environmental，2016，184：355－363.

（陈秉岩　朱昌平　费峻涛　蒋永锋）

实验 5.6　拉曼光谱鉴别物质成分

1928 年，印度实验物理学家拉曼发现了光的一种类似于康普顿效应的光散射效应，称为拉曼效应。简单地说，就是光通过介质时由于入射光与分子运动之间相互作用而引起的光频率改变。拉曼因此获得了 1930 年的诺贝尔物理学奖，成为第一个获得这一奖项并且没有接受过西方教育的亚洲人。由于拉曼散射光的强度很弱，使得拉曼光谱在相当长一段时间里未能真正成为一种有实际应用价值的工具。20 世纪 70 年代中期，不断提高的激光技术使得拉曼光谱技术的发展和应用更为广泛。目前，拉曼光谱已广泛应用于材料、化工、石油、高分子、生物、环保、地质等领域。

1. 物质的光分析技术

光谱分析(spectral analysis 或 spectrum analysis)，是利用光谱学的原理和实验方法以确定物质的结构和化学成分为目的分析方法。各种结构的物质都具有自己的特征光谱，光谱分析法就是利用特征光谱研究物质结构或测定化学成分的方法。

(1) 分子光谱吸收法

物质分子的能量是不连续的，即电子能级是量子化的。只有当入射光的能量 $h\nu$ 与分子的激发态与基态能量差 ΔE 相等时，入射光谱才能发生吸收[1, 2]：

$$\Delta E = E_2 - E_1 = h\nu = hc/\lambda \tag{1}$$

不同物质的分子因其结构不同而具有不同的量子化能级，即不同物质的 ΔE 不相同，所吸收的光波长 λ 也不相同。表 1 是分子的内部运动及能级对应的吸收光谱。

表 1　分子内部运动及其能级和对应的吸收光谱[2]

分子的内部运动类型	能级类型	吸收光谱
分子的价电子运动	电子能级	紫外-可见光区
分子内原子在平衡位置附近的振动	振动能级	红外线区
分子绕其中心的转动	转动能级	远红外区

由于不同物质吸收光谱波长的范围不一样，为了满足测试品种繁多的物质，吸光度法所需要的光波长从紫外线一直延伸到红外线。因此，吸收光谱法又分为“紫外-可见光吸收光谱法(UV-VIS absorption spectrophotometry)”和“红外吸收光谱法(infrared absorption spectrophotometry)”。吸收光谱法是根据比尔-朗伯定律(Beer-Lambertlaw)，通过测定被测物质在特定波长处或一定波长范围内对光的吸收强度或发光强度，从而定性和定量分析该物质的方法。

比尔-朗伯定律，又称为朗伯-比尔定律：一束平行的单色光通过浓度为 C、长度为 d 的均匀介质时，未被吸收的透光强度 I_t 与入射光初始强度 I_0 之间的关系为[2]：

$$I_t = I_0 \exp(-\varepsilon d C) \tag{2}$$

公式(2)称为朗伯-比尔定律公式，ε 是摩尔吸光系数，其值与入射光波长、温度和溶剂性质有关，与吸收介质的浓度无关。

通常用光子流强度表示光强度，即 $I = nc$（n 为单位时间的光子个数，c 为光速）。定义光的吸收度(吸光度)表达式为：

$$A = \lg(I_0/I_t) \tag{3}$$

将公式(2)整理后两边取自然对数得：

$$\ln(I_0/I_t) = \varepsilon dC \tag{4}$$

对比公式(3)和(4)，使用对数换底公式 $\log_a b = \log_c b / \log_c a$ 可得：

$$A = \lg(I_0/I_t) = 2.303\varepsilon dC \tag{5}$$

定义吸收光谱的透光率为：

$$T = I_t/I_0 \tag{6}$$

将公式(5)代入(6)，可得吸光度与透光率的关系：

$$A = \lg(1/T) \tag{7}$$

公式(5)和(7)是运用吸收分光光谱法对物质进行定量和定性测试的公式。例如，使用紫外-可见光分光光度计可以精确测试水中或空气中的物质浓度和成分。

紫外-可见光吸收光谱通常用于研究不饱和有机物，特别是具有共轭体系的有机化合物；红外吸收光谱法主要用于研究在振动中伴随有偶极矩变化的化合物(没有偶极矩变化的振动在拉曼光谱中出现)[2]。目前，许多紫外-可见光分光光度计的测量波长已经拓展到190～1 100 nm。红外辐射波长范围约 0.78～1 000 μm，红外吸收光谱法运用最广泛的是 2.5～25 μm (4 000～400 cm^{-1})的中红外波段。理论上，紫外-可见光吸收光谱和红外吸收光谱法可直接测量气体、液体和固体样品，具有用量少、分析速度快、不破坏样品等特点，是化合物分子结构鉴定最有效的方法之一。

(2) 拉曼光谱分析法

拉曼光谱(Raman spectra)，是一种散射光频率偏移入射光频率的散射光谱。1928 年印度实验物理学家拉曼(C.V. Raman)发现，由于受到物质的分子振动(和点阵振动)与转动的作用，照射到物质表面的特定波长的光谱的散射频率会发生偏移，这种现象称为拉曼效应。

拉曼光谱分析法是基于拉曼散射效应，观测和分析入射光频率和散射光谱频率，获得分子振动、转动方面信息，并进一步获得分子结构的一种分析方法。理论上，拉曼光谱法可以测量固态、液态和气态的物质，具有方便快捷的特点。在水质分析、医药和生物等研究领域，经常需要测试溶液中极低的物质成分和浓度。此时，表面增强拉曼散射(surface-enhanced Raman scattering：SERS)的发展提高了拉曼光谱强度，从而能满足低浓度测试需求[2,3]。

物质成分分析法，除了前述的分子吸收光谱法(紫外-可见光分光光度法和红外吸收光谱法)、拉曼光谱法之外，还有原子光谱、气相色谱、液相色谱、X 射线散射能谱、扫描电镜等方法[2]。

2. 拉曼光谱原理

(1) 瑞利散射与拉曼散射

当一束激发光的光子与作为散射中心的分子发生相互作用时，大部分光子仅是改变了方向，发生散射，而光的频率仍与激发光源一致，这种散射称为瑞利散射。事实上也存在很微量的光子不仅改变了光的传播方向，而且也改变了光波的频率，这种散射称为拉曼散射。其散射光的强度约占总散射光强度的 10^{-6}～10^{-10}。拉曼散射的产生原因是光子与分子之间发生了能量交换改变了光子的能量。

（2）拉曼散射的产生

光子和样品分子之间的作用可以从能级之间的跃迁来分析。样品分子处于电子能级和振动能级的基态，入射光子的能量远大于振动能级跃迁所需要的能量，但又不足以将分子激发到电子能级激发态。这样样品分子吸收光子后到达一种准激发状态，又称为虚能态。样品分子在准激发态时是不稳定的，它将回到电子能级的基态。若分子回到电子能级基态中的振动能级基态，则光子的能量未发生改变，发生瑞利散射。如果样品分子回到电子能级基态中的较高振动能级即某些振动激发态，则散射的光子能量小于入射光子的能量，其波长大于入射光。这时散射光谱的瑞利散射谱线较低频率侧将出现一根拉曼散射光的谱线，称为Stokes 线。如果样品分子在与入射光子作用前的瞬间不是处于电子能级基态的最低振动能级，而是处于电子能级基态中的某个振动能级激发态，则入射光光子作用使之跃迁到准激发态后，该分子退激回到电子能级基态的振动能级基态，这样散射光能量大于入射光子能量，其谱线位于瑞利谱线的高频侧，称为 anti-Stokes 线。Stokes 线和 anti-Stokes 线位于瑞利谱线两侧，间距相等，Stokes 线和 anti-Stokes 线统称为拉曼谱线。由于振动能级间距比较大，因此根据 Boltzmann 定律，在室温下，分子绝大多数处于振动能级基态，所以 Stokes 线的强度远远强于 anti-Stokes 线。拉曼光谱仪一般记录的都只是 Stokes 线。

3. 拉曼光谱特征

拉曼散射光谱具有以下明显的特征：

（1）拉曼散射谱线的波数虽然随入射光的波数而不同，但对同一样品，同一拉曼谱线的位移与入射光的波长无关，只和样品的振动转动能级有关。

（2）在以波数为变量的拉曼光谱图上，Stokes 线和 anti-Stokes 线对称地分布在瑞利散射线两侧，这是由于在上述两种情况下分别相应于得到或失去了一个振动量子的能量。

（3）一般情况下，Stokes 线比 anti-Stokes 线的强度大。这是由于 Boltzmann 分布，处于振动基态上的粒子数远大于处于振动激发态上的粒子数。

4. 拉曼光谱技术的特点

拉曼光谱技术能提供快速、简单、可重复、无损伤的定性定量分析，样品无须进行前处理，可直接通过光纤探头或者通过玻璃、石英和光纤测量。此外，拉曼光谱技术还具有以下特点。

（1）由于水的拉曼散射很微弱，拉曼光谱是研究水溶液中的生物样品和化学化合物的理想工具。

（2）拉曼一次可以同时覆盖 50～4 000 波数的区间，可对有机物及无机物进行分析。相反，若让红外光谱覆盖相同的区间则必须改变光栅、光束分离器、滤波器和检测器等元件。

（3）拉曼光谱谱峰清晰尖锐，更适合定量研究、数据库搜索以及运用差异分析进行定性研究。

（4）因为激光束的直径在它的聚焦部位通常只有 0.2～2 mm，常规拉曼光谱只需要少量的样品就可以得到，这是拉曼光谱相对常规红外光谱一个很大的优势，而且拉曼显微镜物镜可将激光束进一步聚焦至 20 μm 甚至更小，可分析更小面积的样品。

5. 几种常见的拉曼光谱技术

（1）共振拉曼

如果激光的波长和分子的电子吸收相吻合，这一分子的某个或几个特征拉曼谱带强度将增至100～10 000倍以上，并观察到正常拉曼效应中难以出现的、其强度可与基频相比拟的泛音及组合振动光谱。这种共振增强或共振拉曼效应非常有用，不仅能显著降低检测限，而且可引入电子选择性。由于共振拉曼能提供结构及电子等信息，因此共振拉曼也被用于物质鉴定。

(2) 紫外共振拉曼

荧光干扰问题和灵敏度较低严重阻碍了常规拉曼光谱的广泛应用，但近年来发展起来的紫外拉曼光谱技术有效地解决了上述问题。紫外拉曼光谱技术的出现和发展大大地扩展了拉曼光谱的应用范围。荧光往往出现在300～700 nm区域，或者更长波长区域，而在紫外区的某个波长以下，荧光极少出现。因此，对于许多在可见拉曼光谱中存在强荧光干扰的物质，例如氧化物、积碳等，通过利用紫外拉曼光谱技术就可以成功地避开荧光而得到信噪比较高的拉曼谱图。

(3) 表面增强拉曼

自1974年Fleischmann等人发现吸附在粗糙化的Ag电极表现的吡啶分子具有巨大的拉曼散射现象，加之活性载体表面选择吸附分子对荧光发射的抑制，激光拉曼光谱分析的信噪比大大提高，这种表面增强效应被称为表面增强拉曼散射(SERS)。

表面增强效应产生的两个机制：第一种是在贵金属表面产生一种增强的电磁场。当入射光的波长接近金属等离子体波长时，金属表面传导电子被激发到一个扩展表面的电子激发态，称为表面等离子体共振。分子吸附在表面或接近表面经过一个异常大的电磁场，垂直于表面的振动模式带来的增强最强烈。第二种是在表面和分析物分子之间形成电荷转移络合物。许多电荷转移络合物带来的电子跃迁会产生可见光，以便发生增强谐振。

(4) 显微共聚焦拉曼

从一个点光源发射的探测光通过透镜聚焦到被观测物体上，如果物体恰在焦点上，那么反射光通过原透镜应当汇聚回到光源，这就是所谓的共焦。共焦指的是空间滤波的能力和控制被分析样品的体积的能力，通常是利用显微镜系统来实现的。

显微拉曼光谱技术是将拉曼光谱分析技术与显微分析技术结合起来的一种应用技术。与其他传统技术相比，更易于直接获得大量有价值信息，共焦显微拉曼光谱不仅具有常规拉曼光谱的特点，还有自己的独特优势，样品区接近衍射极限(约1 μm)。成像和光谱可以被组合以产生"拉曼立方体"三维数据，在二维图像的每个像素对应一个拉曼频谱信息。

6. 拉曼光谱仪的主要构成

(1) 单色仪。单色仪由入射狭缝、准直镜、平面衍射光栅、物镜、平面镜及出射狭缝所组成。当光谱仪的光栅转动时，光谱信号通过光电倍增管转换成为相应的电脉冲，并由光子计数器放大、计数，进入计算机处理，在显示器上得到光谱的分布曲线。

(2) 激光源。激光器一般采用的是输出功率大于40 mW半导体激光器，激光器波长为532 nm。

(3) 单光子计数器。由于拉曼散射的强度小于入射光强的10^{-6}，用通常的直流检测方法不能把这种淹没在噪声中的信号提取出来，所以探测系统采用单光子计数器方法。单光子计数器方法是利用弱光下光电倍增管输出电流信号自然离散的特征，采用脉冲高度甄别和数字技术将淹没在背景噪声中的弱光信号提取出来。

(4) 陷波滤波片。陷波滤波器旨在减小仪器的杂散光，提高仪器的检出精度，并且能将激发光源的强度大大降低，从而有效地保护光电管。

7. 拉曼光谱仪的光路调节

拉曼光谱仪的光路调节主要涉及外光路部分，包括聚光、集光、样品架、偏振等部件。

（1）聚光镜的调节。通过调节聚光镜使激光聚焦，并把散射光汇聚到单色仪的入射狭缝上。

（2）物镜组和物镜的调节。通过调节物镜组让光束能完全进入单色仪的狭缝，再调节物镜的旋转角度、前后位置以及左右位置，直到入射单色仪前光束达到最精细的程度，并且都能进入单色仪的入射狭缝。

（3）对样品架的调节。若放入样品试管后光束没有通过光学中心，则需要对样品架的放置进行调节。通过反复调整该支架，使试管进入光路中心。

8. 拉曼光谱用于分析的优缺点

（1）拉曼光谱用于分析的优点

拉曼光谱的分析方法不需要对样品进行前处理，也没有样品的制备过程，避免了一些误差的产生，并且在分析过程中操作简便，测定时间短，灵敏度高。

（2）拉曼光谱用于分析的不足

① 不同振动峰重叠和拉曼散射强度容易受光学系统参数等因素的影响。

② 荧光现象对傅里叶变换拉曼光谱分析的干扰。

③ 在进行傅里叶变换光谱分析时，常出现曲线的非线性的问题。

④ 任何物质的引入都会对被测体体系带来某种程度的污染，这等于引入了一些误差的可能性，会对分析的结果产生一定的影响。

9. 拉曼光谱的应用方向

（1）定性分析：不同的物质具有不同的特征光谱，因此可以通过光谱进行定性分析。

（2）结构分析：对光谱谱带的分析，又是进行物质结构分析的基础。

（3）定量分析：根据物质对光谱的吸光度的特点，可以对物质的量有很好的分析能力。

拉曼光谱已经成为一种重要的分析和研究工具，被广泛用于工业气体成分检测、晶体材料研究、鉴定宝石成分及真伪、肿瘤组织诊断、古画鉴定、水生系统环境检测等领域[4~6]。

【参考文献】

[1] 陈秉岩. 气液两相放电活性物质产生特性及其能效约束机理研究[D]. 南京：河海大学，2016.

[2] 陈国松，陈昌云. 仪器分析实验[M]. 南京：南京大学出版社，2009.

[3] 许以明. 拉曼光谱及其在结构生物学中的应用[M]. 北京：化学工业出版社，2005.

[4] Luo Y L, Su W, Xu X B, et al. Raman Spectroscopy and Machine Learning for Microplastics Identification and Classification in Water Environments[J]. IEEE Journal of Selected Topics in Quantum Electronics, 2022, 29(4): 1-8.

[5] Xu D, Su W, Lu H, et al. A gold nanoparticle doped flexible substrate for microplastics SERS detection[J]. Physical Chemistry Chemical Physics, 2022, 24(19): 12036-12042.

[6] Yi T, Su W, Yu Q, et al. Gold nanospheres assembly via corona discharge technique for flexible SERS substrate[J]. Optics Express, 2022, 30(4): 5131-5141.

（苏　巍　陈秉岩）

第 6 章 建模仿真实验

实验 6.1 虚拟仪器实验系统的搭建

作为理工科专业的学生，在学习、科研中经常会有搭建实验测量系统的需求，采用传统仪器费时费力，而虚拟仪器（Virtual Instrument）技术可以帮助我们方便快捷的搭建一个可自定义的测量测试系统。与传统仪器相比虚拟仪器技术具有性能强大、开发效率高、拓展性强等优点。虚拟仪器技术广泛应用于航空航天、电子、能源、交通运输等行业，在鸟巢、水立方等建筑的设计、结构安全监测，以及国产大飞机的设计等重大工程中均有虚拟仪器技术成功应用的实例。本实验介绍如何利用 myDAQ 数据采集卡和 LabVIEW 软件快速建立一个小型压力测量实验系统，掌握方法后同学们可以举一反三，自行设计其他的测量测试平台。

【实验目的】

1. 了解虚拟仪器技术的概念。
2. 掌握 LabVIEW 软件、myDAQ 数据采集卡的简单使用方法。
3. 利用软、硬件和相应的传感器搭建一个小型虚拟仪器实验系统。

【实验原理】

物理实验主要是在可控的实验环境中测量真实世界中某个物理量的数值变化，之后根据实验环境参数、测量结果来验证物理定律、计算未知的物理量。我们可以根据物理实验的这一特点，结合虚拟仪器技术，自行设计一个实验方案并实现。

如前所述，虚拟仪器系统一般分为可定制的软件和模块化的测量硬件两部分。其中软件开发环境主要用于对硬件模块进行控制、对电信号进行分析处理以及实现图形化的人机交互界面等功能，而硬件部分主要是与相应的传感器组合后对现实中的某种物理量（如压力、温度、速度等）进行测量并将其转换为电信号。

如图 1 所示，虚拟仪器实验系统主要由四个部分构成，其中传感器负责将实验测量的物理量转化为电信号，数据采集卡完成信号调理和数据采集，最终通过电脑上安装的应用程序对电信号进行展示、分析、计算。

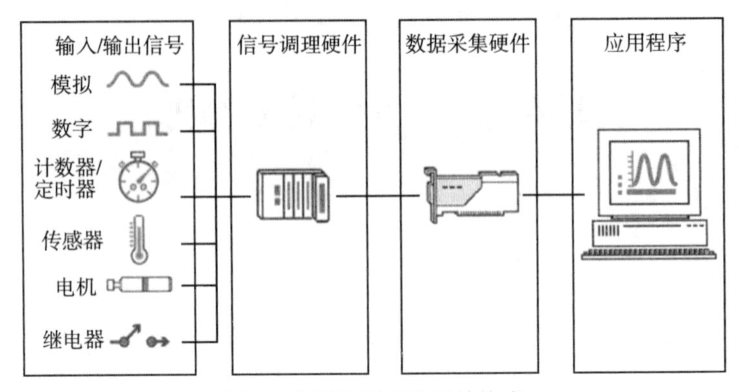

图 1 虚拟仪器实验系统构成

本实验以建立压力测量实验系统为例来介绍虚拟仪器实验系统搭建的设计与实现过程。

1. 物理量的测量

实验中需要测量的物理量是压力的大小，对压力进行测量的传感器很多，本实验中采用悬臂梁式压力传感器(图 2)。悬臂梁压力传感器的上下表面贴有 4 个应变电阻片，梁的前端连接承载托盘。当承载托盘上放置有重物时，悬臂梁受力产生形变，应变电阻片由于梁的形变产生阻值变化，进而电路的输出电压值也发生变化。压力传感器共有 4 根导线引出，其中 E_+、E_- 连接 5 V 电源，另输出端 U_{o+} 和 U_{o-} 的电压幅度随着压力的变化而变化。

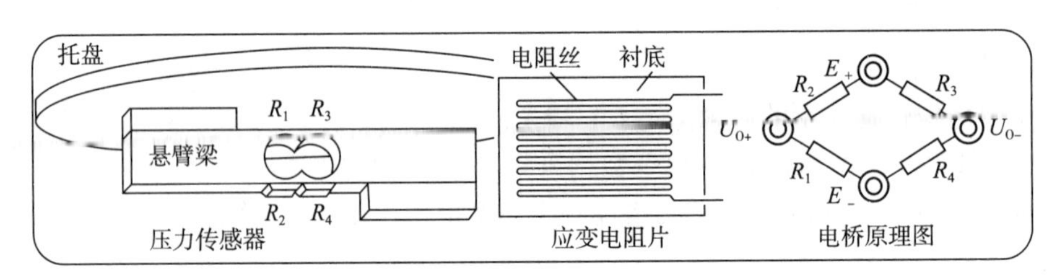

图 2 悬臂梁压力传感器

2. 信号采集与传输

压力传感器产生的电压信号由数据采集卡进行采集和传输，本实验中使用 myDAQ 数据采集卡(图 3)，该卡同时也可作为直流 5 V 电源使用，管脚图见图 4。

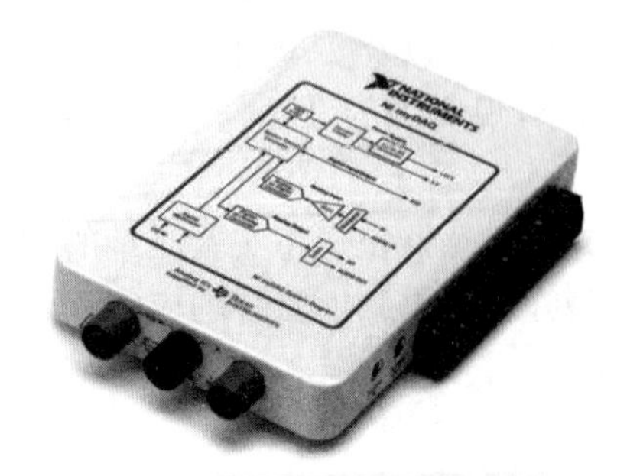

图 3 myDAQ 数据采集卡外形

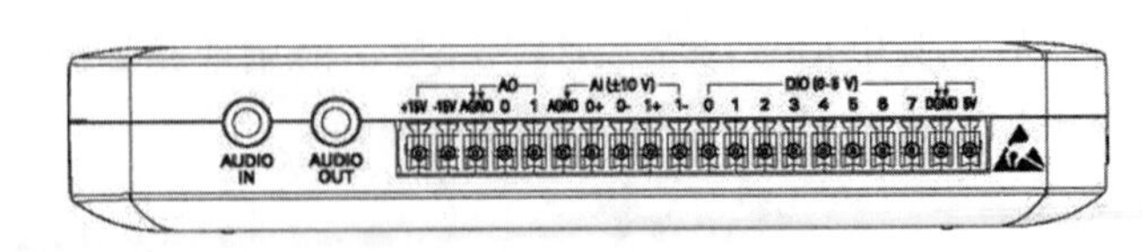

图 4 myDAQ 采集卡管脚图

3. 信号处理与分析

myDAQ采集卡通过USB数据线与安装有LabVIEW应用软件的电脑连接，在LabVIEW中，可以直接通过波形图表控件将采集卡获得的电压信号进行动态展示，也可以通过在压力传感器上增减砝码测量若干组对应的电压数据，由于砝码质量W与传感器输出电压U_o呈线性关系，即$W=a\,U_o+b$，通过测量计算出a，b后即可通过电压反推计算物体重量。

【实验仪器】

悬臂梁压力传感器、myDAQ数据采集卡、LabVIEW应用程序、砝码若干。

【实验内容与步骤】

本实验以建立压力测量实验系统为例，选用悬臂梁压力传感器结合myDAQ数据采集卡、LabVIEW软件，要求实验者首先组装好实验硬件系统，之后通过程序调试实现对压力大小的动态测量，最后使用标准砝码标定系统后将其用于对未知重量物体质量的测量。

1. 将悬臂梁压力传感器的E_+、E_-两根导线连接至myDAQ设备的“5 V”“GND”接线端，将压力传感器的U_{o+}、U_{o-}连接至myDAQ的“AI0＋”“AI0－”接线端。

2. 使用实验室提供的数据线连接myDAQ数据采集卡和运行有LabVIEW软件的电脑。连接完毕后，在电脑上运行MAX软件(图5)，在左侧窗口“我的系统”“设备和接口”栏目下找到“NI myDAQ”项，鼠标左键点击，在右侧状态栏中可以看到当前连接的数据采集卡的序列号，应与实际使用的采集卡机身上的序列号一致，说明采集卡和电脑已连接成功。

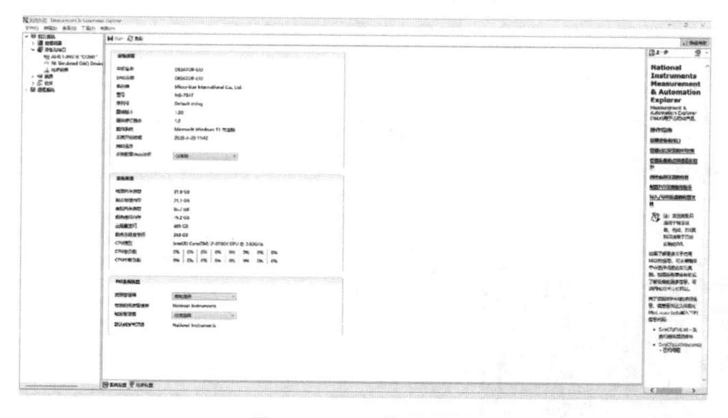

图5　MAX软件界面

3. 在MAX软件的“NI myDAQ”项中打开“测试面板”，修改“模式”为“连续”，修改“最大输入限制”为0.005伏，“最小输入限制”为0，去除“幅值与采样图表”右上角“自动缩放图标”后的对勾，点击“开始”。此时可见传感器输出电压约为1毫伏，在压力传感器上放置砝码，观察电压是否随着重量的增加而增大，如果满足这一关系，说明电路连接正常，点击“停止”按钮，关闭并退出MAX软件。

4. 运行LabVIEW程序，依次点击“文件”—“新建VI”，进入编程环境。此时有两个窗口，灰色底色的是前面板窗口，可以在此放置各种控制、显示控件，用以模拟仪器的人机交互界面。白色底色的是程序框图窗口，主要用于进行图形化的编程。

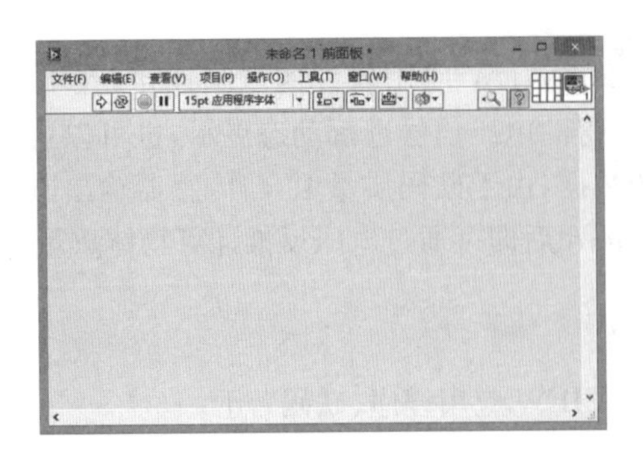

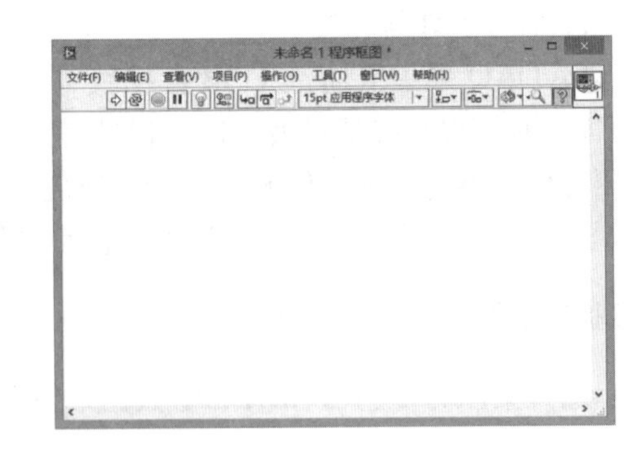

图 6　LabVIEW 前面板与程序框图窗口

5. 切换至程序框图窗口，鼠标右击，弹出函数选板，依次点击“测量 IO”—“DAQmx”—“DAQ 助手”，将“DAQ 助手”放置在程序框图窗口中，并左键单击释放，开始进行“DAQ 助手”的配置。

6. 本实验是通过 myDAQ 数据采集卡采集悬臂梁压力传感器产生的电压信号，并通过波形的方式显示出来，因此，在“DAQ 助手”的配置窗口中依次点击“采集信号”—“模拟信号输入”—“电压信号”。由于压力传感器的信号线连接的是 myDAQ 数据采集卡的“AI0＋”和“AI0－”接线端，因此配置项中“物理通道”选择“ai0”，点击“完成”。

7. 在“DAQ 助手”的参数配置页面，修改“电压输入设置”里“最大值”为 0.005 伏，“最小值”为 0，“采样模式”为“持续采样”，点击“确定”完成配置。由于使用了持续采样，系统会提示将自动为程序添加循环结构，点击“确定”。

8. 为了能够观察到压力传感器上信号的变化，需要在前面板上放置一个波形显示控件。切换到前面板窗口，鼠标右击，在弹出的控件选板中选择“新式”— “图形”—“波形图表”，将控件放置在前面板上，鼠标左键单击释放，根据需要可调节窗口大小，鼠标点击纵坐标轴可修改坐标轴显示范围，按实验需要修改即可。

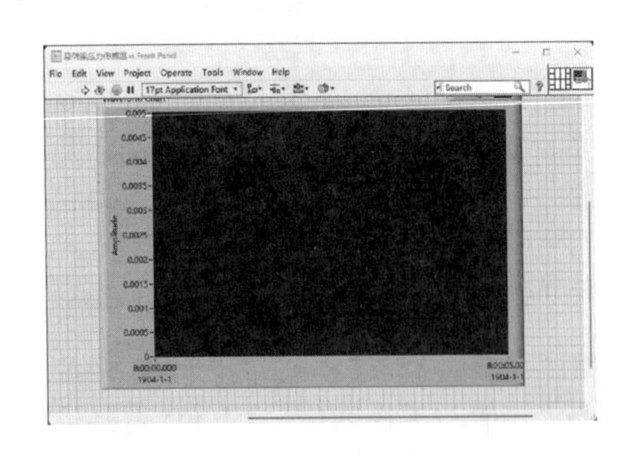

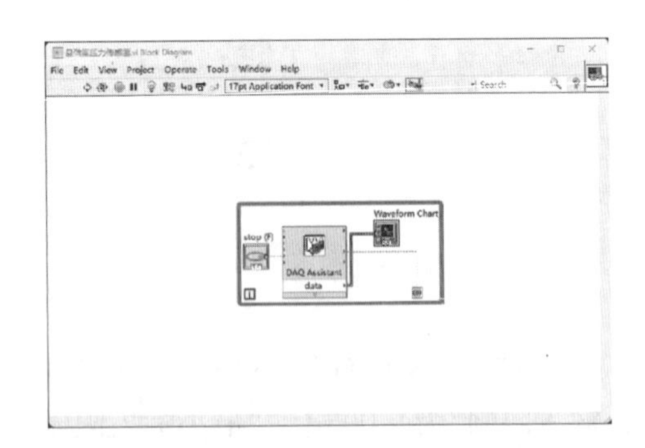

图 7　编程完毕的前面板窗口和程序框图窗口

9. 将数据采集卡上输入的电压信号提供给波形图表控件，进入程序框图窗口，在刚才配置好的“DAQ 助手”右侧的“数据”输出端上鼠标左键单击，将数据线引致波形图表控件左侧输入端，再次左键单击，完成数据连接。注意波形图表控件也应位于灰色的循环体边框内。至此，程序编写完毕。

10. 在前面板窗口，点击左上角的“运行”图标，此时波形图表显示控件中开始连续显示当前压力传感器输出的电压信号，通过增减砝码，可以观察到电压信号的变化。通过点击左上角“停止”按钮可退出程序。

11. 从空载开始，向压力传感器上逐个增加 1 kg/个的砝码至达到传感器称量上限（5 kg），请同学们自行设计表格记录电压示数，并用最小二乘法计算得到物体重量与传感器电压间的关系式。

12. 选择一个未知重量的物体，用标定好的压力传感器测量其重量，再用电子天平称重，比较结果。

在完成以上内容后，同学们可以尝试将传感器的标定和根据电压计算重量的内容通过编程实现，并设计一个美观的人机交互界面，也可自行设计其他实验内容，如制作一个压力触发的报警器，当重量变化达到设定阈值时发出声光报警信号等，还可以自行挑选传感器，设计一个新的实验项目。

【问题与讨论】

1. 虚拟仪器与传统仪器相比各有优缺点，你觉得虚拟仪器在哪些场景下具有优势？
2. 请参考本实验，设计一个新的虚拟仪器实验系统。

（刘明熠）

实验 6.2　大学物理仿真系统

中国科学技术大学的王晓蒲教授、霍剑青教授从 1993 年开始研究开发“大学教学软件”，1995 年出版了“大学物理计算机仿真实验”软件，1997 年出版了“大学物理仿真实验 2.0 for Windows”。大学物理仿真实验利用软件建模设计虚拟仪器和实验环境，学生可在这个环境中自行设计实验方案、拟定实验参数、操作仪器，模拟真实的实验过程，深化理解物理知识。

1. 大学物理仿真实验功能特点

大学物理仿真实验(2016 版)，在原有的《大学物理仿真实验》的基础上，优化实验建模，应用组件技术构建仿真实验，突出实验的开放性、设计性、实验操作针对性、易用性，给用户提供全新真实的实验体验。重点解决当前高校面向大量学生开设设计性、研究性、开放性实验教学资源不足的困扰。具体特点如下：

(1) 可选择仪器和定制实验方案：实验仪器可灵活组合，根据教学目标制定不同层次的实验方案。用户还可以自主选择实验仪器，使用不同仪器完成相同的实验内容，实验针对性强。

(2) 营造多元化的实验教学环境：利用仿真实验在网上开设开放实验，开设选修课程，开设实验作业等各种形式满足各种层次学生的求知需求，拓宽视野，提高学生对实验学习的兴趣。

(3) 仿真结合实际的两段式教学：提供了大型贵重仪器的仿真案例，比如拉曼光谱仪、STM 隧道显微镜、透射式电子显微镜等，也提供了调节难度大的实验如分光计等，可先在仿真实验平台熟悉仪器操作和实验过程再开展真实实验，以保证设备利用率和安全性，提高教学效果。

2. 仿真实验项目介绍

大学物理仿真实验(2016 版)软件系统安装在专门的服务器上，多个用户可以同时通过台式机在线访问服务器并进行相应的仿真实验操作，图 1 为用户登录仿真实验平台后的工作界面。该仿真系统包括电磁学、光学、电学、近代物理学、热学、力学等实验模块，每个实验模块里面包含具体的实验项目。

该仿真平台包含的实验项目有：分光计实验、光栅单色仪实验、折射率和薄膜厚度测试、塞曼效应实验、拉曼光谱实验、傅里叶光学、法拉第效应、光强调制法测光速、三线摆法测刚体转动惯量、液体黏度测定、液体表面张力系数测定、不良导体热导率测量、整流滤波电路实验、动态磁滞回线的测量、交流谐振电路及介电常数的测量、交流电桥、直流电桥测量电阻、霍尔效应实验、测量锑化铟片的磁阻特性、半导体温度计、热敏电阻温度特性研究、热电偶特性及其应用、电阻应变传感器灵敏度特性、光纤传感器实验、太阳能电池的特性测量等。用户可以根据实际需要，选择合适的实验项目开展仿真操作。

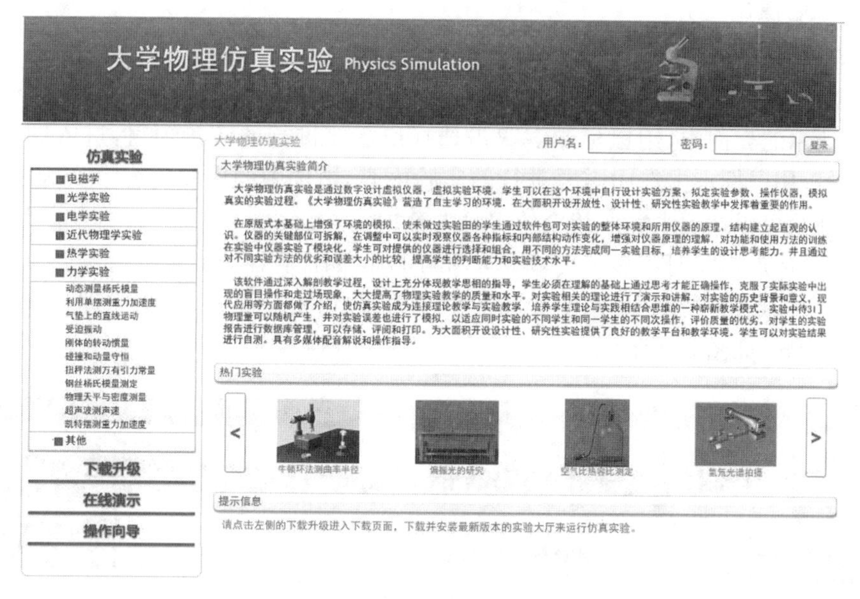

图1　大学物理仿真实验工作界面

大学物理仿真软件系统还提供了各个实验项目的演示功能，可以为使用者提供操作指导。仿真软件系统运行具体的实验项目后，在屏幕上出现实验环境的实验主场景，并显示实验数据表格、实验仪器栏、实验内容栏、实验提示栏、工具箱、帮助、实验辅助栏，如图2所示。

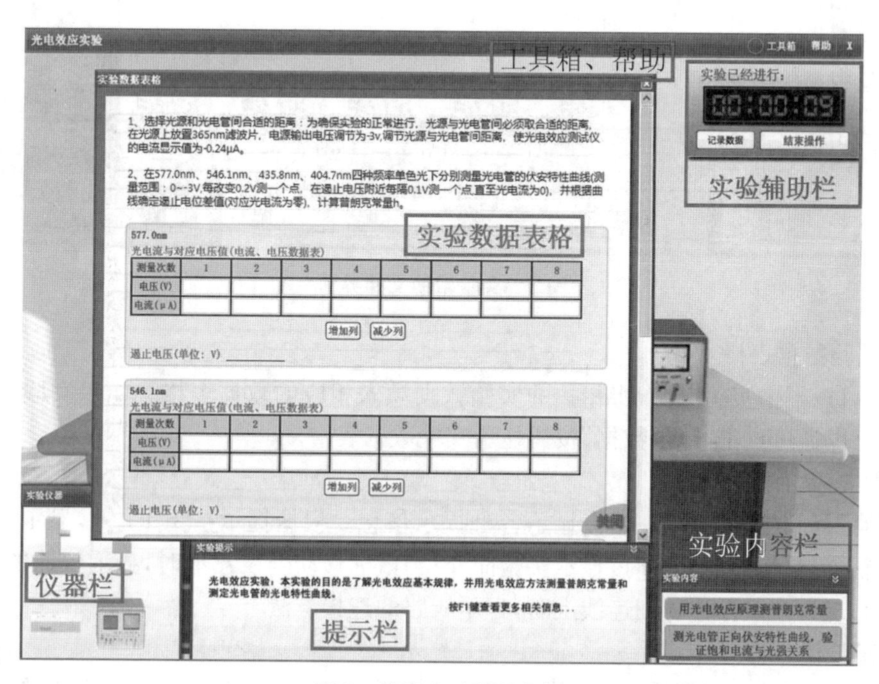

图2　仿真实验项目场景

3. 仿真实验操作

(1) 实验项目操作

① 实验内容栏

在图 1 所示的界面中,用鼠标左键双击选择所需要进行的实验项目,进入图 2 所示的“实验内容栏”,用鼠标点击选中需要进行的实验内容,被选中的实验内容会变为“橙黄色高亮”提示。此时,可以按要求完成相应的实验内容。

工具:用鼠标点击“工具”显示实验中常用的工具,如计算器等。

帮助:用鼠标点击“帮助”显示实验的帮助文档,包括实验简介、实验原理、实验内容、实验仪器、实验指导,如图 3 所示。

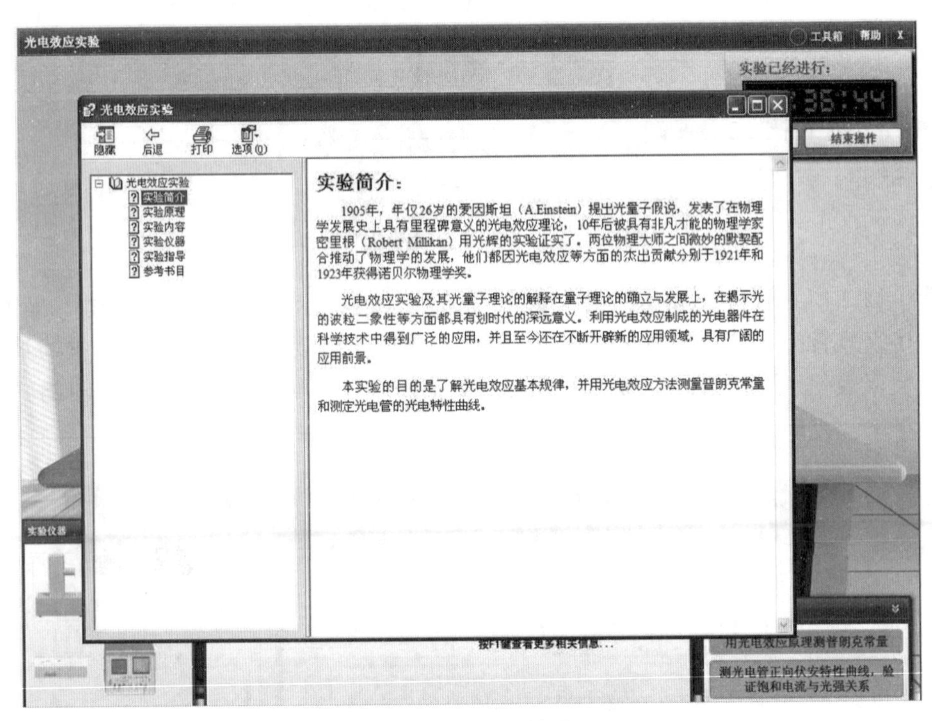

图 3 实验帮助文档界面

② 实验数据表格

用户可以根据实验操作,将相关的实验数据填入相应的数据表格。如果实验数据表格被关闭,可以通过点击“记录数据”按钮显示实验数据表格。

③ 实验提示栏

移动鼠标到相应的对象上,会显示各种提示信息。根据提示按下 F1 键,显示相应帮助内容。当鼠标移动到场景中时,显示实验简介;当鼠标移动到仪器上时,显示仪器的名称、说明和使用方法;当鼠标移动到连线上时,显示线路的连接方法。

④ 实验仪器栏

存放当前实验中可用的仪器。鼠标移动到仪器上时,显示仪器名称,并在实验提示栏中显示仪器简介,如图 4 所示。如果该仪器已被使用了,则显示一个禁止使用的标志,并在实验提示栏中给出对应的提示。

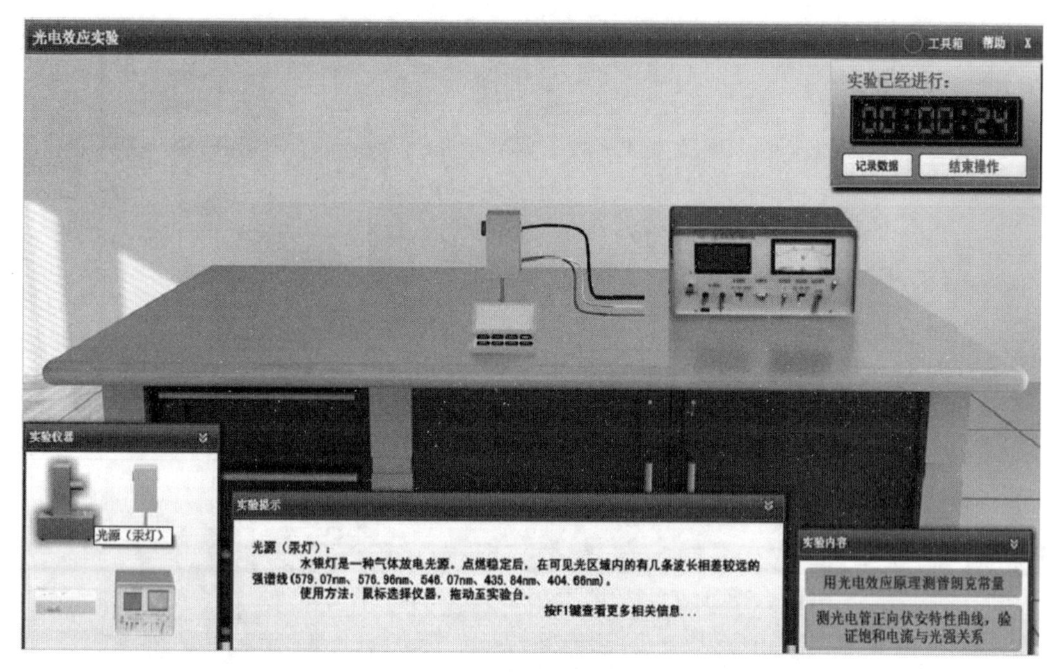

图 4　实验仪器及提示

(2) 实验仪器的操作

① 将仪器放到实验台

在仪器栏中选择需要的仪器上按下鼠标左键不要松开，会显示一个仪器的图标，如图 5 左图所示。移动鼠标到实验台上合适的位置后松开鼠标，该仪器将被放到实验台上，如图 5 右图所示。如果放置不当或者已有其他仪器存在，那么该仪器不能被放入实验台，并自动放回仪器栏。

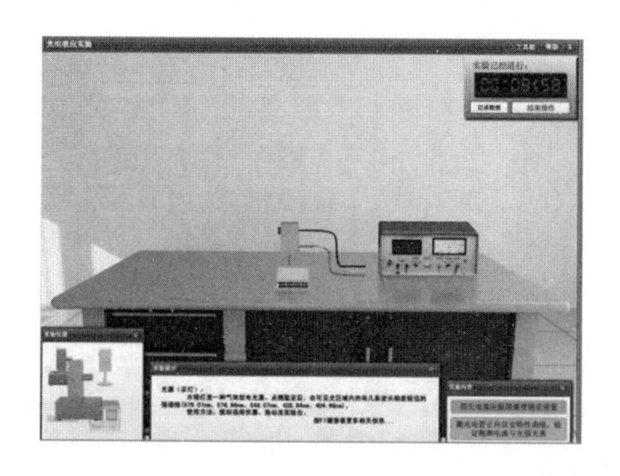

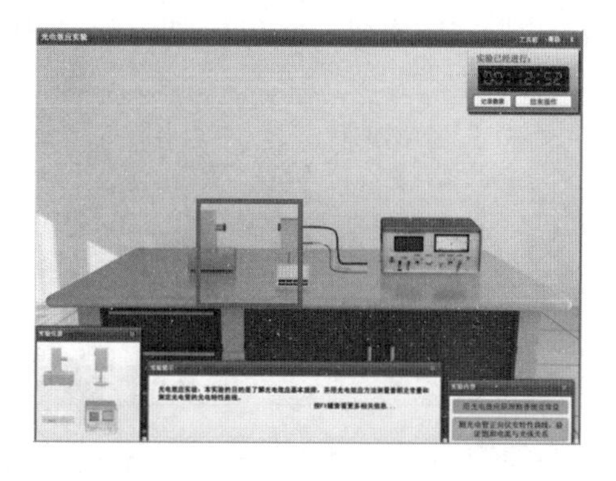

图 5　实验仪器选择和放置

② 将仪器放回仪器栏

用鼠标选择实验台上多余的仪器并按下 Delete 键，则可以将该仪器放回仪器栏。如果仪器处于工作状态，则不能被放回仪器栏。如果该仪器不处于工作状态，系统将提示“确认要将该仪器放回仪器栏”，如图 6 所示。选择“确定”则将该仪器从实验台放回仪器栏。

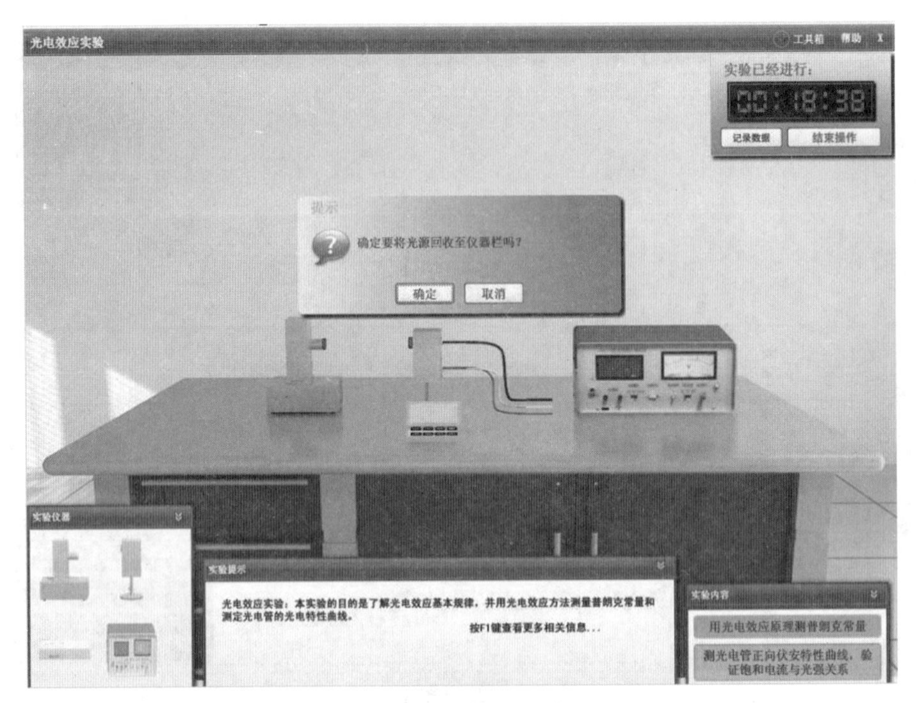

图6　仪器放回仪器栏

③ 移动实验台的仪器

鼠标点击所选仪器后不要松开，仪器将跟随鼠标移动。鼠标移动到合适位置后松开，仪器将被放置在相应位置。

④ 仪器间的连接操作

如果要在两个仪器之间连线：用鼠标点击仪器的连线柱不要松开，随着鼠标的移动将显示一根移动的连线，如图7左图所示。鼠标移动到目标仪器的接线柱后，松开鼠标，将自动在两个仪器之间增加一个连线，如图7右图所示。

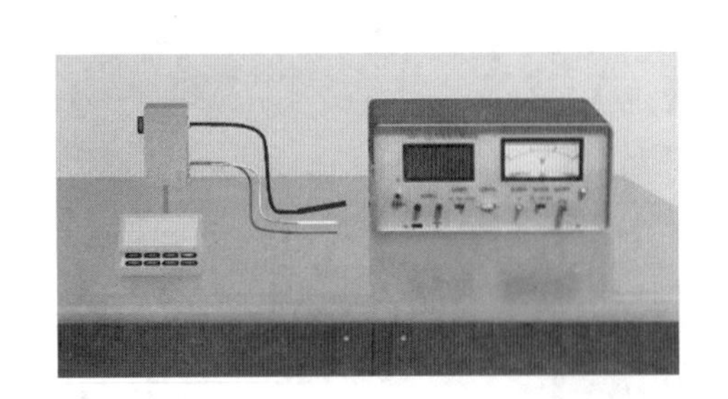
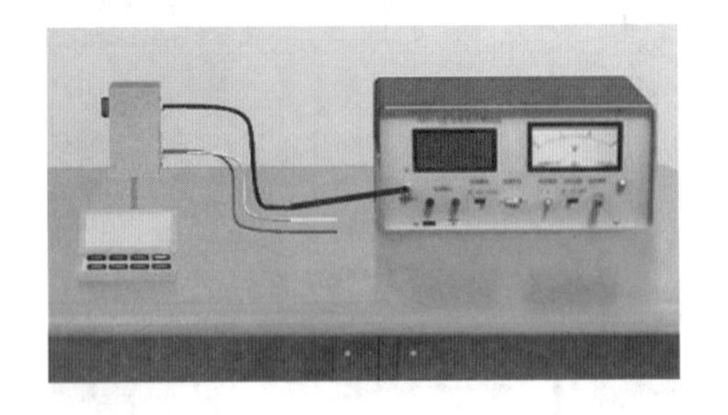

图7　仪器间的连接操作

如果要拆除两个仪器之间连线：用鼠标点击已有连线不要松开，如图7右图所示。连线的一端随着鼠标移动，如图7左图所示。将鼠标移动到没有接线柱的位置后松开，则拆除两个仪器之间连线。

⑤ 调节仪器设备

在实验场景中，鼠标移动到指定仪器上，参照“实验信息栏”显示的仪器操作提示，双击鼠标打开仪器的调节窗口，如图 8 所示。在此窗口中，用户根据“实验提示栏”中的提示信息，通过鼠标左键或右键调节仪器状态。

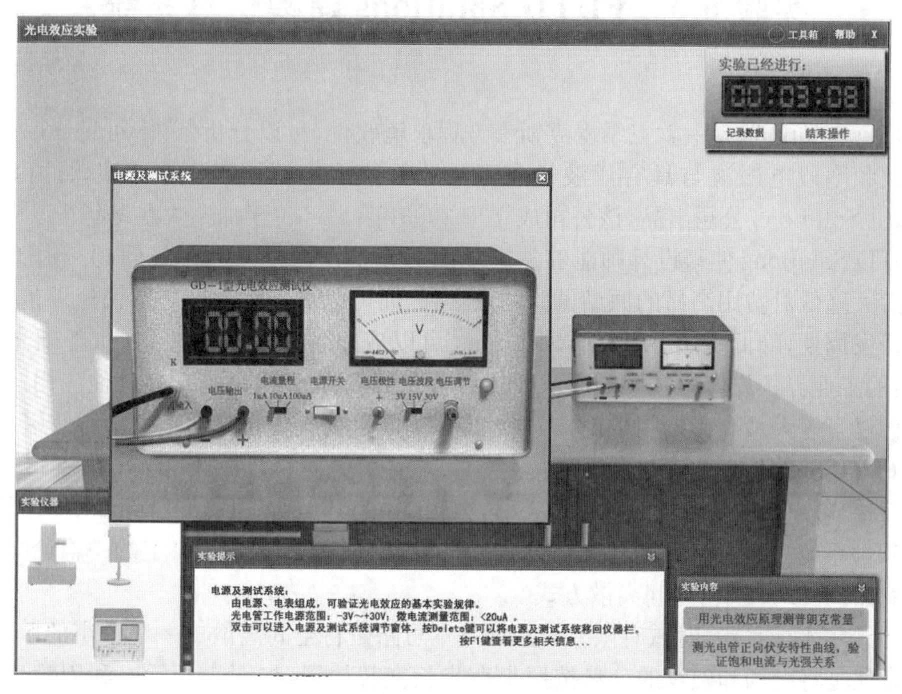

图 8　仪器设备调节

（苏　巍　陈秉岩）

实验 6.3　FDTD Solutions 建模仿真系统

FDTD Solutions 是一款三维麦克斯韦方程求解软件，可以分析紫外、可见、红外至太赫兹和微波频率段电磁波与具有亚波长典型尺寸复杂结构的相互作用。该软件由加拿大 Lumerical Solutions 公司出品，该公司成立于 2003 年，总部位于加拿大温哥华。

FDTD Solutions 使得设计师能够从容地面对光子设计复杂的挑战问题。由于高精度仿真能大大降低对费用高昂的原型试验的依赖，因而可以对器件设计进行快速评价，进而缩短产品研发周期，降低费用。FDTD Solutions 可以应对各种复杂的应用，从基础光子学研究，到目前工业界领先应用领域如成像、照明、生物光子学、光伏以及众多其他应用。用户利用该软件已发表大量高影响因子论文，并被许多国际著名大公司和学术团队所使用。

1. FDTD Solutions 的工作原理

FDTD Solutions 是基于时域有限差分法(Finite Difference Time Domain：FDTD)设计的仿真软件系统。时域有限差分法是根据 1966 年 K。Yee 发表在 AP 上的一篇论文建立起来的，后被称为 Yee 网格空间离散方式。

在笛卡尔坐标系中，时域有限差分法的基本思路是将空间离散成一个个小的单元，例如 Yee 单元就是将电场和磁场的分量按照半个步长交替放置，如图 1 所示。利用跳步法将耦合 Maxwell 克尔方程组离散化，其中对电场和磁场按半个时间步长依次进行分析。

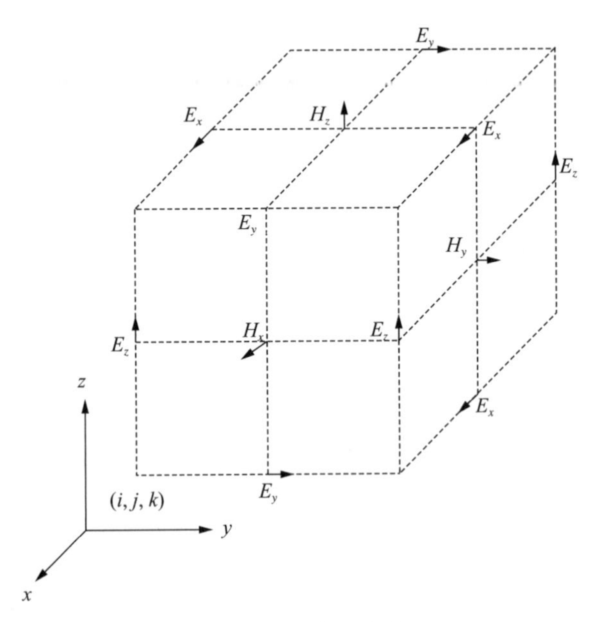

图 1　Yee 晶格示意图

时域有限差分法的优点是简单性和应用广泛性，通过将计算进程局域化和时间具体化，入射波和结构之间的关系可以逐步分析到任意时间点。这种进程局域化使得在分析问题的时候不需要同时给出整个问题的解。另外，在介质交界面加上边界条件则不需要对这些界面再进行特殊的处理。基于以上这些特点，再加上对目标结构进行离散化，使得时域有限差分法可以解决非常复杂的问题，包括含有由电或磁各向异性的介质构成的具有任意表面形状的复杂结构，号称目前计算电磁学界最受关注、最时髦的算法。

在利用时域有限差分法处理光学波导问题的时候，需要考虑以下几点：

(1) 在光学波导结构中，当衰减场导波沿轴向无穷远处传播时，波会从计算区域的侧边界到达右边界。因此为了不影响计算结果的准确性，就需要设置边界条件，使得其只吸收入射波而不会产生反射波。

(2) 时域有限差分法是一个求解最初值的方法，它需要一个激发源来启动仿真。尽管激发源可以为点光源或者平面波，但是在大多数的波导问题中入射波一般都是基于导模的形式。一个差的激发源会产生意料之外的透射和反射波，而这些又会产生噪声问题。

(3) 波导输出端的波形是由有限数量的导模和辐射模的连续谱重叠而成的。为了确定波导中导模的能量值，我们可以延长计算区域，直到所有的辐射波都分离出去，而只有导模存在于波导中。当然这个过程会在计算源中加入多余的累赘，因此如果能将导模功率从总功率中分离出去将会是一件非常有益的事。

(4) 其解在频率域中通常是利用一个单频率连续波激发获得的，并从稳态场的值中决定。如果激发源为脉冲波，我们也能通过时域解来获得频率域的解。

(5) 必须要用结构中最小的波导波长值来确定每个波长中样点的数量，否则波形在沿着波导传播的时候会发散。

2. FDTD Solutions 的功能简介

(1) 该软件可用于微纳光子学产品的精确、多功能、高性能仿真设计。它能精确严格求解三维矢量麦克斯韦方程；是学术界尖端研究和工业界产品开发，易学易用的设计工具；及时地充分利用高性能计算技术。

(2) 该软件可解决具有挑战性关键设计的技术。它能高效准确地模拟色散材料的难题，独有的多系数材料模型为准确描述色散材料的性质提供了理想的工具；获得纳米器件设计精确结果需要长时间的难题，及时地充分利用现代计算技术的硬件，提供需要最少代价的最新网格化技术，可解决具有挑战性关键设计的技术。

(3) 多系数材料模型极大地提高了计算结果的精度。它通过独有的多系数材料模型(MCMs)，软件能自动拟合材料色散数据；用户可以设定系数个数、拟合允差和波长范围；用户可以自行导入自己的材料或者选择内置材料库中的材料；用户可以自定义色散材料、增益材料、各向异性材料和非线性材料等。

(4) 高性能计算技术。它有高速计算引擎，优化的源代码，并行计算充分利用多核计算机系统的高性能；CPU 使用的最大化，支持常用的各种操作系统；避免不必要的计算，提供各种边界条件；优化的集成设计；高级网格化技术。

(5) 业界最高级的网格划分。它有均匀网格；自动优化的渐变网格，根据需要提高网格分辨率；共形网格，通过非常复杂的描述麦克斯维旋度方程技术减少需要精确分辨材料边界(如曲面、薄膜层)的超细网格。

(6) 宽光谱固定角度光源技术(BFAST)。新版本添加的 BFAST 技术，使得在斜入射情况下，一次仿真就可以得到周期结构的正确宽谱结果针对周期性结构。

3. FDTD Solutions 的应用领域

FDTD Solutions 用于解决如图 2 所示的各种应用,涉及光的散射、衍射和辐射传播。FDTD Solutions 已经用于许多工程问题,其中包括(但不限于)以下方面。

(1) 光子晶体:具有光子带隙特性的人造周期性电介质结构。所谓的光子带隙是指某一频率范围的波不能在此周期性结构中传播,即这种结构本身存在“禁带”。

(2) 表面等离子体光子学:表面等离子体是沿着导体表面传播的波,通过表面等离子体与光场之间相互作用,能够实现对光传播的主动操控。随着纳米技术的发展,表面等离子体被广泛研究用于光子学,形成了表面等离子体光子学。

(3) CMOS 图像传感器:一种典型的固体成像传感器,CMOS 图像传感器通常由像敏单元阵列、行驱动器、列驱动器、时序控制逻辑、AD 转换器、数据总线输出接口、控制接口等几部分组成,这几部分通常都被集成在同一块硅片上。

(4) 太阳能电池:一种利用太阳光直接发电的光电半导体薄片,只要被满足一定照度条件的光照到,瞬间就可输出电压并在有回路的情况下产生电流。在物理学上称为太阳能光伏,简称光伏。

(5) 超材料:具有天然材料所不具备的超常物理性质的人工复合结构或复合材料。迄今发展出的“超材料”包括:“左手材料”、光子晶体、“超磁性材料”等。

(6) 集成光学:在光电子学和微电子学基础上,采用集成方法研究和发展光学器件和混合光学电子学器件系统的一门新的学科。集成光学的应用领域非常广泛,包括光纤通信、光纤传感技术、光学信息处理、光学仪器、光谱研究等。

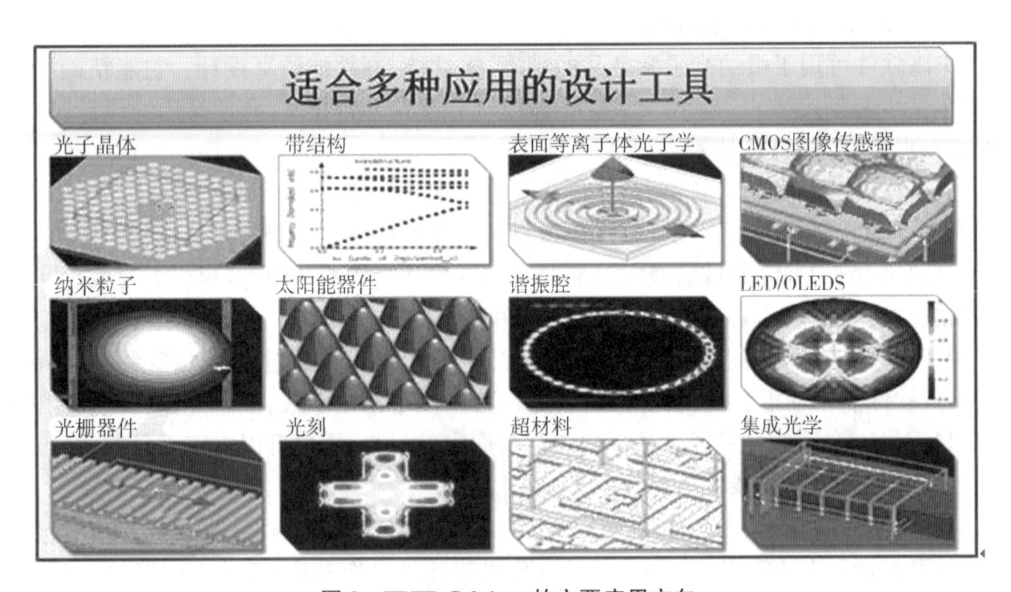

图 2　FDTD Soluions 的主要应用方向

(苏　巍)

实验 6.4　COMSOL Multiphysics 建模仿真系统

仿真技术，是一种运用相似性原理和类比关系研究事物的技术方法。仿真过程，是建立真实世界系统的模型，并在该模型上进行实验和研究，实现优化设计和预测等。仿真模型通常指缩小的实体模型或者数学模型，即描述变量在空间、时间上变化的偏微分方程组(Partial Differential Equations：PDEs)。仿真方法，通常包括实验和计算机模拟。

COMSOL Multiphysics 是一款功能齐全的大型高级数值仿真软件，由瑞典的 COMSOL 公司开发，广泛应用于各个领域的科学研究以及工程计算，被当今世界科学家称为“第一款真正的任意多物理场直接耦合分析软件”，适用于模拟科学和工程领域的各种物理过程。COMSOL Multiphysics 以高效的计算性能和杰出的多场直接耦合分析能力实现了任意多物理场的高度精确的数值仿真，在全球领先的数值仿真领域里得到广泛的应用。

1. Multiphysics 的工作原理

COMSOL Multiphysics 是基于 PDEs 和有限元法(Finite Element Method：FEM)设计的仿真软件系统。PDEs 指包含两个或多个变量的未知函数及其偏微分的方程或方程组，其系数表达如下：

$$\underset{\text{质量}}{e_a\frac{\partial^2 u}{\partial t^2}}+\underset{\text{阻尼质量}}{d_a\frac{\partial u}{\partial t}}-\nabla\cdot(\overset{\text{扩散}}{c\nabla u}+\underset{\text{对流}}{\alpha u}-\overset{\text{源}}{\gamma})+\underset{\text{对流}}{\beta\cdot\nabla u}+\overset{\text{吸收}}{au}=\underset{\text{源}}{f}$$

其中，符号 ∇ 是哈密顿算子(也称作矢量微分算子，读作 nabla)：

$$\nabla=\left(\frac{\partial}{\partial x},\frac{\partial}{\partial y},\frac{\partial}{\partial z}\right)$$

在运算中，∇ 既有微分又有矢量的双重运算性质，其优点在于可以把对矢量函数的微分运算转变为矢量代数的运算，从而可以简化运算过程，并且推导简明扼要，易于掌握。

在多物理场耦合建模仿真过程中，根据实际物理作用量的大小，通过调整质量、阻尼、扩散、对流、源、吸收等项的系数，设定相应项的作用强度和主次关系，获得数值计算的耦合结果。经典的 PDE 方程主要包括：

对流输送方程：$\frac{\partial u}{\partial x}+b\frac{\partial u}{\partial y}=0$

Laplace 方程：$\nabla\cdot\nabla u=0$

传热方程：$\frac{\partial u}{\partial t}-\nabla\cdot(k\nabla u)=0$

波动方程：$\frac{\partial^2 u}{\partial t^2}-\nabla\cdot(\nabla u)=0$

Helmholtz 方程：$-\nabla\cdot(\nabla u)=\lambda u$

有限元法(FEM)，是先将连续的求解域离散成一组个数有限、按一定方式相互联结在一起的单元的组合体。同时，将 PDE 转换成离散的线性代数方程系统进行求解，即：

$$-\nabla\cdot(c\,\nabla u)=f\Rightarrow Ku=F$$

上式中，K 为刚度矩阵，u 为解析变量(解向量)，F 为载荷向量，u 的数量即为自由度数。

FEM 的特点：① 各种复杂单元可以用来模型化几何形状复杂的求解域；② 各节点上的解的近似函数，可以用来获得各求解域上任意点的结果。

2. Multiphysics 的显著特点

(1) 求解多场问题=求解方程组，用户只需选择或者自定义不同专业的偏微分方程进行任意组合便可实现多物理场的直接耦合分析。

(2) 完全开放的架构，用户可在图形界面中自由定义所需的专业偏微分方程。

(3) 任意独立函数控制的求解参数，材料属性、边界条件、载荷均支持参数控制。

(4) 专业的计算模型库，内置各种常用的物理模型，用户可轻松选择并进行必要的修改。

(5) 内嵌 CAD 建模和第三方 CAD 导入功能，用户可进行 2D/3D 建模或导入 CAD 文件。

(6) 强大的网格剖分能力，支持多种网格剖分，支持移动网格功能。

(7) 大规模计算能力，具备 Linux、Unix 和 Windows 系统下 64 位处理能力和并行计算功能。

(8) 丰富的后处理功能，可根据用户的需要进行各种数据、曲线、图片及动画的输出与分析。

(9) 多国语言操作界面，易学易用，方便快捷的载荷条件，边界条件、求解参数设置界面。

3. Multiphysics 的可选择模块

COMSOL Multiphysics 可提供如图所示的多种可选模块，是多场耦合计算领域的伟大创举，它基于完善的理论基础，整合丰富的算法，兼具功能性、灵活性和实用性于一体，并且可以通过附加专业的求解模块进行极为方便的应用拓展。Multiphysics 的主要功能模块简述如下。

(1) 接口导入模块(Import Module)，主要包括：Matlab 实时链接、CAD 导入、Solidworks 实时链接、Pro Engerneer 时链接等。

(2) AC/DC 模块(AC/DC Module)：AC/DC 模块囊括了静电场、静磁场和似稳场的几乎所有应用。AC/DC 模块具有多物理应用特征，比如电热耦合问题、力和力矩的计算、热力学、连续介质力学等；AC/DC 模块中的集总参数计算及其与电路耦合成的电磁系统，可以与 ECAD、SPICE 等电路设计与仿真软件对接，实现综合仿真。

(3) 声学模块(Acoustics Module)：该模块可以提供声波在多种介质中的传输特性模拟。主要包括：声波在空气、水和其他流体的传输，电声换能器和扬声器(喇叭)，助听器和麦克风，MEMS 声学传感器(麦克风)、机械(结构振动)、压电声学(声呐)、活性和吸收性的消音设备等。

(4) 等离子体模块(Plasma Module)：用于无核反应的低温等离子体（非平衡等离子体)的过程(如放电过程)的分析。主要涉及的问题有电磁场(瞬态发生)、电子能量(不足纳秒)、电子输运(纳秒级)、离子输运(微妙级)、受激物质运移(约 0.1 毫秒)、中性气体流动以及温度场(毫秒级)。

(5) 热传导模块(Heat Transfer Module)：该模块可以解决包括热传导、对流、辐射以及三者任意组合的问题，同时可将这些传热方式与其他物理场相耦合。利用热传导模块，可以模拟自流对流、受迫对流、工艺流程设计、相转变、辐射传导以及这些传热方式的任意组合。

(6) 微机电系统模块(MEMS Module)：可用于求解静电驱动、压电材料、微流、薄膜阻尼、FSI、焦耳热与热膨胀、两相流等问题。该模块几乎可以用于求解微尺度下的所有问题，并且可以与结构力学、微流体、电磁场等物理场之间任意耦合。

(7) 射频模块(RF Module)：该模块可以用于射频、微波和光学工程，模拟电磁波在结构内部和周围的传播。该结构可以是金属、电介质、旋磁，甚至是具有工程特性的超材料。射频模块中提供了端口与散射边界条件、复杂、各项异性材料模型、完全匹配层等功能。

(8) 结构力学模块(Structural Mechanics Module)：该模块专门用来分析部件或子系统的受力形变情况。模块分析功能包括：静力分析、准静态瞬态分析、动态分析、固有频率分析、频率响应分析、线性屈曲分析、弹塑性行为、超弹性行为、大变形分析等。

(9) 其他功能模块：化学工程、地球科学、材料库、COMSOL 脚本解释器、反应工程实验室、信号与系统实验室、最优化实验室等。

COMSOL Multiphysics®

电磁	力学	流体	化工	扩展功能	接口	
AC/DC 模块	传热 模块	CFD 模块	化学反应工程 模块	优化 模块®	MATLAB® 实时链接™	Excel® 实时链接™
RF 模块	结构力学 模块	微流体 模块	电池与燃料电池 模块	材料库 模块	CAD导入 模块	ECAD导入 模块
MEMS 模块	非线性结构力学 模块	多孔介质流 模块	电镀 模块	粒子追踪 模块	SolidWorks® 实时链接™	SpaceClaim® 实时链接™
等离子体 模块	岩土力学 模块	管道流 模块	腐蚀 模块		Inventor® 实时链接™	AutoCAD® 实时链接™
	疲劳 模块				Creo™Parametric 实时链接™	Pro/ENGINEER® 实时链接™
	声学 模块				Solid Edga® 实时链接™	CATIA®V5 文件导入

图1　COMSOL Multiphysics 功能模块

(陈秉岩　殷　澄　何　湘)

第7章　实践成果选编

成果7.1　LED光伏一体智能照明系统

（2012年全国大学生节能减排竞赛一等奖）

【作品名称】 LED光伏一体智能照明系统

【作者姓名】 吴亭苇，刘浩，周元伟，沈辉，张伟鹏，童丽，王艺瑶

【指导教师】 陈秉岩，朱昌平

【作品分类】 科技作品

【作品简介】 节能减排、绿色照明已经成为人类的共识，开发利用太阳能等可再生能源是当前的国际形势。传统的路灯采用市电单独供电，控制方法多为人工或定时方式控制，存在控制不及时、耗资巨大和光污染严重等不足。本作品采用光伏市电互补供电，运用光伏板输出最大功率点跟踪技术，克服了由于光伏板输出曲线非线性造成太阳能利用效率低的缺点。通过控制电路智能切换光伏供电与市电供电，无须光伏并网，节约成本，提高效率。提出先进照明理念，设计智能照明控制系统，智能跟踪目标分段照明，通过红外和微波两种传感器来探测目标的移动信号及其运动参数，再通过电力载波通信自动组网，调整并控制能满足照明需求的一部分LED路灯的点（灭）灯操作，达到既节电又不影响照明效果的目的。设计智能照明管理系统，实时采集显示路灯消耗电能及查询历史消耗电能数据，并具备故障报警返回功能和能源合同管理（EMC）功能，具有人性化、可控制性高的特点。LED光源是具有光明前景的第四代光源，在理论寿命、发光效率、稳定性、功耗、显色指数等综合性能上都具有显著优势，有效解决了传统的金卤灯、高压气体放电灯和高压钠灯等光源的寿命短、启动速度慢和光效低等问题。

【附件及作品链接】

（何　湘　陈秉岩）

成果 7.2　甲醛减排的光伏等离子体催化系统

（2018 年全国大学生节能减排竞赛一等奖）

【作品名称】甲醛减排的光伏等离子体催化系统

【作者姓名】李沁书，张瑞耕，徐小慧，余仔涵，陈可，戚家程，易恬安

【指导教师】陈秉岩

【作品分类】科技作品

【作品简介】甲醛暴露与鼻腔、鼻咽、前列腺、肺和胰腺等部位的病变有关，在甲醛浓度超标的室内生活将严重危害人体健康。本作品设计了甲醛减排的光伏等离子体催化系统，利用高压放电等离子体产生活性物质去除甲醛，并联合催化除去氮氧化物，臭氧等有害物质。本作品采用光伏市电一体化供电，可节约能源。实验表明，该技术对甲醛的清除效率近 100%，作品相关技术可推广应用到室内甲醛清除领域，与现有技术相比具有清除效率高、快捷高效、无二次污染、方便安装等节能减排优势。若全球有 20 岁以下人群的家庭使用该技术，则年均减排甲醛约达 171.83 万吨，潜在甲醛减排量大。

【附件及作品链接】

（何　湘　陈秉岩）

成果 7.3　污染减排的水雾放电实时生产氮肥及其滴灌系统

（2020 年全国大学生节能减排竞赛二等奖）

【作品名称】污染减排的水雾放电实时生产氮肥及其滴灌系统

【作者姓名】王诚昊，陈欣玥，钱思越，刘宇驰，陈旺生，丁益民，耿镇

【指导教师】陈秉岩，何湘

【作品分类】科技作品

【作品简介】为减少氮肥生产和过量施用导致的污染，如土壤板结酸化、空气和水体污染、全球气温升高等。本作品根据自然雷雨天气产生氮肥的原理和农业滴灌技术，研制水雾放电实时生产和定量使用氮肥的农业滴灌系统。采用光伏与市电互补供电，直接将空气和水通过水雾放电产生有利于农作物吸收的含氮肥的水，通过滴灌系统送达植物根部，替代传统氮肥，随产随用，定时定量施肥，达到显著节约能源和减少污染物排放的目的。中国氮肥年产量为 9.25×10^3 万吨，按照全国保有的 7.37×10^5 km^2 有效灌溉面积估算，本作品在全国推广后，每年可减少废水排放 6.59×10^4 万吨、温室气体排放 9.30×10^3 万吨和 COD 排放4.99 万吨。同时每年可减少氮肥施用造成的气态氨排放 219 万吨、水体中氮素排放 756 万吨，减排效果显著。

【附件及作品链接】

• 设计报告

• 视频展示

（何　湘　陈秉岩）

成果 7.4　低温扩散云室研制及 α 粒子观测

（2021 年国大学生物理实验竞赛二等奖）

【作品名称】低温扩散云室研制及 α 粒子观测

【作者姓名】尹逊宇，王隋先

【指导教师】何湘，陈秉岩

【作品分类】自选类

【作品简介】云室（cloud chamber）最早由英国科学家威尔逊在 1896 年提出，它是最早的带电粒子探测器，故称威尔逊云室，其能够显示可导致电离的粒子径迹。其原理是首先在云室内形成过饱和蒸汽，处于过饱和状态的蒸汽极不稳定，一旦出现凝结核，部分蒸汽就会凝结成液体，其余蒸汽回到饱和蒸汽的状态。如果此时有带电粒子通过，则会在它所经过的路径上产生电离，以这些电离的粒子为凝聚中心凝成一连串的小液滴，从而显示出粒子的运动路径。云室对粒子物理的发展起了很大的作用，诸如正电子、μ 子等许多基本粒子都是在观察宇宙射线时由拍摄它们在云室里的运动轨迹而发现的。本作品采用自制的低温扩散云室来观测放射源在云室内射线的径迹。实验利用半导体制冷片降低云室内温度，使云室内蒸汽达到过饱和状态，当放射粒子经过云室时与蒸汽分子碰撞产生电离，过饱和蒸汽分子被吸附在离子上，以离子为中心凝结形成云雾。当有光照时，由于光的散射作用，便能观察到白色的粒子径迹。

【附件及作品链接】

微信扫码

• 设计报告

• 视频展示

（何　湘　陈秉岩）

成果 7.5　基于 DVD 光盘表面等离子体效应的液体浓度检测装置

（2022 年全国大学生物理实验竞赛一等奖）

【作品名称】基于 DVD 光盘表面等离子体效应的液体浓度检测装置

【作者姓名】周子恒，陆瀚文，刘科鑫，王涛，谷保亮

【指导教师】苏巍

【作品分类】命题类

【作品简介】不同的液体浓度对应不同的折射率，根据这一特性，本作品基于 DVD 光栅表面等离子体共振（Surface Plasmon Resonance，SPR）效应搭建了一套液体浓度检测装置。该装置可以将被测物折射率的变化转换为金属/介质（DVD 金属光栅/溶液）界面共振波长的变化，进而分析被测物的浓度。实验中以氯化钠溶液为例，最终获得的浓度测试结果的相对不确定度约为 0.6%，装置对透明液体浓度测量结果较为准确。

【附件及作品链接】

- 设计报告
- 视频展示

（何　湘　陈秉岩）

成果 7.6　基于单片机控制的球-筒式旋转气流臭氧发生装置

（2017 年 iCAN 国际创新创业大赛一等奖）

【作品名称】基于单片机控制的球-筒式旋转气流臭氧发生装置

【作者姓名】刘昌裕，戚家程，向文楷

【指导教师】陈秉岩

【作品简介】臭氧是一种强氧化剂，与大多数物质都能反应且反应效率高、反应可控，不产生二次污染物，其广泛应用于化学氧化、废水处理、造纸漂白、空气净化、医疗卫生、防治病虫等方面。臭氧极不稳定，极易转化成氧气，不便于储存，须现产现用。利用介质阻挡放电合成臭氧原理，本文设计了一种球-筒式旋转臭氧气流发生装置，具有产量高、体积小和成本低等特点。采用电参数法、流量调控法找到了臭氧发生器的调控特性及其最优参数调控范围，获得物理参量优化调控模型。臭氧的产量随气体流速的增加而减少，其能效比随气体流速增加先增加后降低，在流速 2.0～3.2 $m \cdot s^{-1}$ 的范围内，能效比达到最大值。臭氧的产量和能效比两者都随着供电电压的增加而增加，供电电压在 25 kV 左右时，装置工作效率最好。

【附件及作品链接】

微信扫码

- 设计报告
- 海报展示

（何　湘　陈秉岩）

成果 7.7　温差发电驱动冷却流体的热电耦合散热器

（2017 年 iCAN 国际创新创业大赛一等奖）

【作品名称】温差发电驱动冷却流体的热电耦合散热器

【作者姓名】柯志甫，徐小慧，张瑞耕，刘昌裕

【指导教师】陈秉岩

【作品简介】本作品针对大功率电子器件的发热和散热问题，综合运用半导体温差发电、电能采集与存储、散热器流体循环热交换等技术，先将功率电子器件产生的热量通过半导体温差发电器件转化为电能，再利用所转换得到的电能分别驱动散热器内部和外部的液相和气相流体实现热量的快速转移，最终实现一种可以将热能快速转化为电能的高效热电耦合散热器。由于利用温差发电驱动冷却流体可以显著提升散热器的热交换效率，有效减少了散热器材料体积，在获得了能量多级利用的同时，不但提高了散热效果，还降低了散热器的成本。对发热功率为 50 W 的热源进行散热效果对比测试表明，该作品比传统风冷散热器节能 60%。本作品相关技术除了可应用于大功率电子器件散热之外，还可推广应用到可产生大量余热的火电、冶金、化工、空调制冷等领域。

【附件及作品链接】

（何　湘　陈秉岩）

成果7.8　狭缝灭菌笔

（2019年iCAN国际创新创业大赛二等奖）

【作品名称】狭缝灭菌笔

【作者姓名】钱思越，李佳，朱书艺，丁益民，成恢英

【指导教师】陈秉岩，刘妍

【作品简介】本作品是一款基于低温等离子体电晕放电的笔式灭菌器，通过高压电极对空气电晕放电产生大量高速活化粒子和臭氧等灭菌因子，能够应用于医疗场所中的一切难以清理的狭缝，包括被细菌、真菌等微生物感染的伤口灭菌。该装置整体呈笔状，体积小巧，便于携带与存放，安全可靠。由于产生的低温等离子除菌因子具有强氧化与高能特性，对细菌、真菌的结构具有较强的破坏作用，因而本产品具有灭菌彻底、高效、无污染等特点。此外，所产生的低温等离子体温度接近室温，电流呈微安量级，对人体不会造成刺激。

【附件及作品链接】

微信扫码

• 设计报告

• PPT展示

（何　湘　陈秉岩）

成果 7.9　电晕放电制备平面分形 SERS 基底

（2021 年全国大学生等离子体科技创新竞赛特等奖）

【作品名称】电晕放电制备平面分形 SERS 基底

【作者姓名】董妍初，武德龙，王欢欢，刘颖

【指导教师】殷澄，苏巍

【作品简介】本项目采用针一板电极结构产生正负电晕放电对纯银膜进行表面改性，由此生成两种截然不同的形貌。由正放电处理所产生的平面分形微结构（planar fractal microstructure）尚属首次发现，其形成机理可归结为正离子的氧化作用和样品表面的局域场所导致的扩散限制凝聚效应。高品质的平面分形微结构在超宽的频谱范围内都能激发电磁响应，并形成广泛的热点分布。因此，正放电处理的银膜在用作表面增强拉曼（SERS）基底时，展现了 5 个量级的增强。本项目提出的基底制备方案克服了传统加工中生长速率慢、工艺复杂、成本高等缺点，有望实现工业化的量产。

【附件及作品链接】

· 设计报告
· 视频展示

（何　湘　陈秉岩）

成果7.10　气液固三相电弧射流大流量高效固氮系统

（2021年全国大学生等离子体科技创新竞赛特等奖）

【作品名称】气液固三相电弧射流大流量高效固氮系统

【作者姓名】曹心悦，刘君予，姚坤，卢正达，聂榕圻，张佳铭，王榕

【指导教师】陈秉岩，丁曼

【作品简介】在等离子体的绿色环保、生命健康、低碳能源等应用领域，气液两相放电的活性成分产生和利用备受关注。本项目模拟自然界闪电固氮的现象，在流动的水中采用 TiO_2/US 辅助等离子体，构建了气液固三相电弧射流大流量连续反应系统，将空气中游离态氮转化为含氮化合物并应用于土壤增肥。本项目还考察了不同液相流量、催化剂和超声功率等物理参数调控液相中氮氧化物（HNO_x）浓度的规律。对处理后的活化水检测表明，TiO_2/US 辅助放电时，水中 HNO_x 的浓度从 19.35 mg/L（超声功率 0.00 W）快速下降到 16.50 mg/L（超声功率 20.00 W）再快速增加到 20.60 mg/L（超声功率 50.00 W），H_2O_2 的浓度保持在 0.85 mg/L 附近。本作品实现了 TiO_2/US 辅助放电的大流量高效固氮功能，能满足等离子农业的大流量连续处理需求。

【附件及作品链接】

微信扫码

• 设计报告

• 视频展示

（何　湘　陈秉岩）

成果 7.11　等离子体法合成医用一氧化氮的应用研究

（2022 年全国大学生等离子体科技创新竞赛特等奖）

【作品名称】等离子体法合成医用一氧化氮的应用研究

【作者姓名】李旭，何伟铭，黄思蜀，欧阳超，沈晨宇，陈灏文，沈涛

【指导教师】陈秉岩，谢迎娟

【作品简介】近年来的研究表明 NO 在临床医学方面具有重要作用。为解决现有的传统 NO 吸入疗法存在的问题，如需笨重的高压钢瓶作为气源而使用不便，稀释时易泄漏，有较大毒副作用，成本高等。本作品结合医用实际，设计了一款新型的等离子体法制备提纯医用 NO 装置。该装置采用滑动弧放电法，通过一系列气体净化设备与实时监测调节系统，实现了气体发生、流量控制和输气的一体化，在医用 NO 装置研究领域具有很高的实用价值以及市场推广价值。

【附件及作品链接】

• 设计报告

• 视频展示

（何　湘　陈秉岩）

第8章　附　　录

附录1　物理及其学科交叉应用(选编)
附录2　国际单位制单位
附录3　常用基本物理常数表
附录4　物理实验大事简表
附录5　历年诺贝尔物理学奖(实验相关)简介

微信扫码